# 民國建築工程期刊匯編

MINGUO JIANZHU GONGCHENG QIKAN HUIBIAN

71

《民國建築工程期刊匯編》編寫組 編

廣西師範大學出版社
GUANGXI NORMAL UNIVERSITY PRESS
·桂林·

# 第七十一册目録

# 中國營造學社彙刊

35459

中華郵政特准掛號認為新聞紙類

# 中國營造學社彙刊

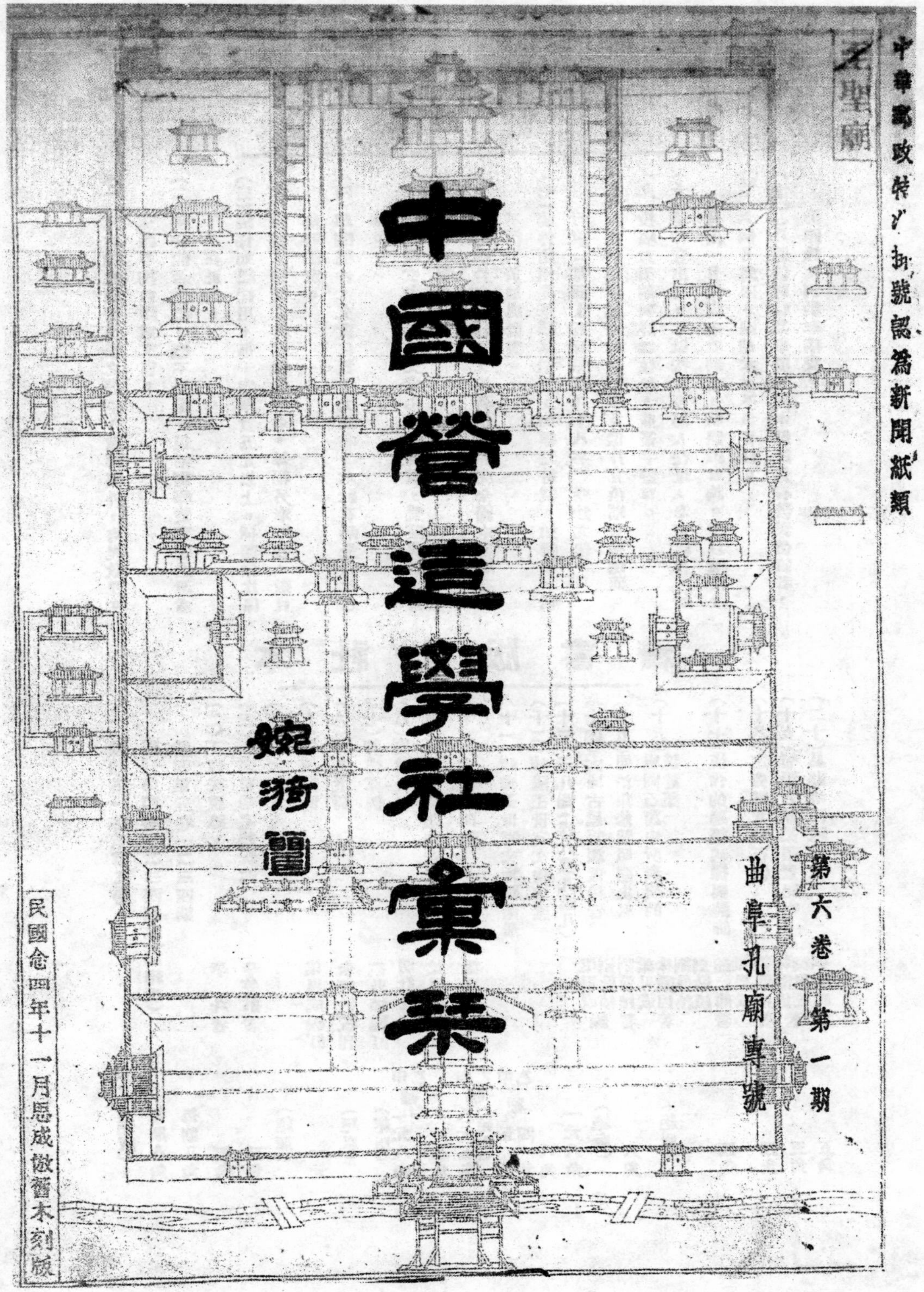


婉漪圖

第六卷第一期

曲阜孔廟專號

民國廿四年十一月思成倣舊木刻版

35461

# 投稿簡章

(一)凡討論我國營造學之著作，除譯稿外，均表歡迎。文體不拘白話或文言。

(二)稿件能否登出，概不退還，但附寄郵費聲明退還者，不在此例。

(三)稿件如經採用，每千字酬貲五元以上。插圖像片係投稿人自製而非轉載他人者，每幅另奉酬貲，數目臨時酌定。

(四)却酬稿件，文責自負。受酬者，本社有酌量修改之權。

(五)社員論文及報告，文責由作者自負，受酬與否，希預事聲明。

(六)受酬稿件自揭載後，其著作權即完全歸本社所有，不得再於他處發表。

(七)稿件須用墨筆繕寫清楚，加標點符號，如能依本刊行欵（每面十五行每行三十八字）繕鈔尤佳。

(八)插圖須用墨線，俾易製版。像片宜清晰且帶磁面。

(九)投稿人須開列詳細住址，並簽字蓋章。

(十)稿件登出後，本社按照投稿人住址，奉寄稿費。如登出一月後尚未收到者，祈賜緘査詢。但以登出後六個月爲限，逾期本社不負責任。

(十一)凡通信討論某事項，經本社認爲有發表價值者，仍照投稿例酌奉稿費。

# 本社出版書籍

| | | |
|---|---|---|
| (一)彙刊第一卷至第三卷 | | (絕版) |
| 彙刊第四卷一二三四期(二期絕版) | | 每期八角 |
| 彙刊第五卷一二三四期 | | 每期八角 |
| (二)工段營造錄 | 李斗著 | 四角 |
| (三)一家言居室器玩部 | 李笠翁著 | 三角 |
| (四)元大都宮苑圖考 | | (絕版) |
| (五)營造算例 | 梁思成編訂 | 一元 |
| (六)梓人遺制 | 朱啓鈐校刊 | (絕版) |
| 七)牌樓算例 | 劉敦楨編訂 | (絕版) |
| (八)園冶 | 明計成著 | 甲種一元八角 乙種一元 |
| (九)正定古建築調査紀略 | 梁思成著 | 五角 |
| (十)清式營造則例 | 梁思成著 | 甲種八元五角 乙種(絕版) |
| (十一)岐陽王世家文物圖像册 | | 甲種五元 乙種四元 |
| (十二)岐陽王世家文物考述 | | 八角 |
| (十三)三几圖(蝶几燕几匡几) | | 一元八角 |
| (十四)大同古建築調査報告 | 梁思成 劉敦楨編 | (絕版) |
| (十五)同治重修圓明園史料 | 劉敦楨著 | 六角 |
| (十六)雲岡石窟中所表現的北魏建築 | 梁思成 林徽因 劉敦楨著 | (絕版) |
| (十七)漢代的建築式樣與裝飾 | 劉敦楨 鮑鼎 梁思成著 | 四角 |
| (十八)定興縣北齊石柱 | 劉敦楨著 | 四角 |
| (十九)晉汾古建築預査紀略 | 林徽因 梁思成著 | 五角 |
| (二十)易縣清西陵 | 劉敦楨著 | 五角 |

# 中國營造學社彙刊第六卷第一期目錄

# 下篇　重修計劃

## 第五章 各殿宇修葺概要表 九九

## 附錄

曲阜孔廟大成殿

# 山東省曲阜聖廟平面圖

中國營造學社測繪

平面部位由山東省建設廳測量

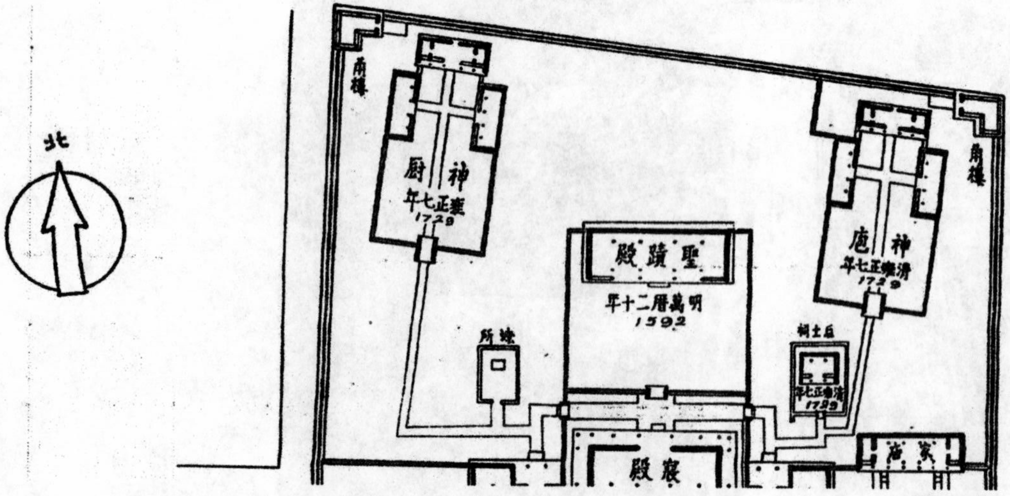


奉

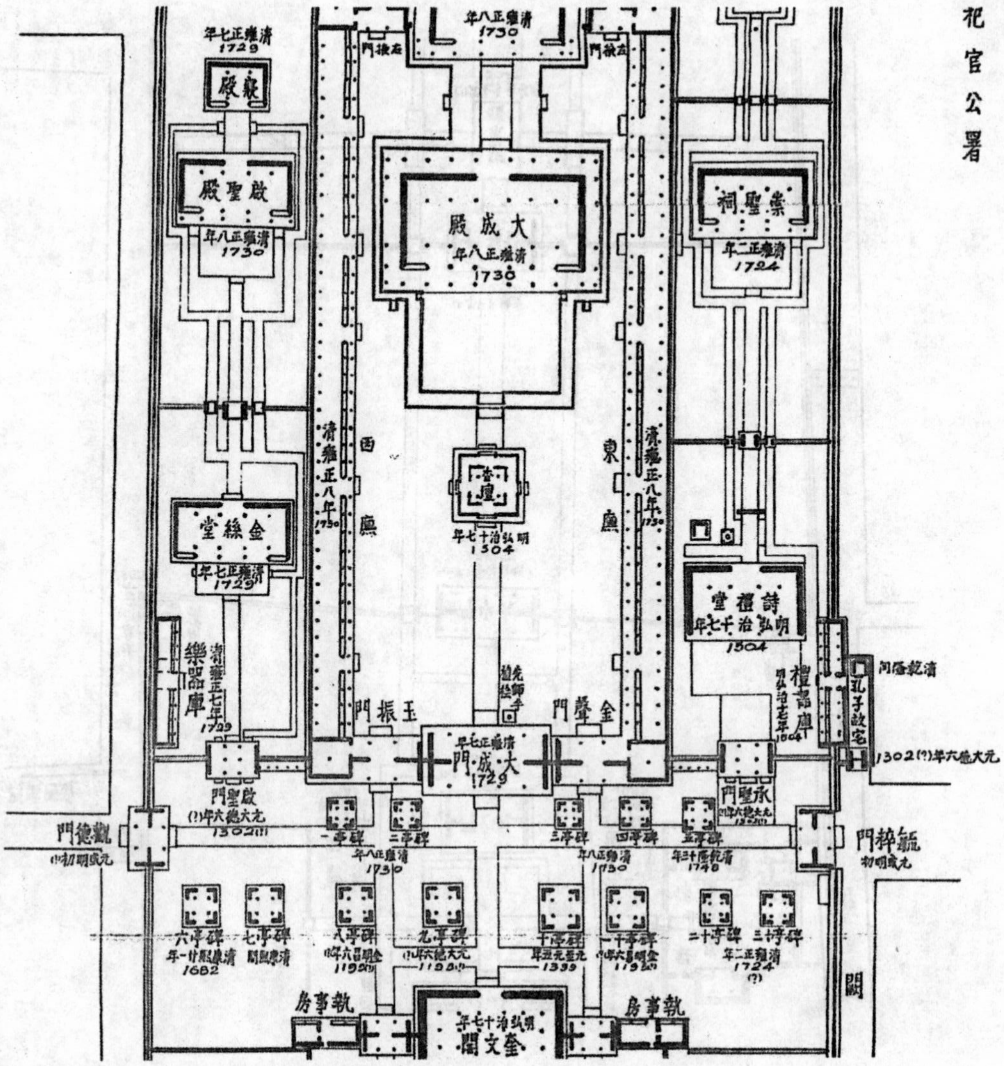

祀官公署
寢殿
清雍正七年 1729
啓聖殿
清雍正八年 1730
金絲堂
清雍正七年 1729
樂器庫
清雍正七年 1729
西廡
清雍正八年 1730
大成殿
清雍正八年 1730
杏壇
明弘治十七年 1504
先師手植檜
玉振門
大成門
清雍正七年 1729
金聲門
東廡
清雍正八年 1730
崇聖祠
清雍正二年 1724
詩禮堂
明弘治十七年 1504
禮器庫
明弘治十七年 1504
孔子故宅
清乾隆門
元大德六年(?) 1302
啓聖門
元大德六年(?) 1302(?)
承聖門
觀德門
元明初(?)
毓粹門
元明初
一亭碑
二亭碑
三亭碑
四亭碑
五亭碑
清雍正八年 1730
清乾隆十三年 1748
六亭碑
七亭碑
清康熙廿一年 1682
清康熙
八亭碑
九亭碑
十亭碑
十一亭碑
十二亭碑
十三亭碑
金明昌六年 1195
元大德六年
元至元五年 1339
清雍正二年 1724 (?)
執事房
奎文閣
明弘治十七年
闕


35475

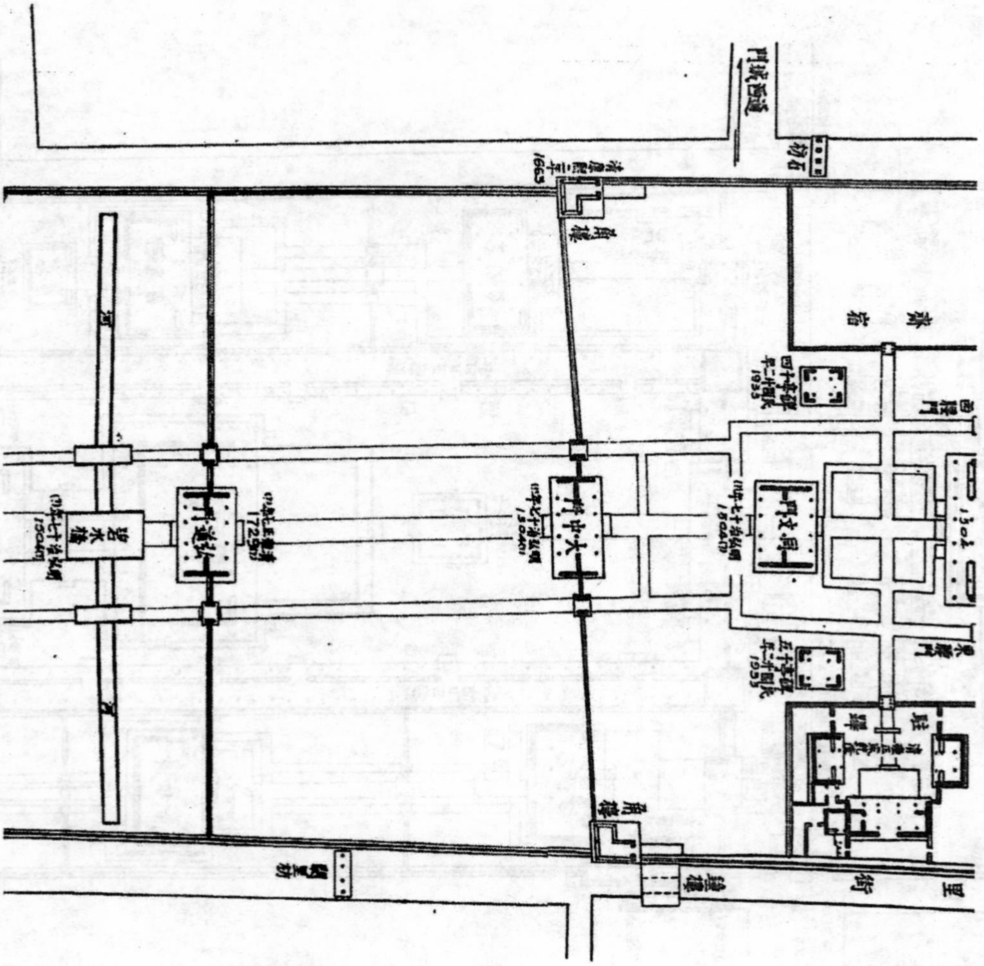
同文門
明弘治十七年(1504)
大中門
明弘治十七年(1504)
弘道門
清雍正七年(1729)
碧水橋
明弘治十七年(1504)
河
齋宿
駐蹕
西腰門
東腰門
角樓
清康熙二年
1663
鐘樓
石坊
通西城門
街
里
四十亭碑
民國廿二年
1933
五十亭碑
民國廿二年
1933

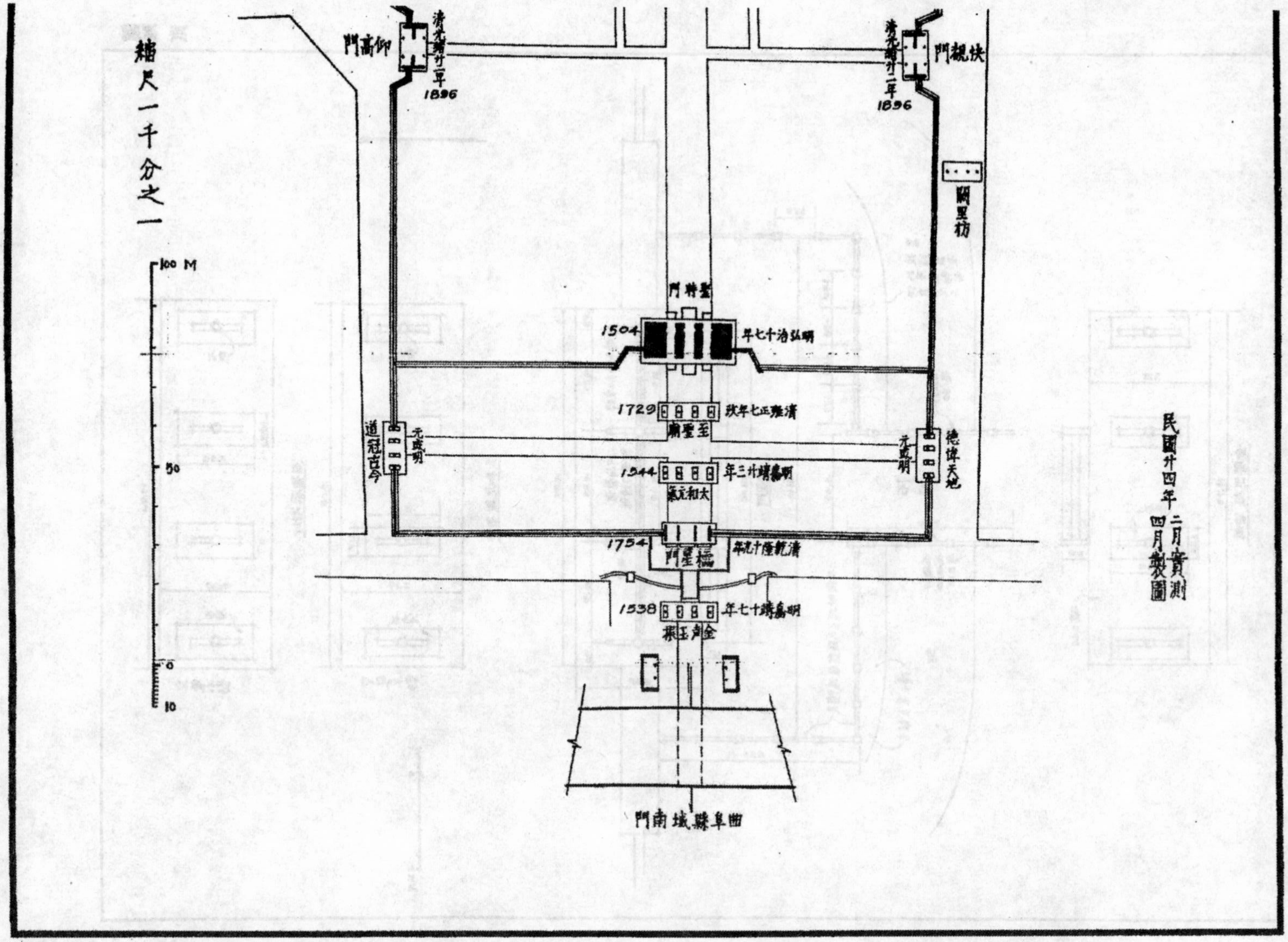
縮尺一千分之一
100 M
50
0
10
仰高門
快覩門
清光緒廿二年
1896
清光緒廿二年
1896
闕里坊
聖時門
1504
明弘治十七年
1729
清雍正七年改
至聖廟
道冠古今
德侔天地
元或明
元或明
1544
明嘉靖廿三年
太和元氣
1754
清乾隆十九年
櫺星門
1538
明嘉靖十七年
金聲玉振
曲阜縣城南門
民國廿四年二月實測
四月製圖

35477

圖版貳

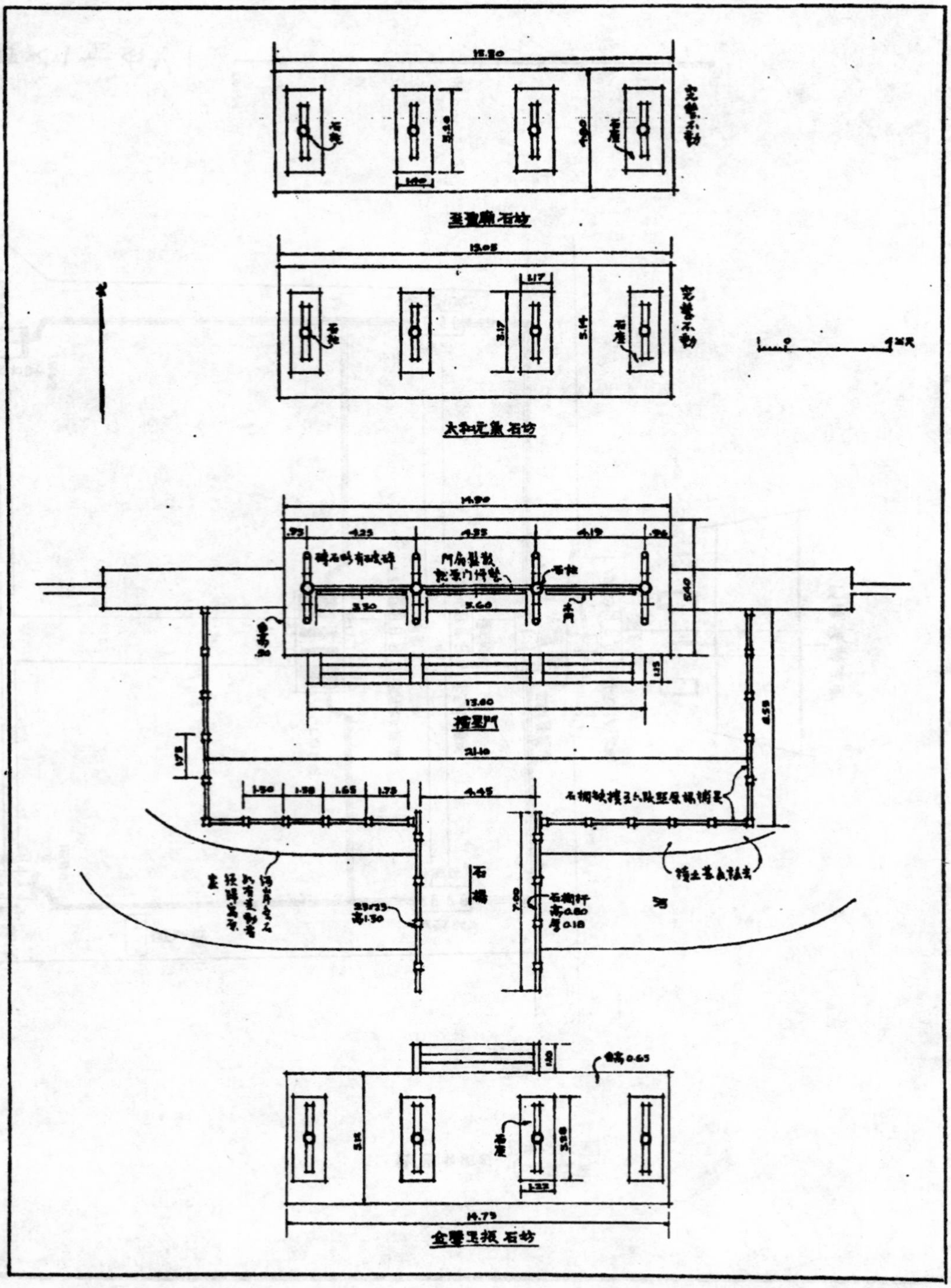
15.20
完整不動
至聖廟石坊
13.05
1.17
完整不動
大和元氣石坊
14.90
櫺星門
21.10
石
14.79
金聲玉振石坊

圖版叁

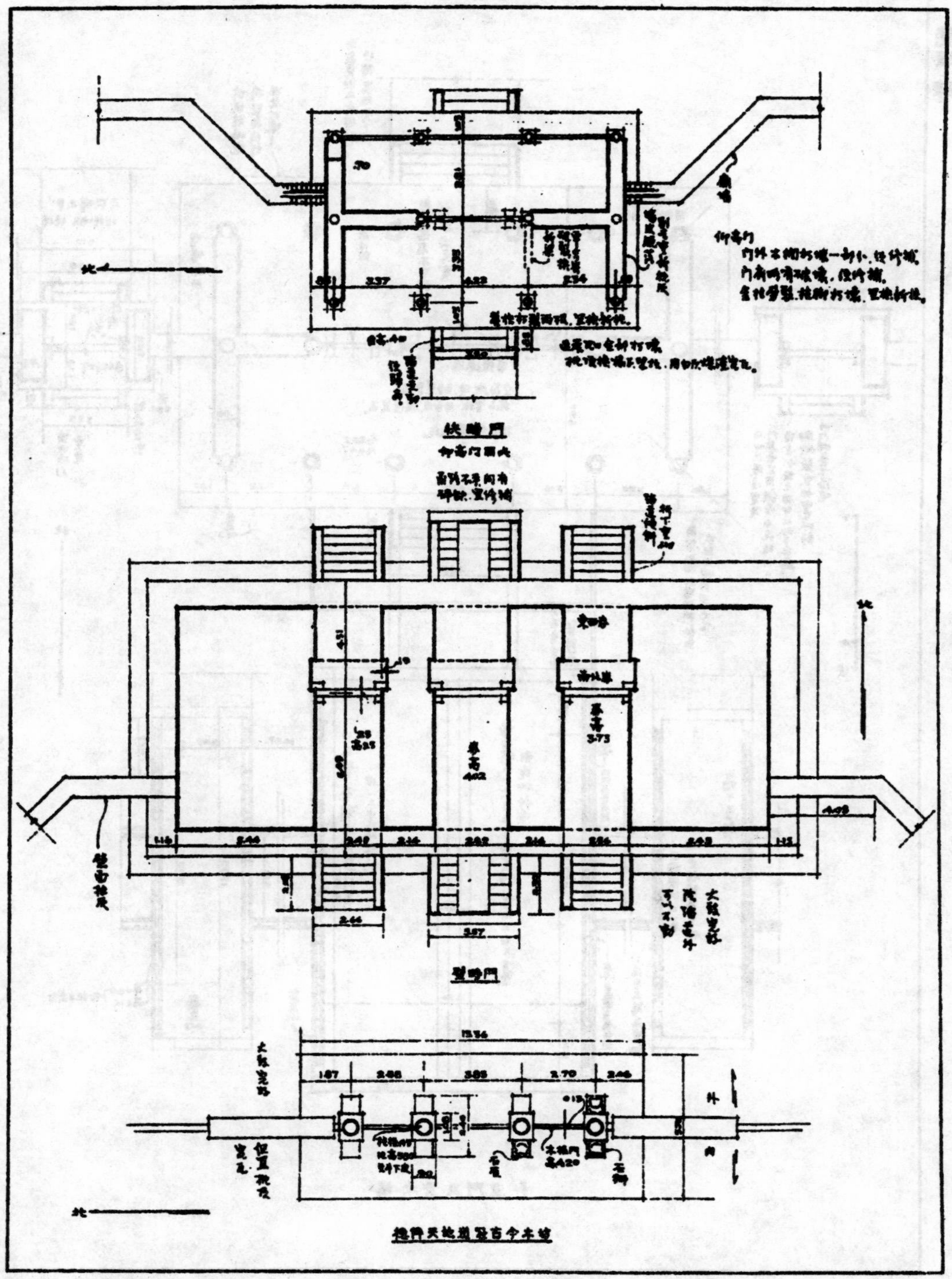

35479

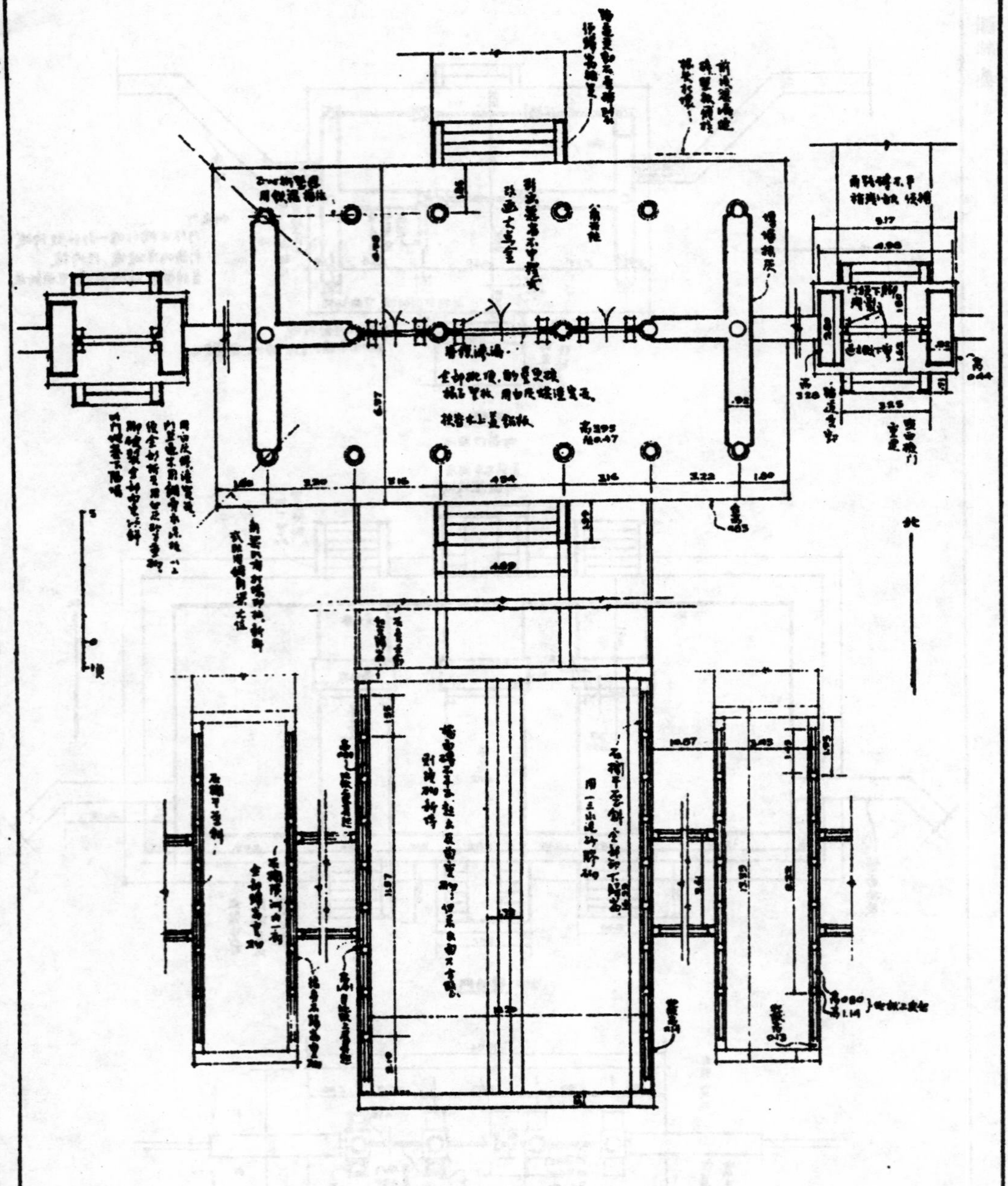

弘道門及璧水橋

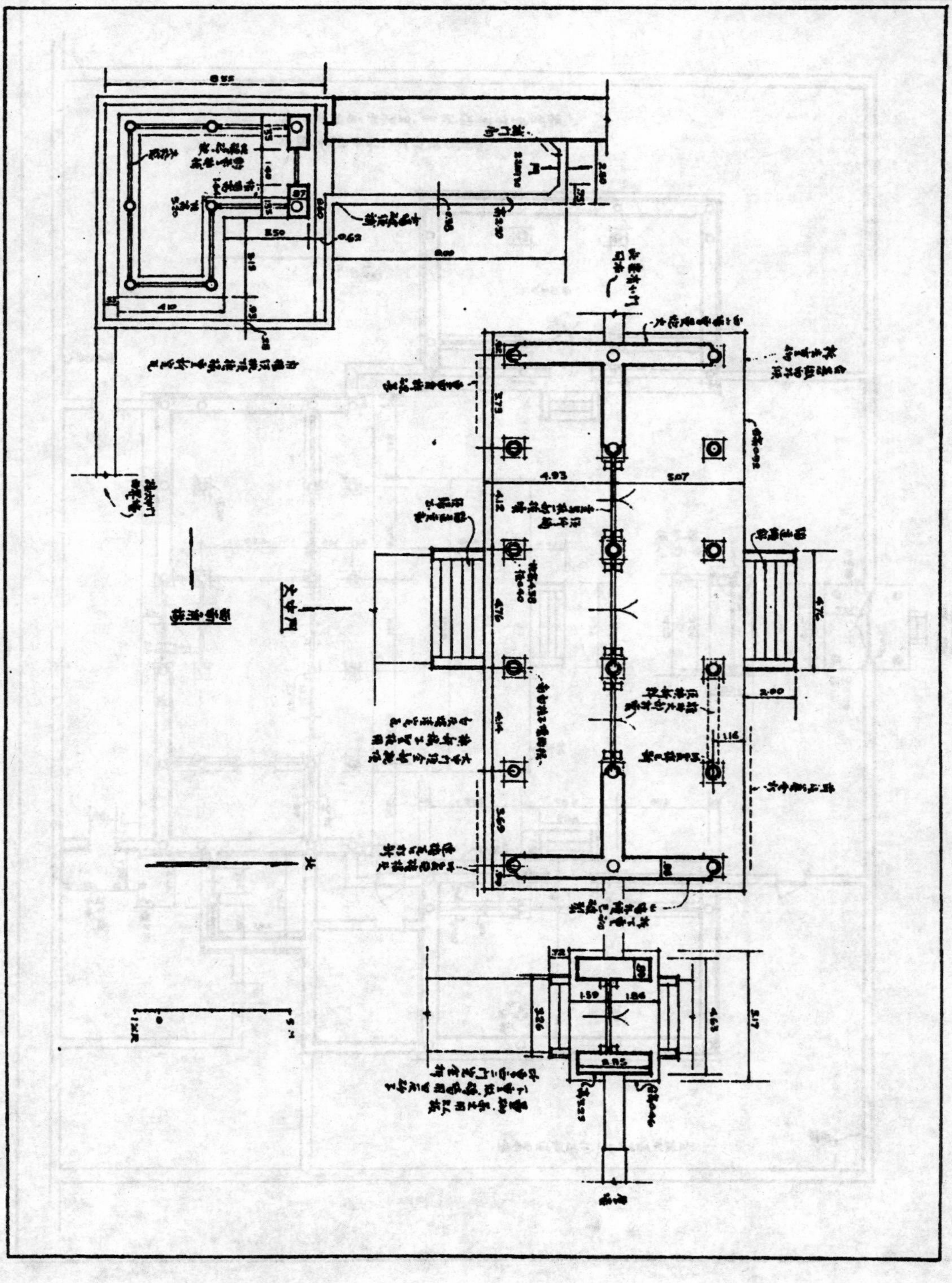

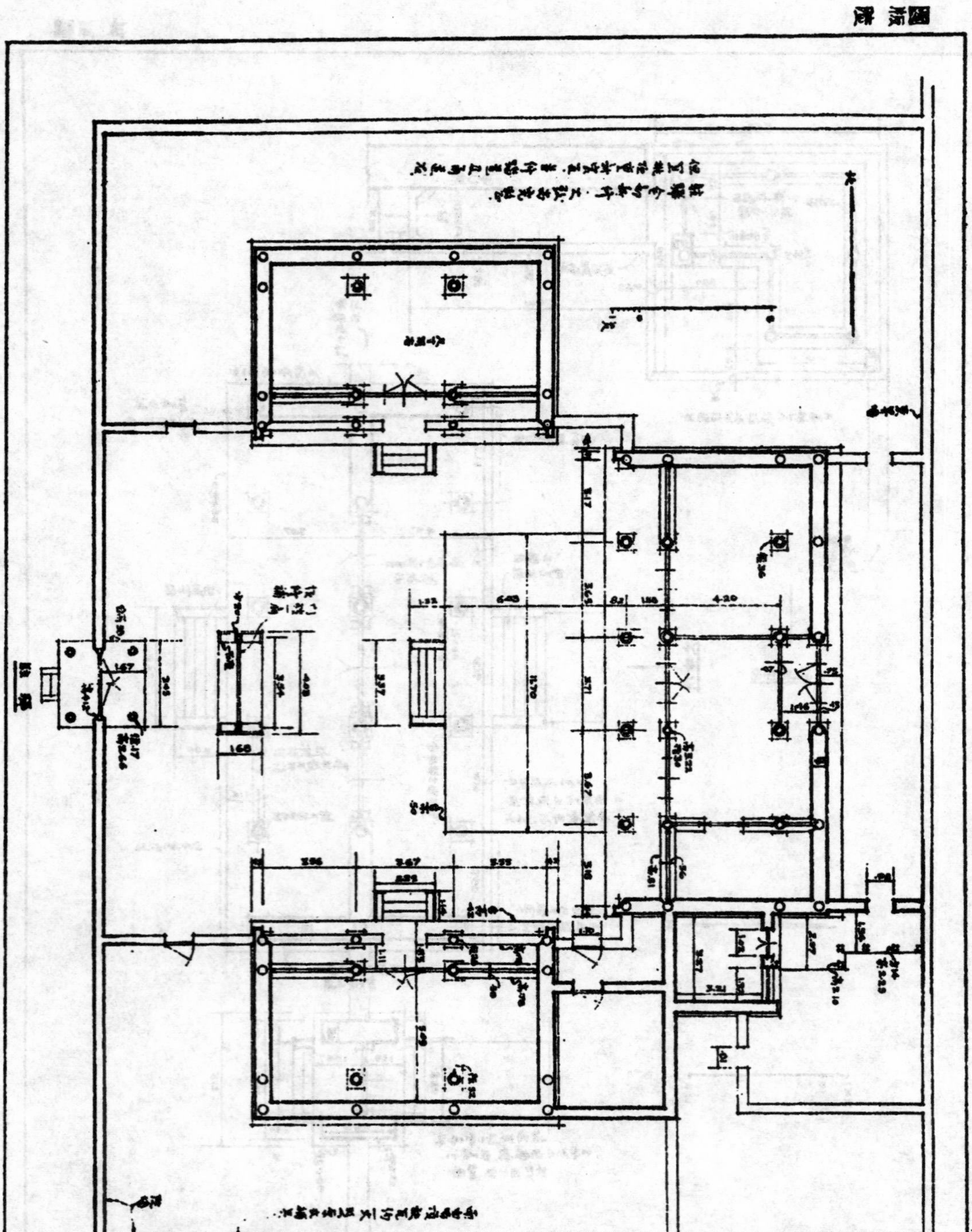

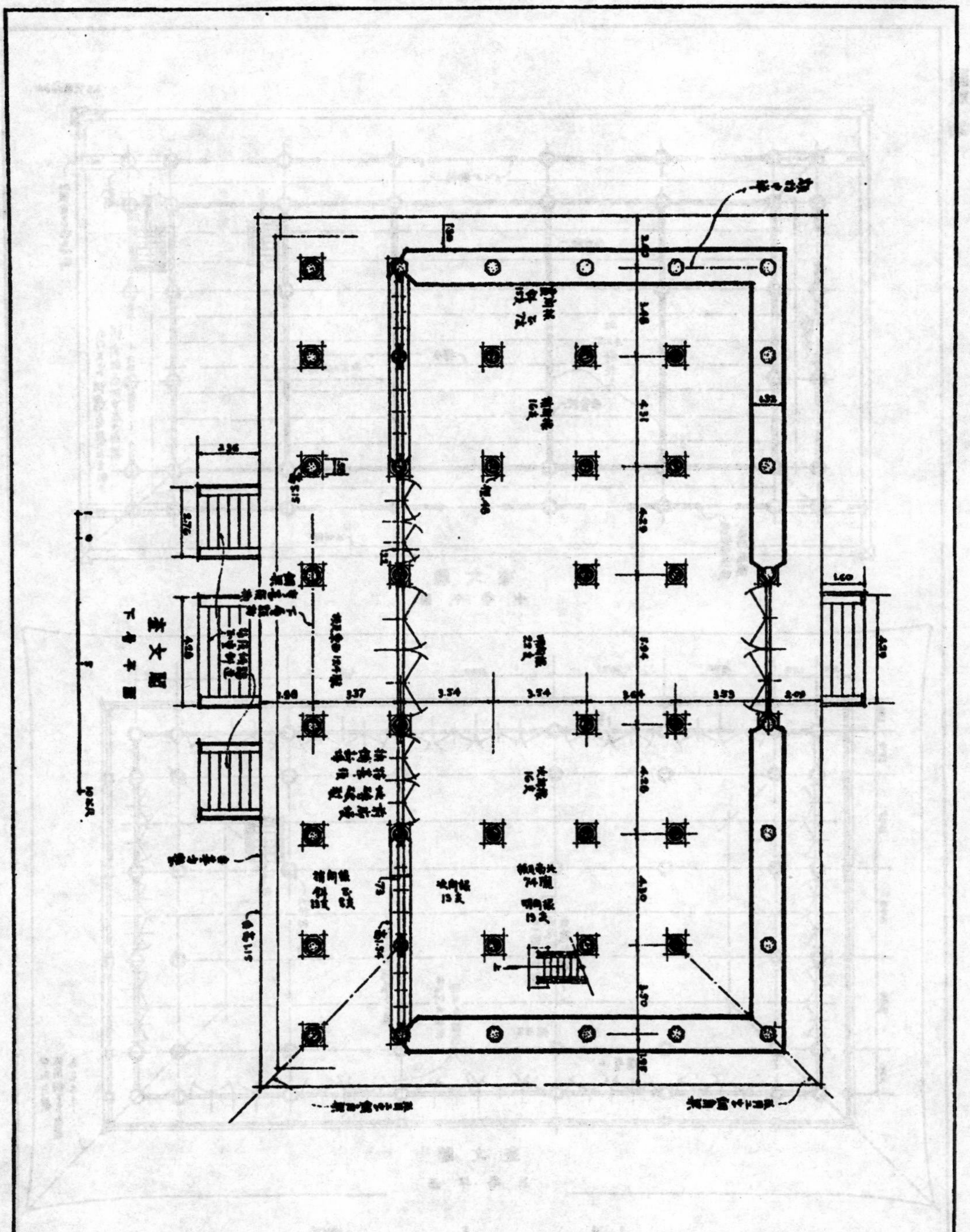


35483

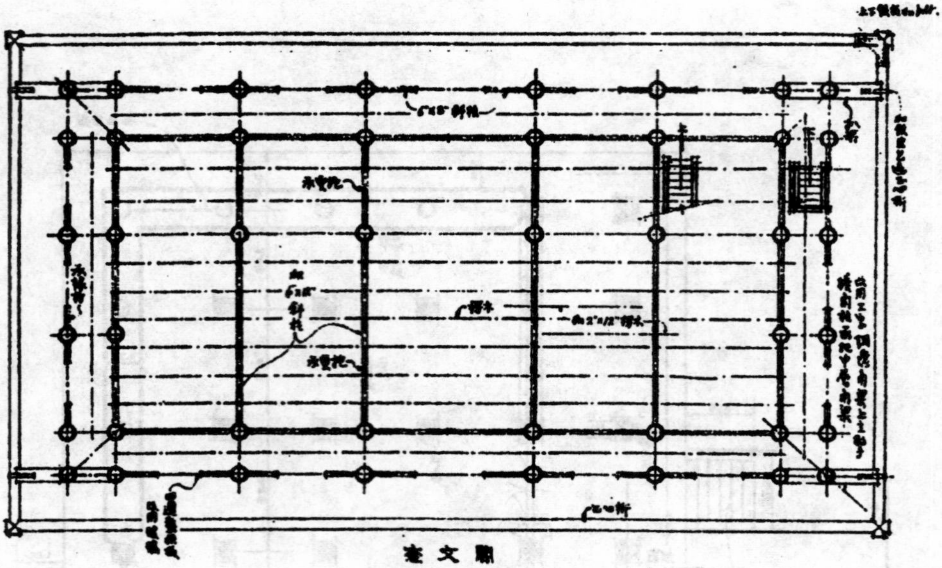

奎文閣
中層平面

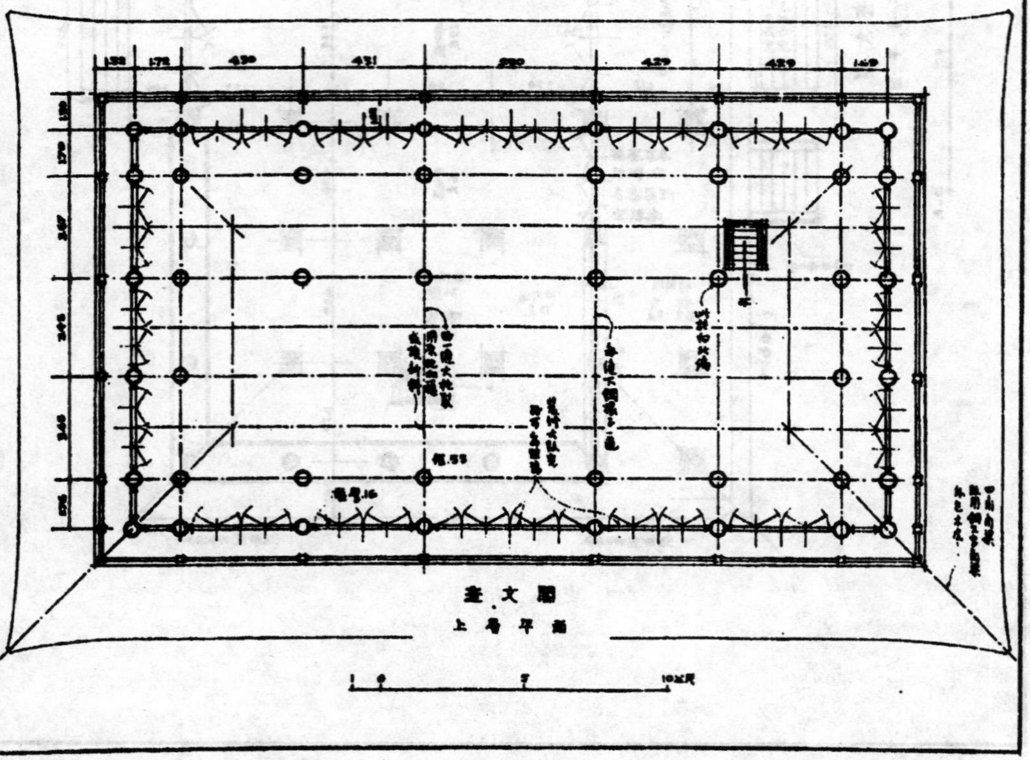

奎文閣
上層平面

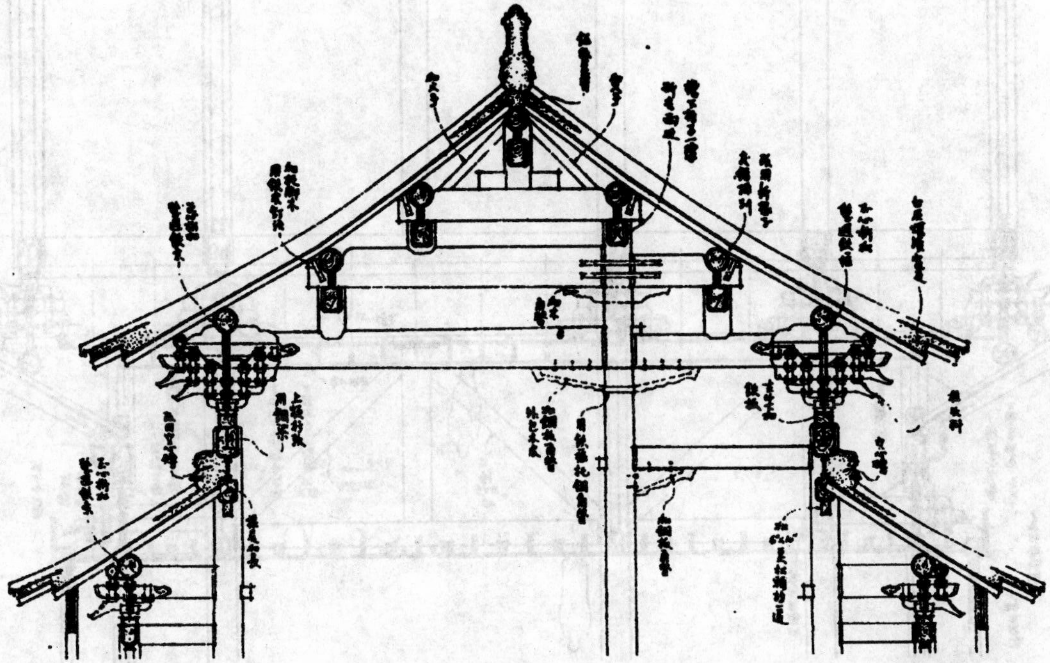

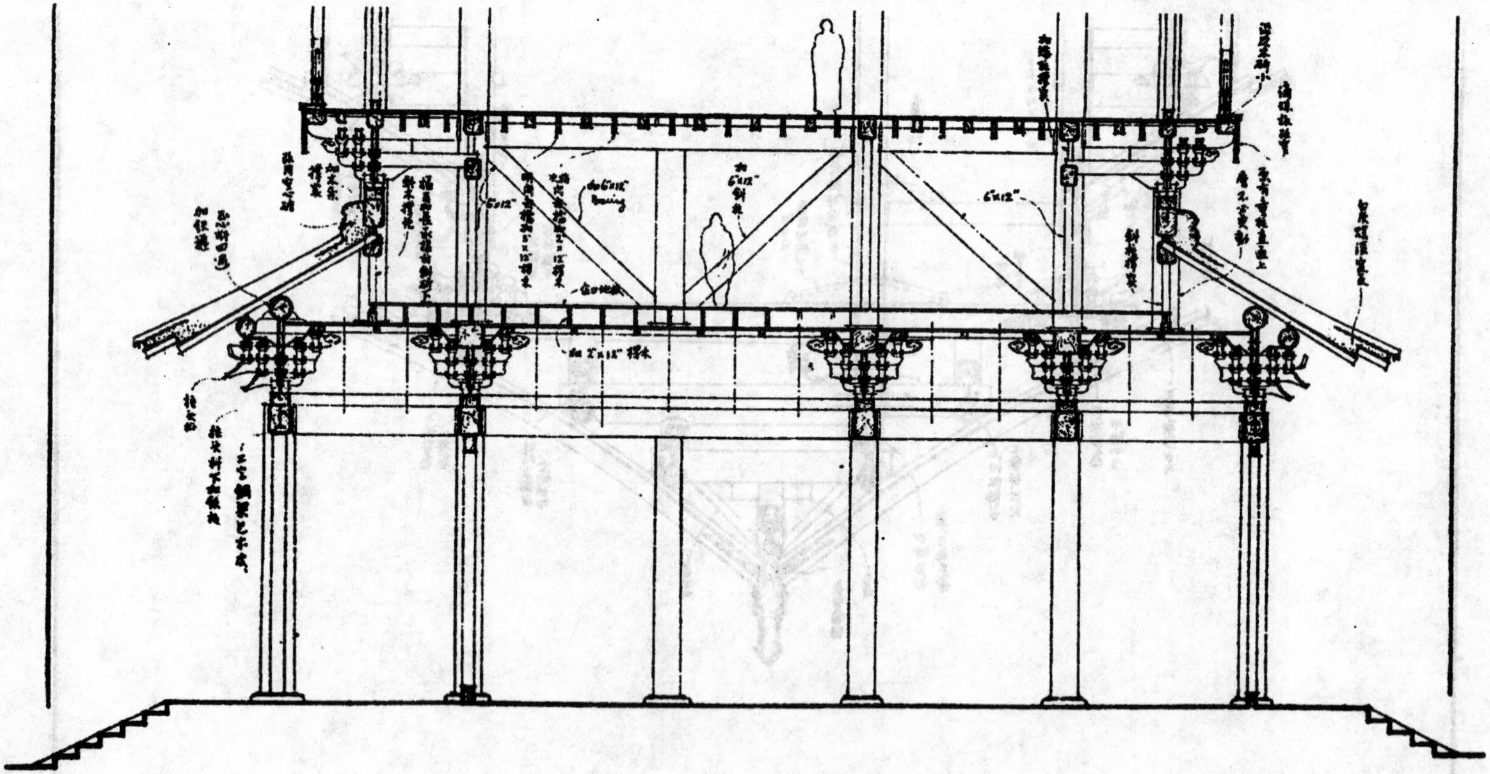

奎文閣橫剖面

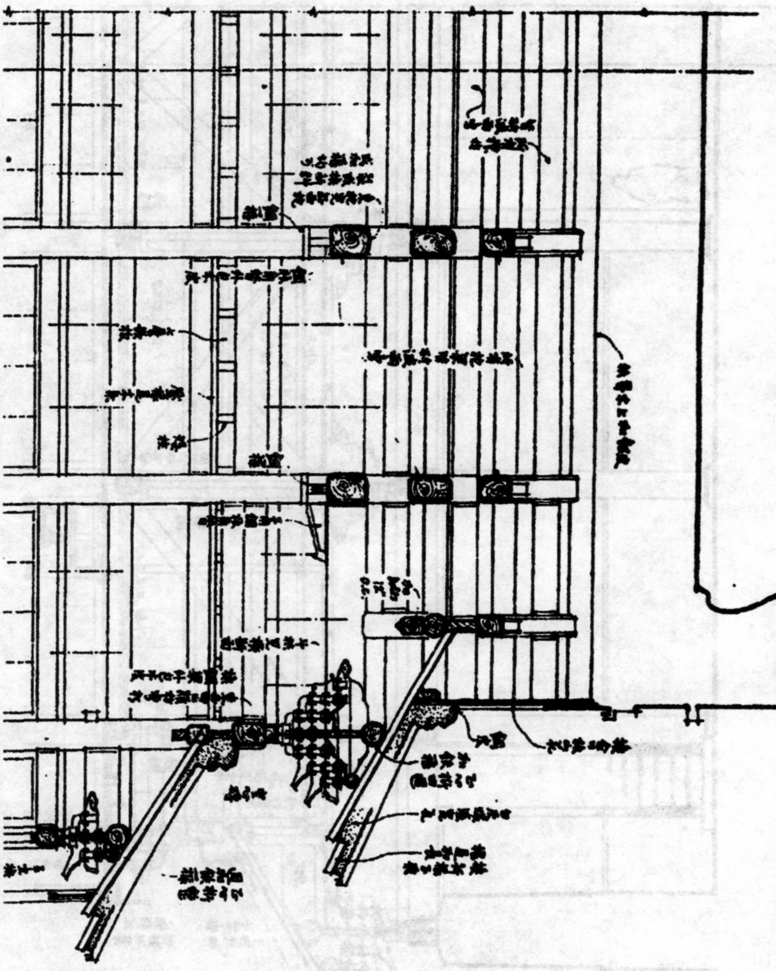

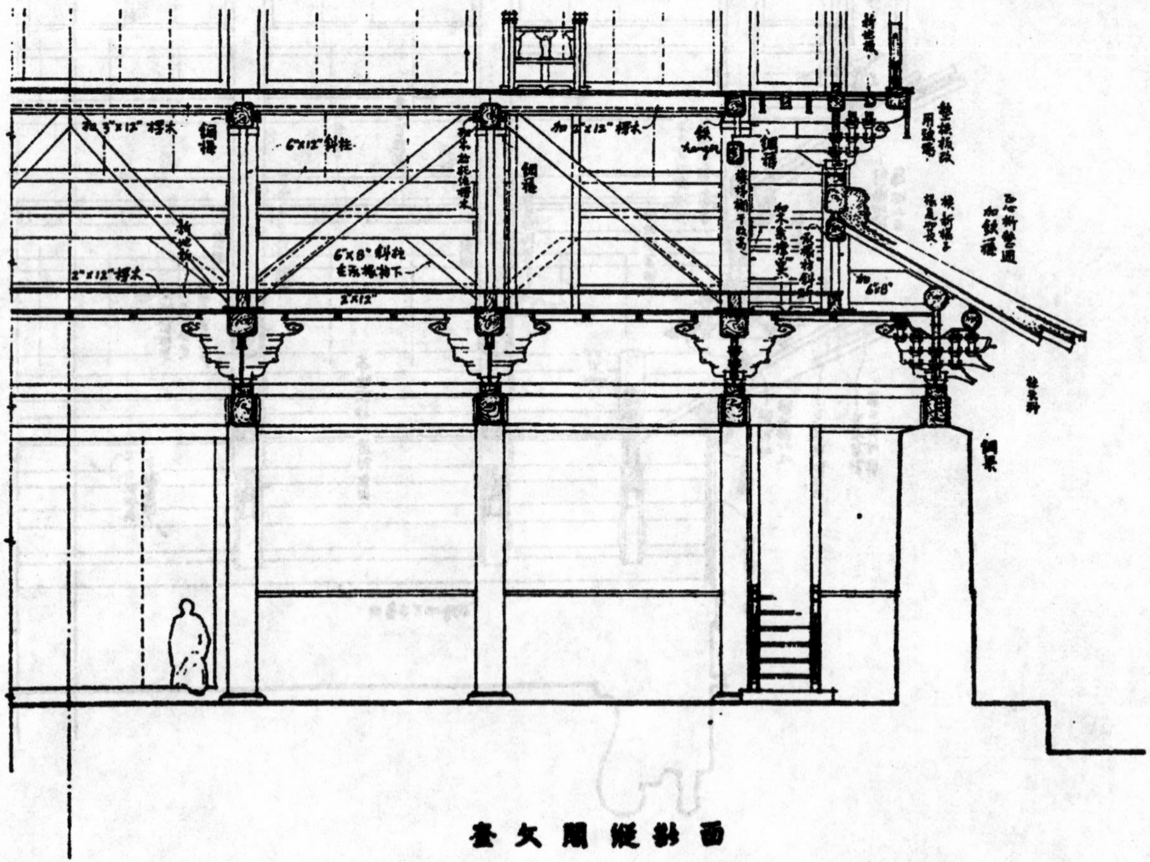

奎文閣縱剖面

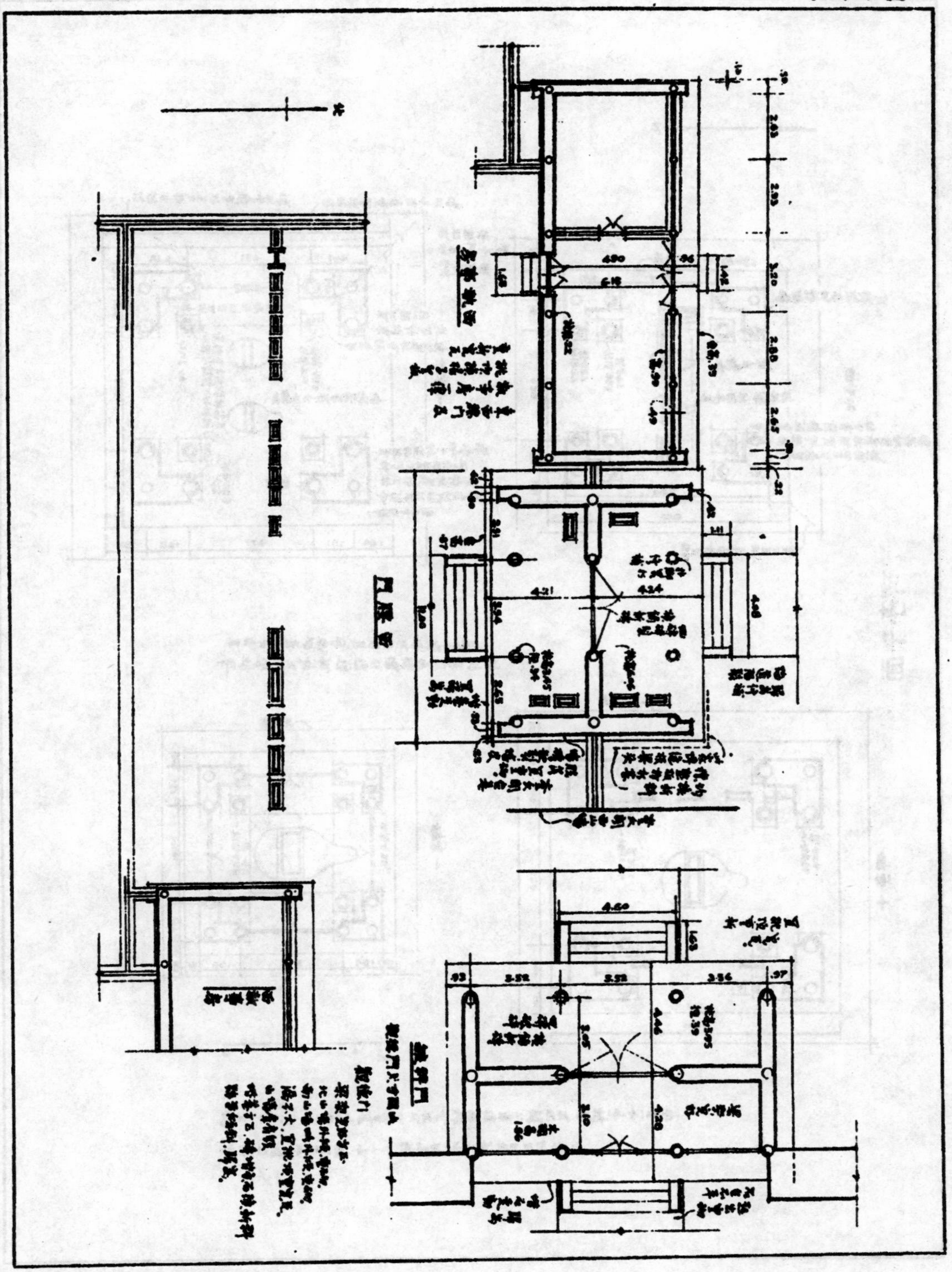

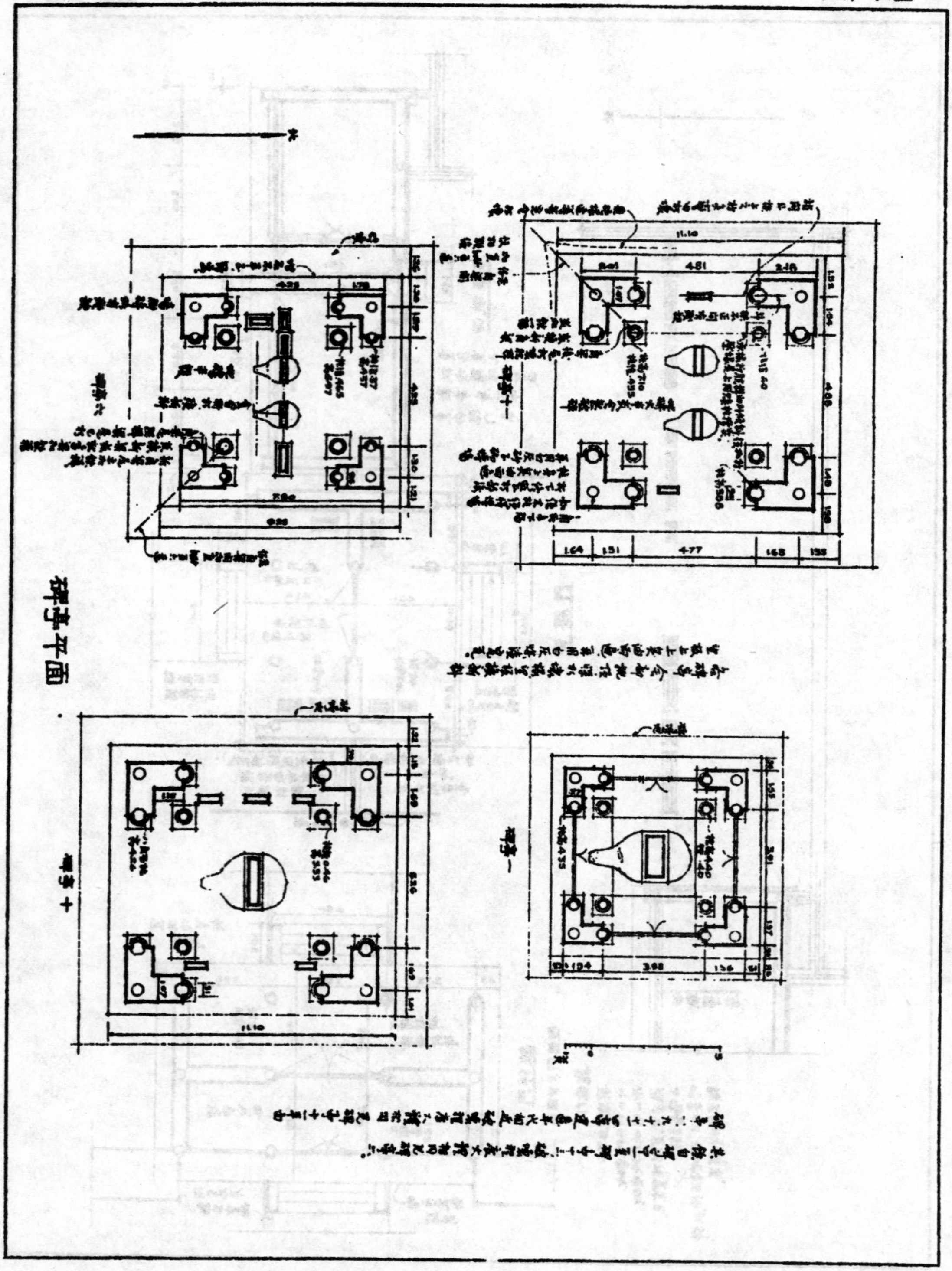

碑亭平面

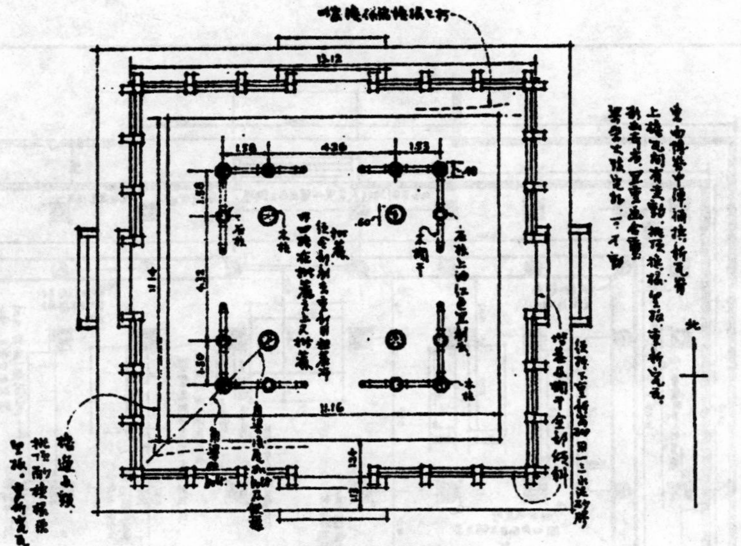

杏壇平面

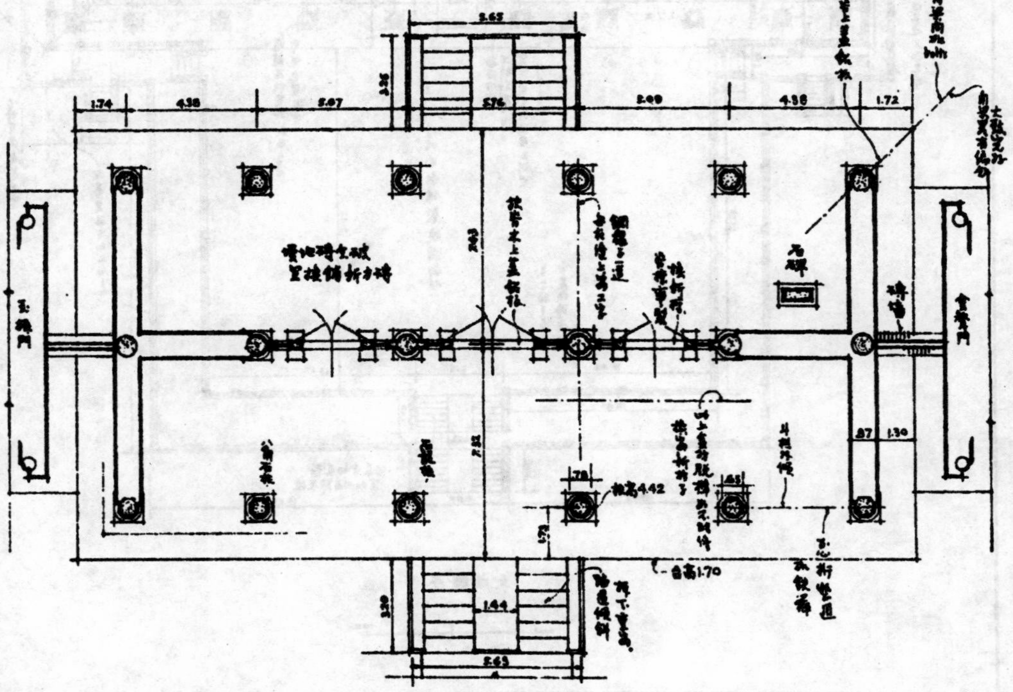

大成門平面

圖版 拾肆

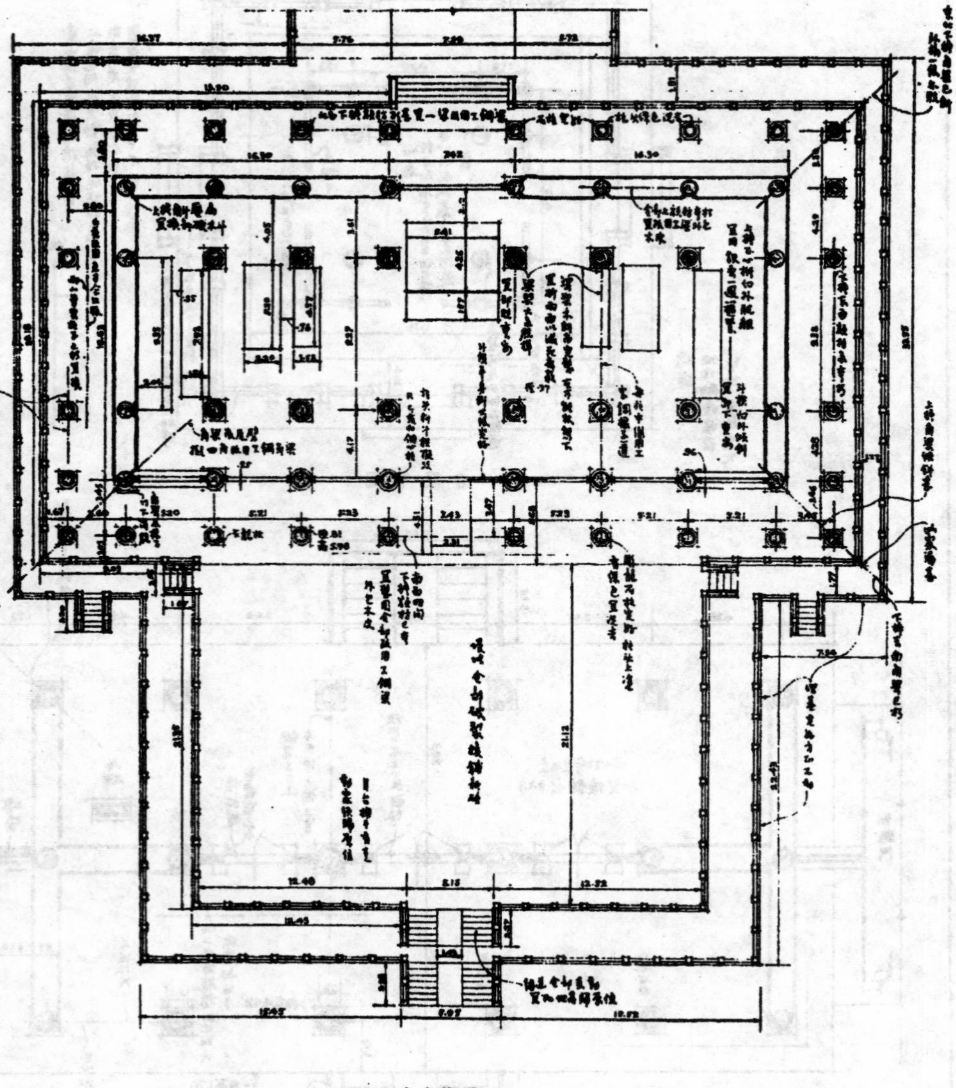

大成殿平面

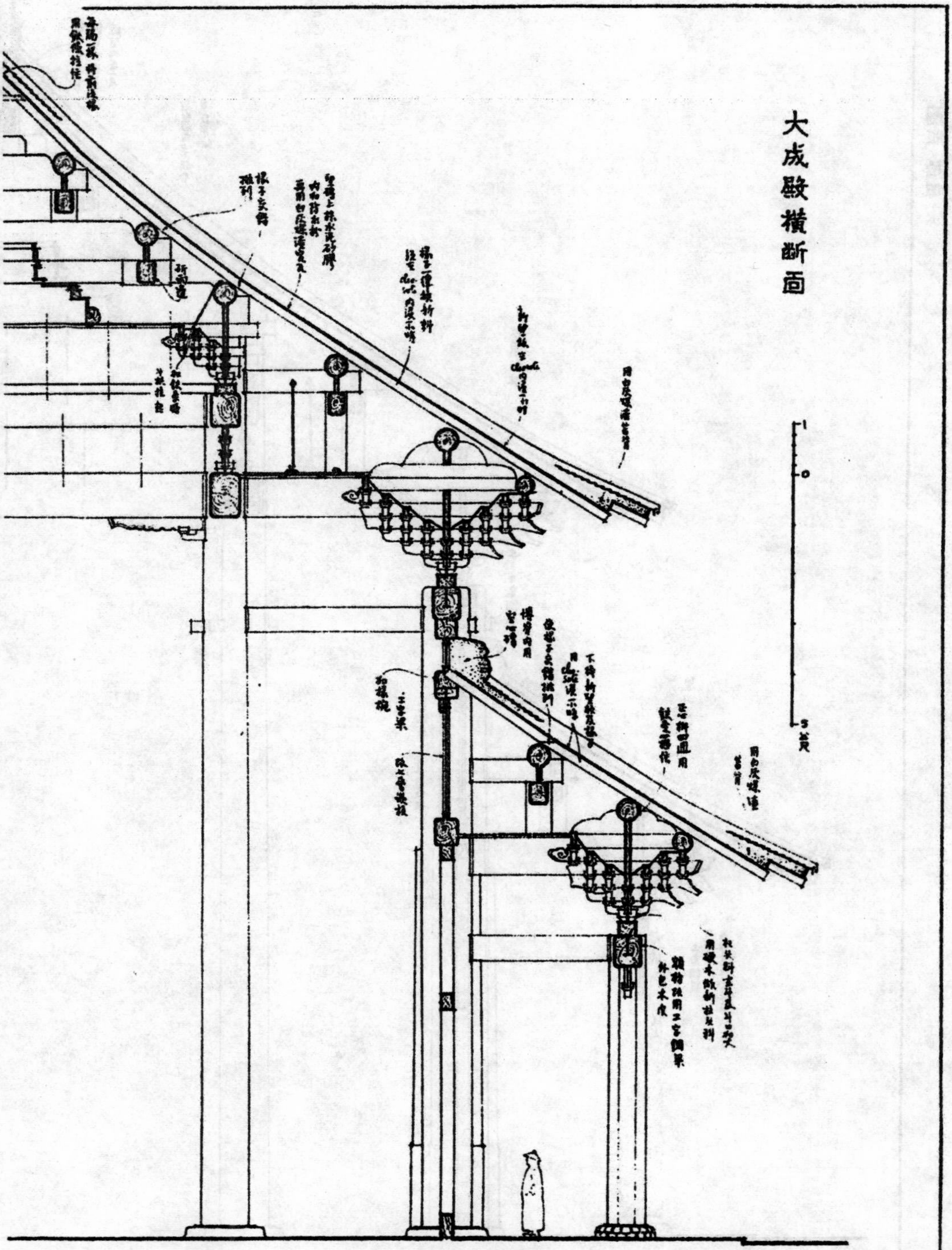

大成殿横断面

35493

圖版 拾伍

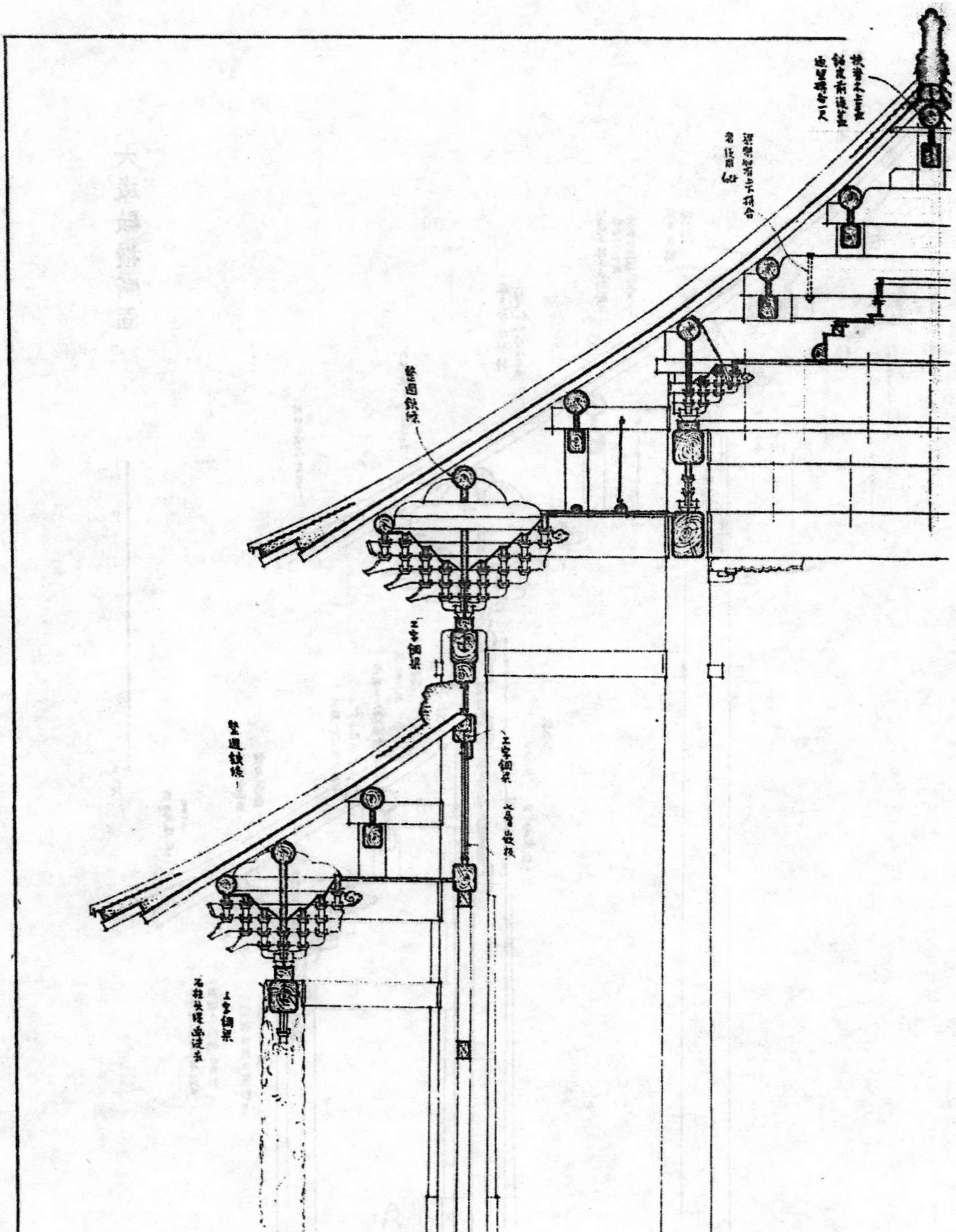

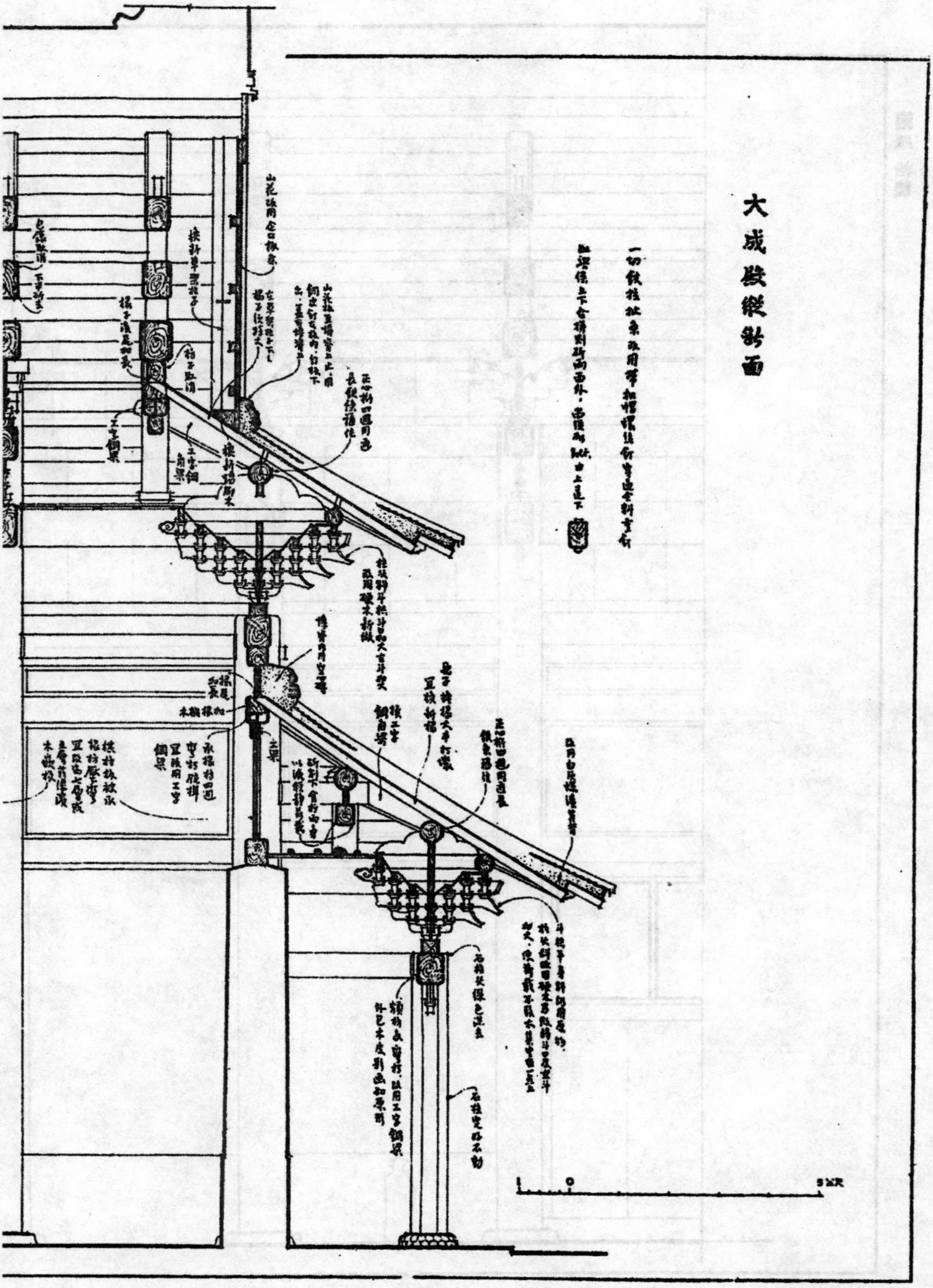


35495

圖版 拾陸

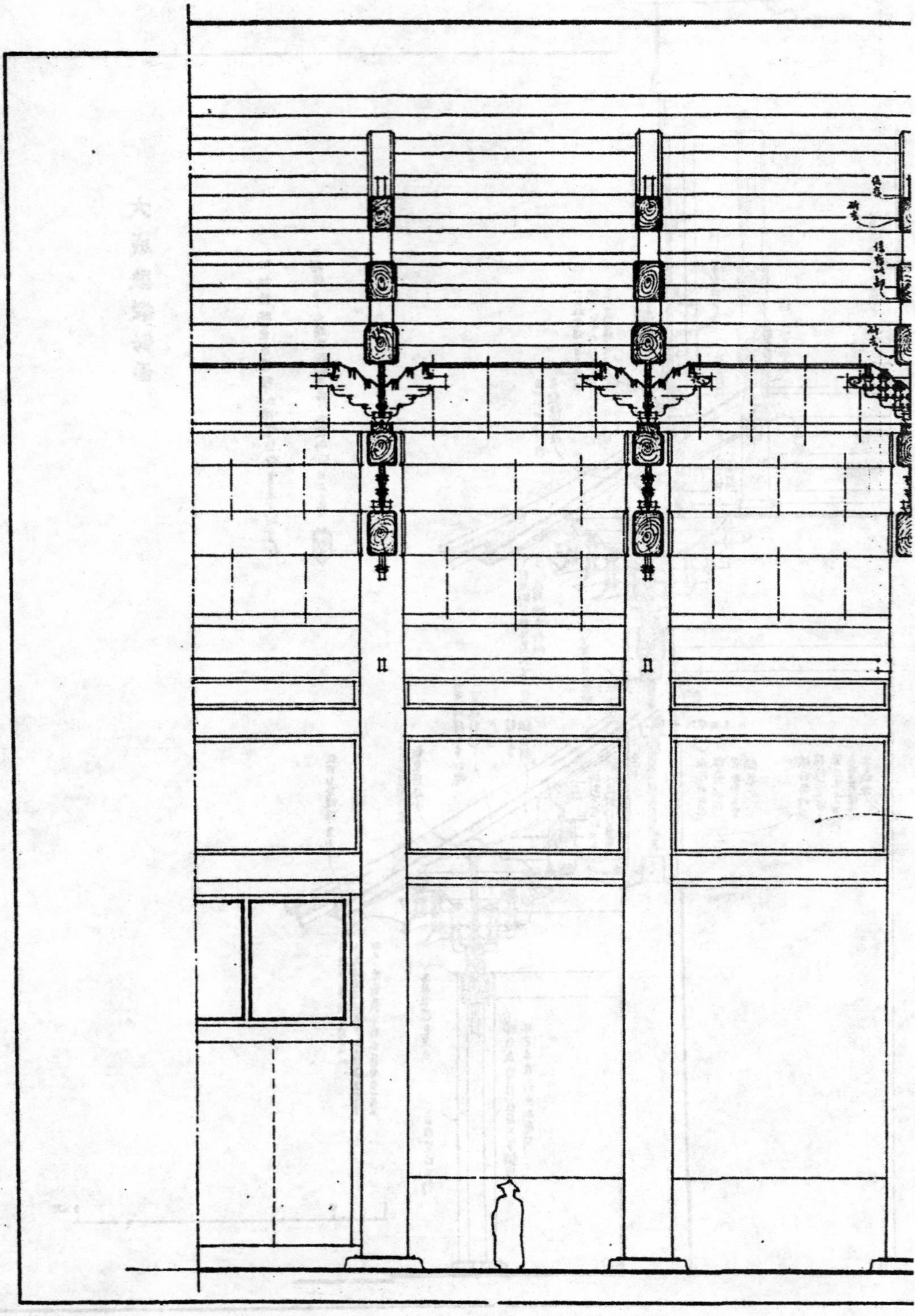

35496

圖版 拾柒

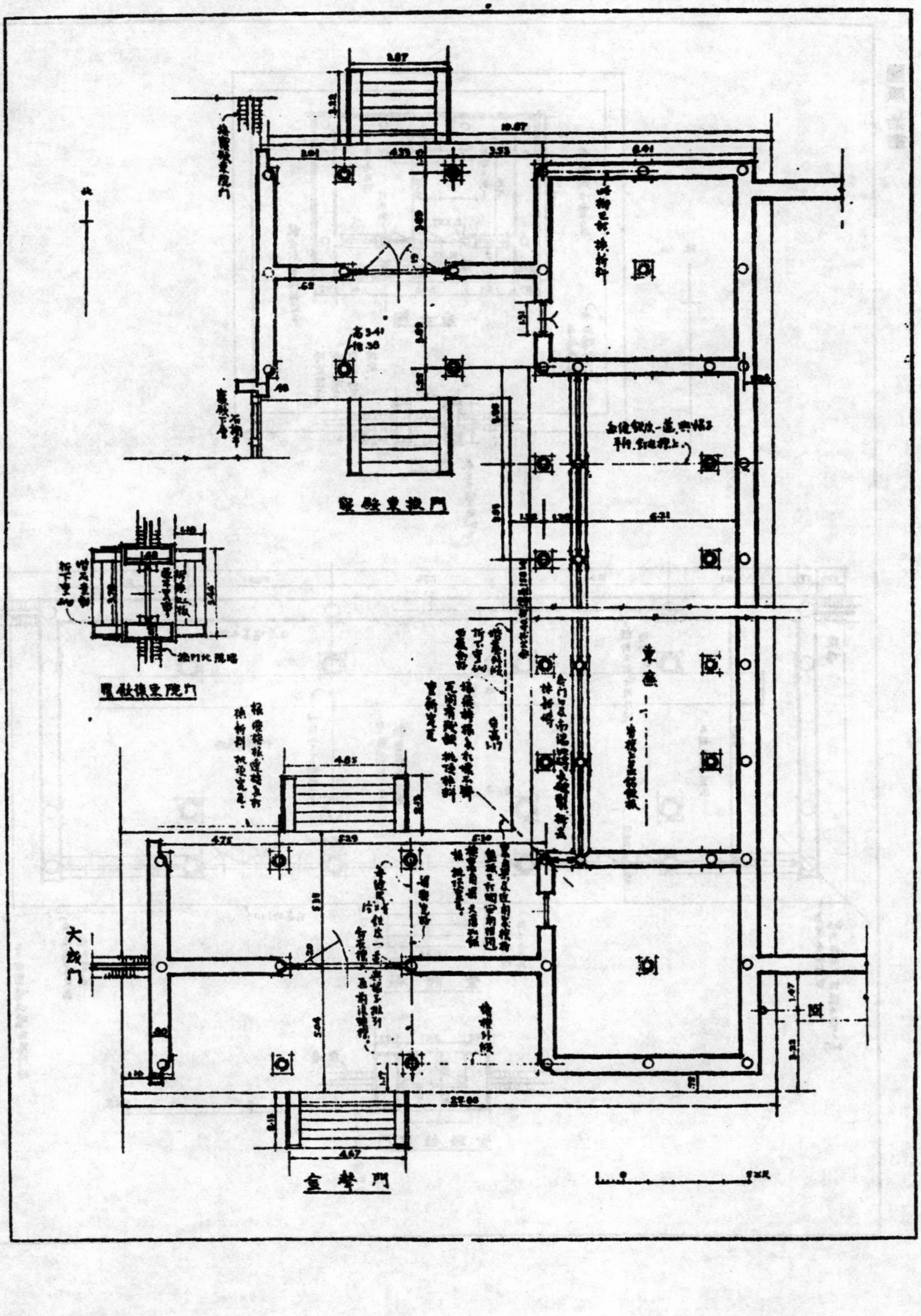

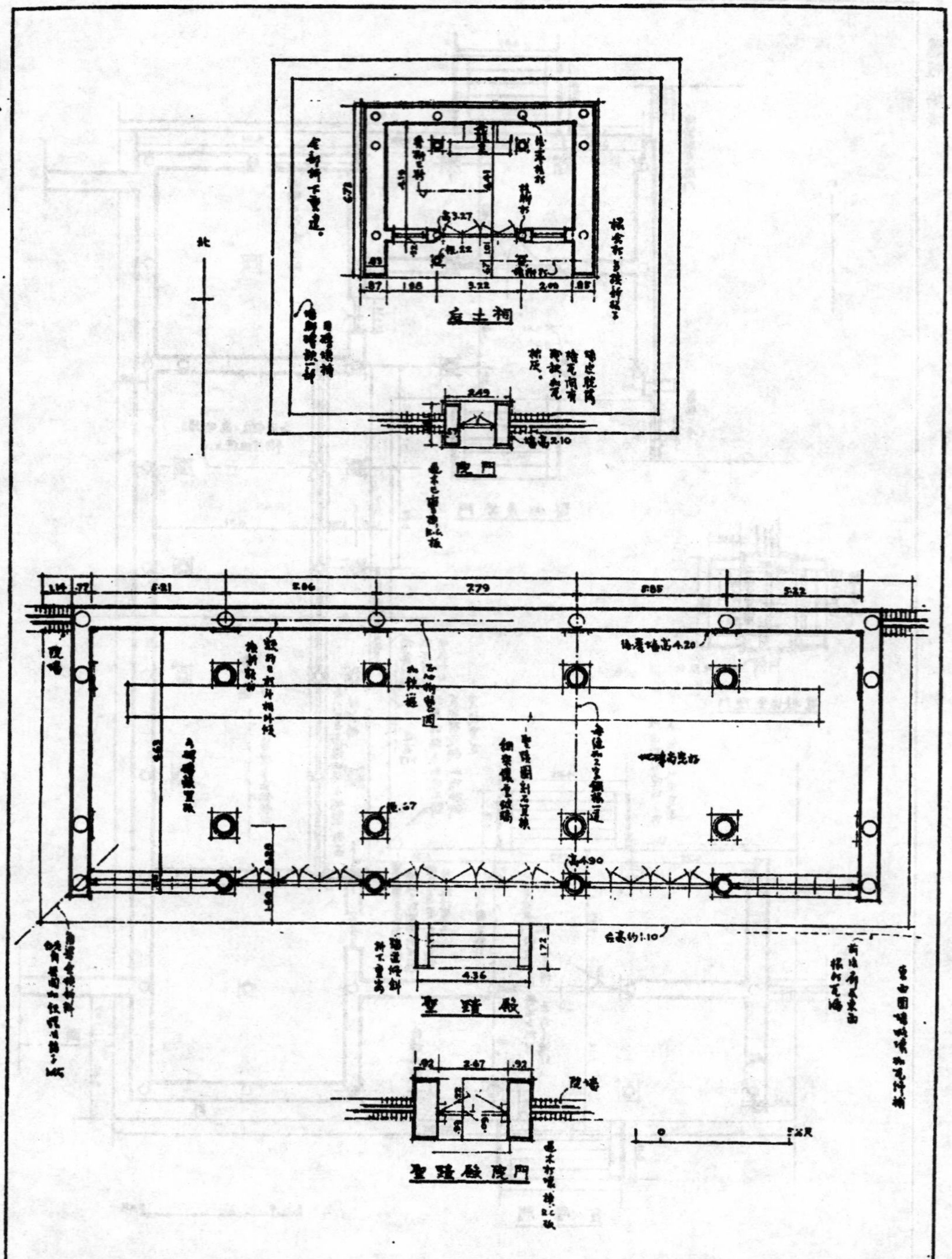
后土祠
院門
聖蹟殿
聖蹟殿院門

圖版 拾玖

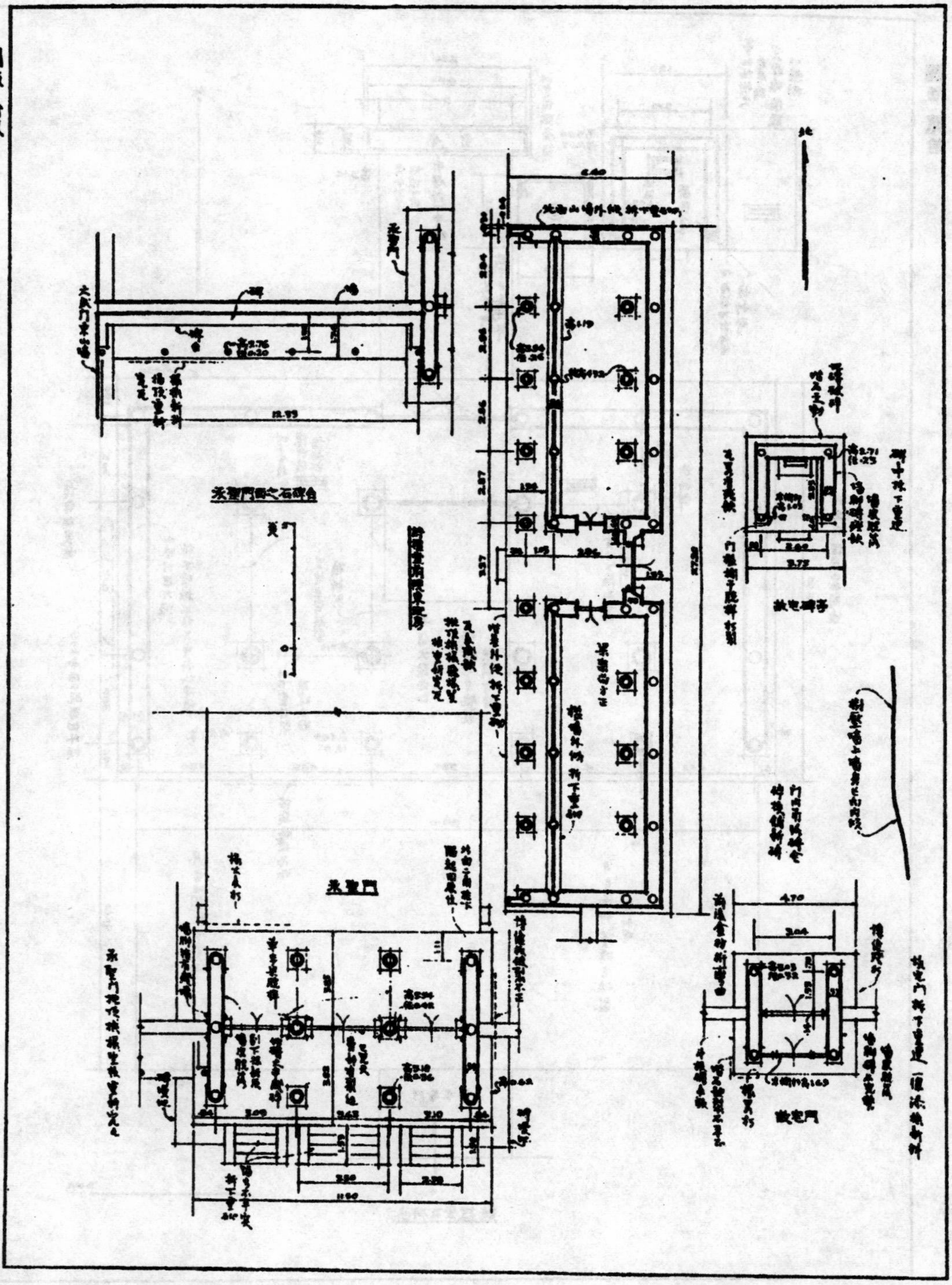

圖版貳拾

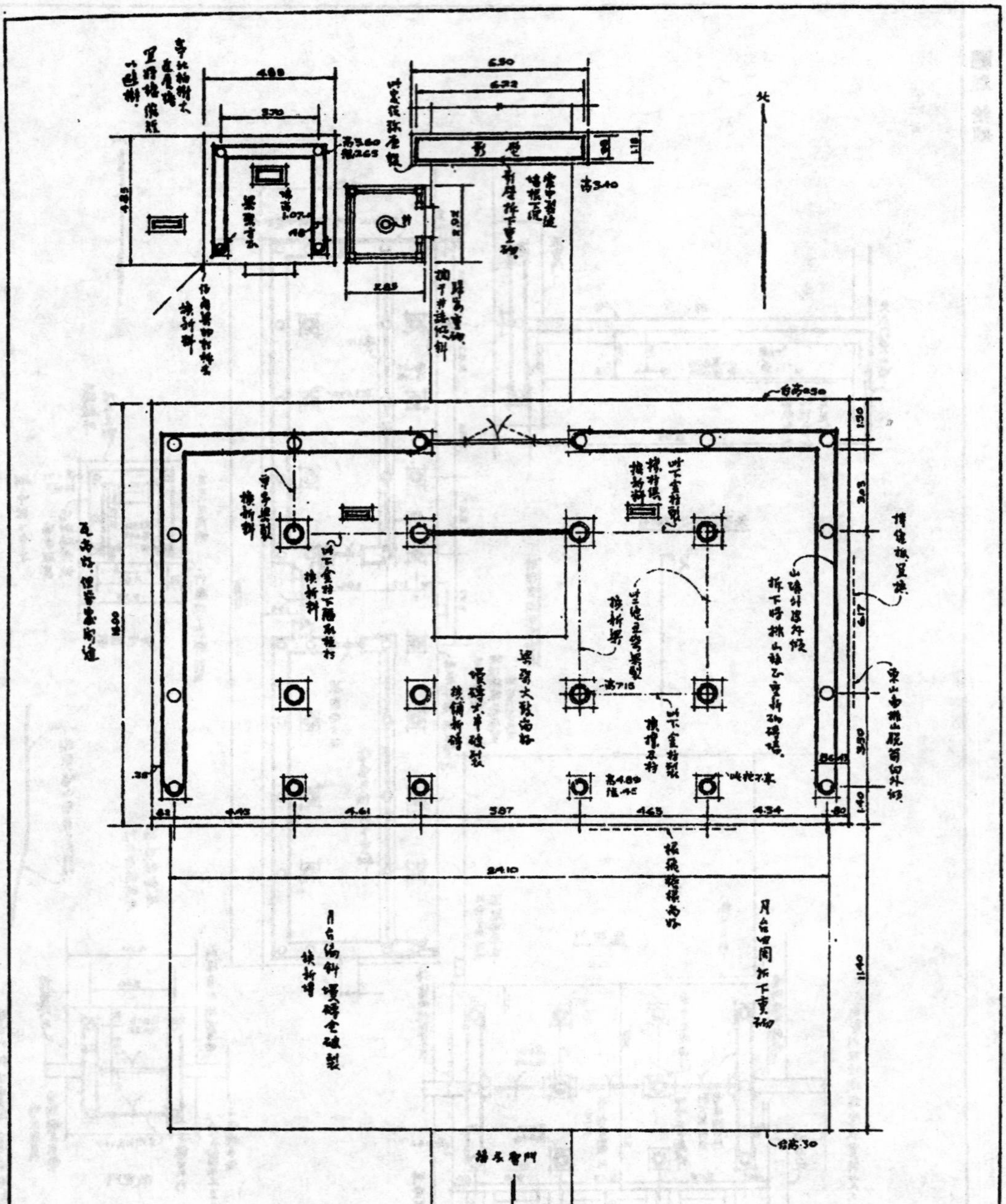


詩禮堂及碑亭

圖版 貳拾壹

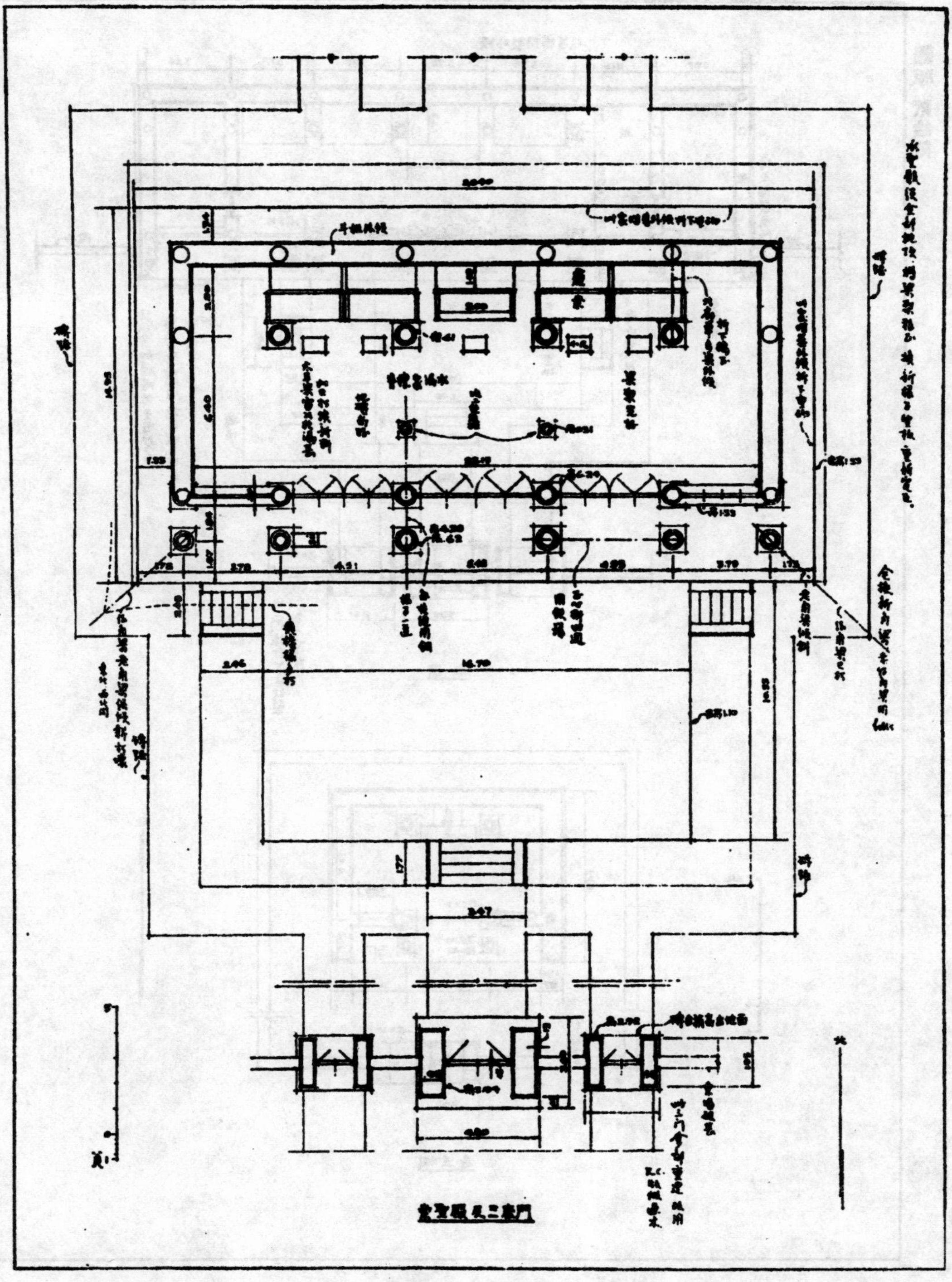

圖版 貳拾貳

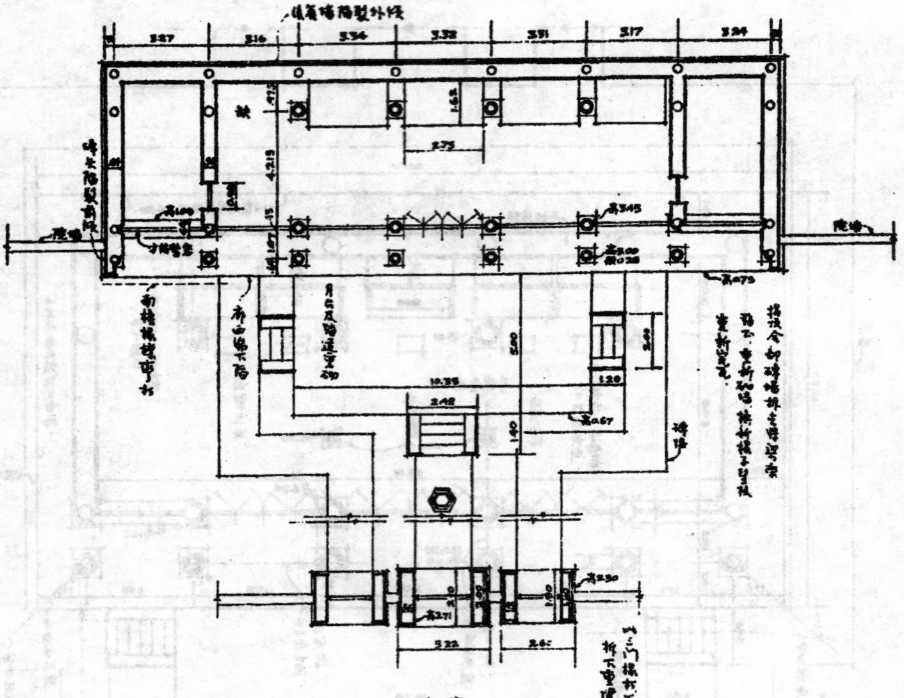

家廟

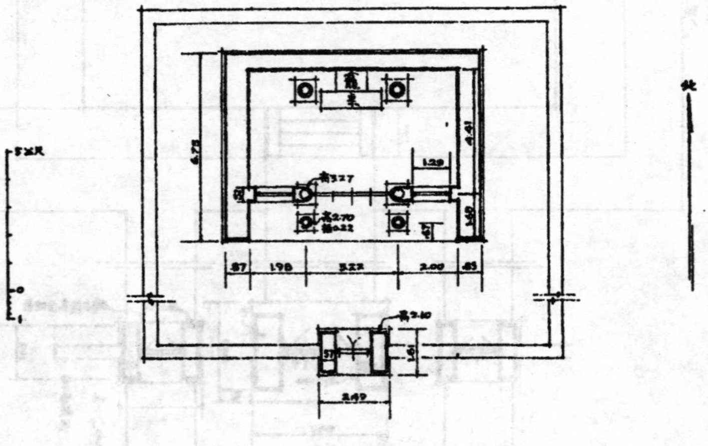

后土祠

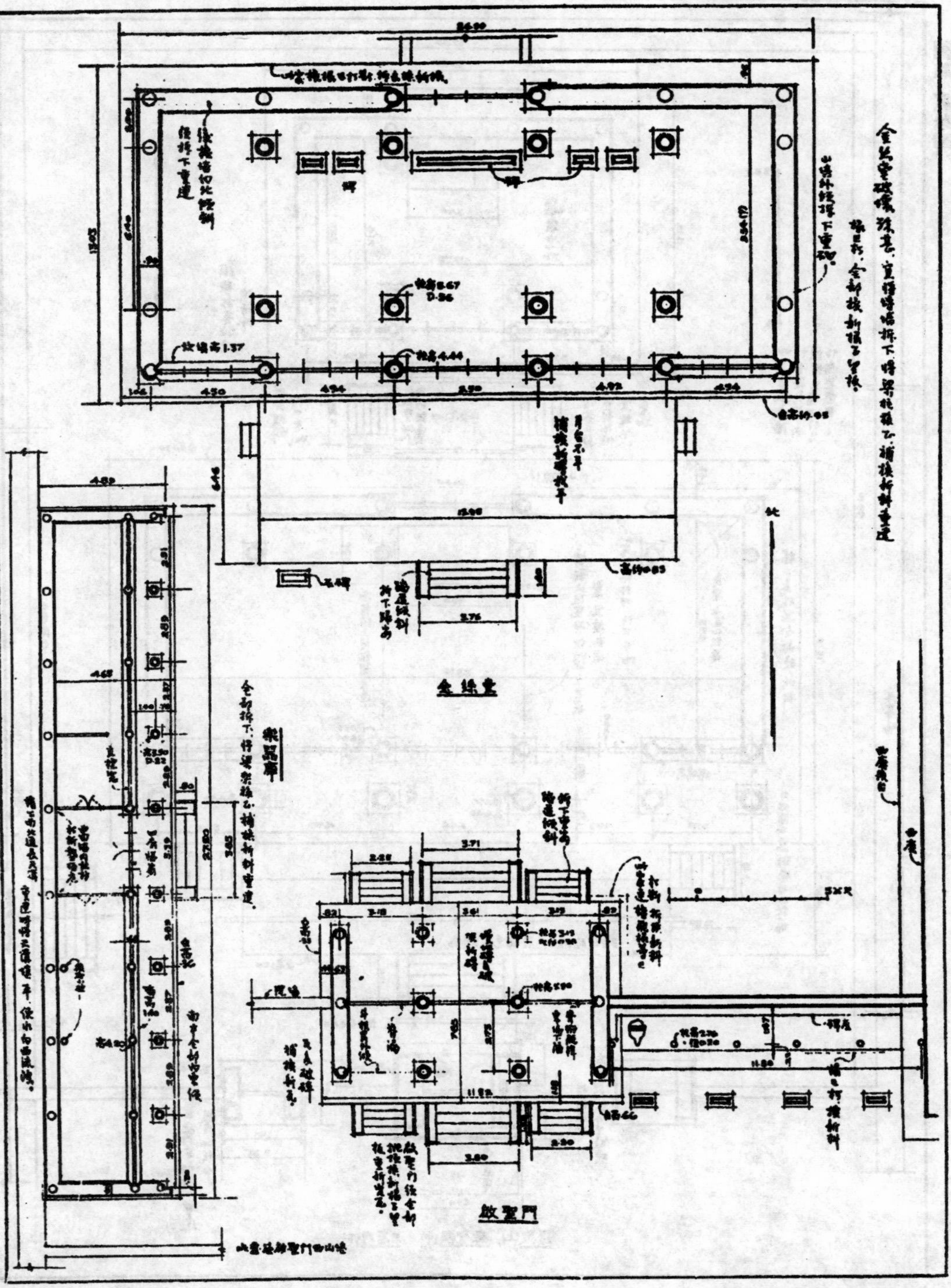
金絲堂
樂器庫
敬聖門

圖版 貳拾肆

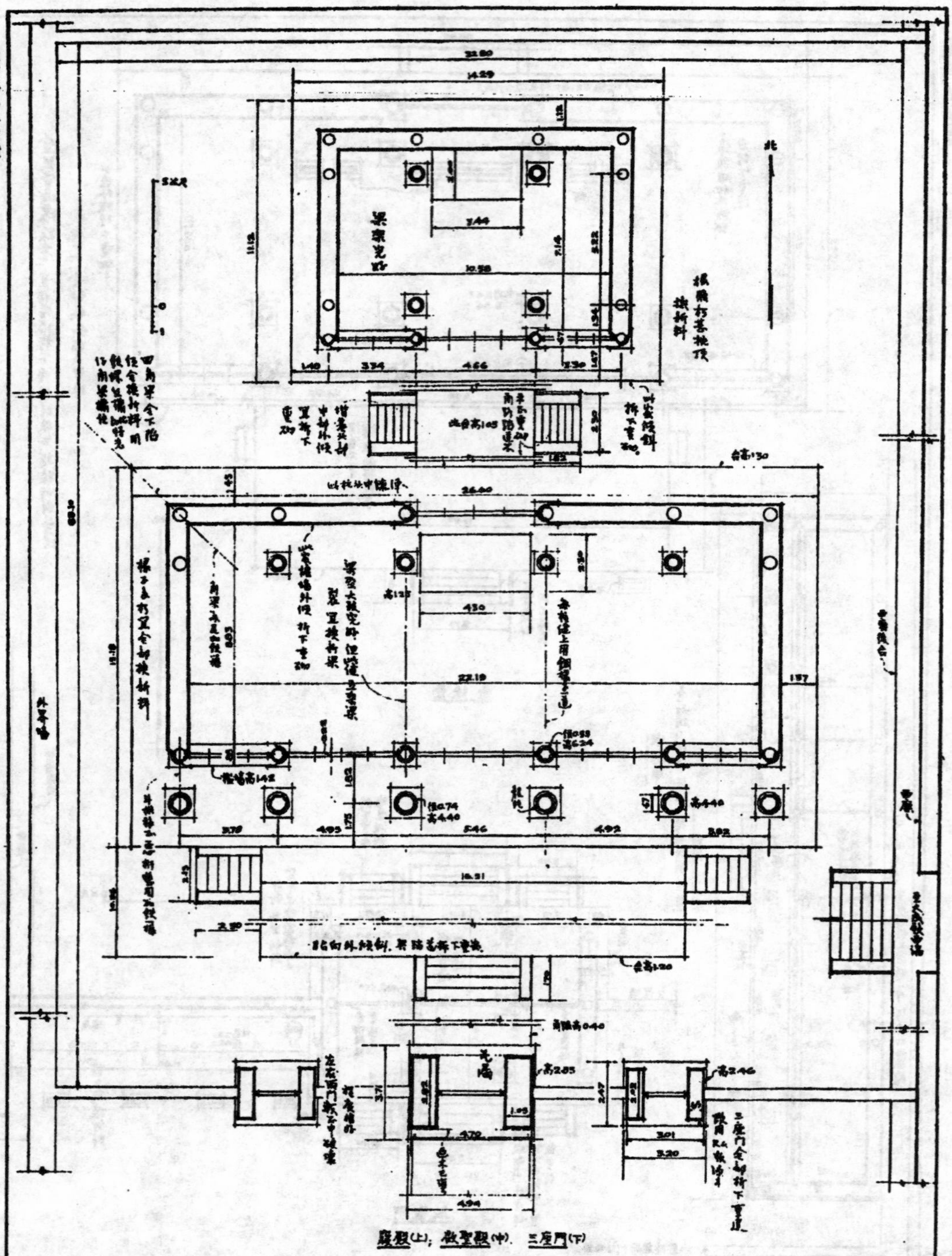

寢殿(上)；啟聖殿(中)，三座門(下)

圖版 貳拾伍

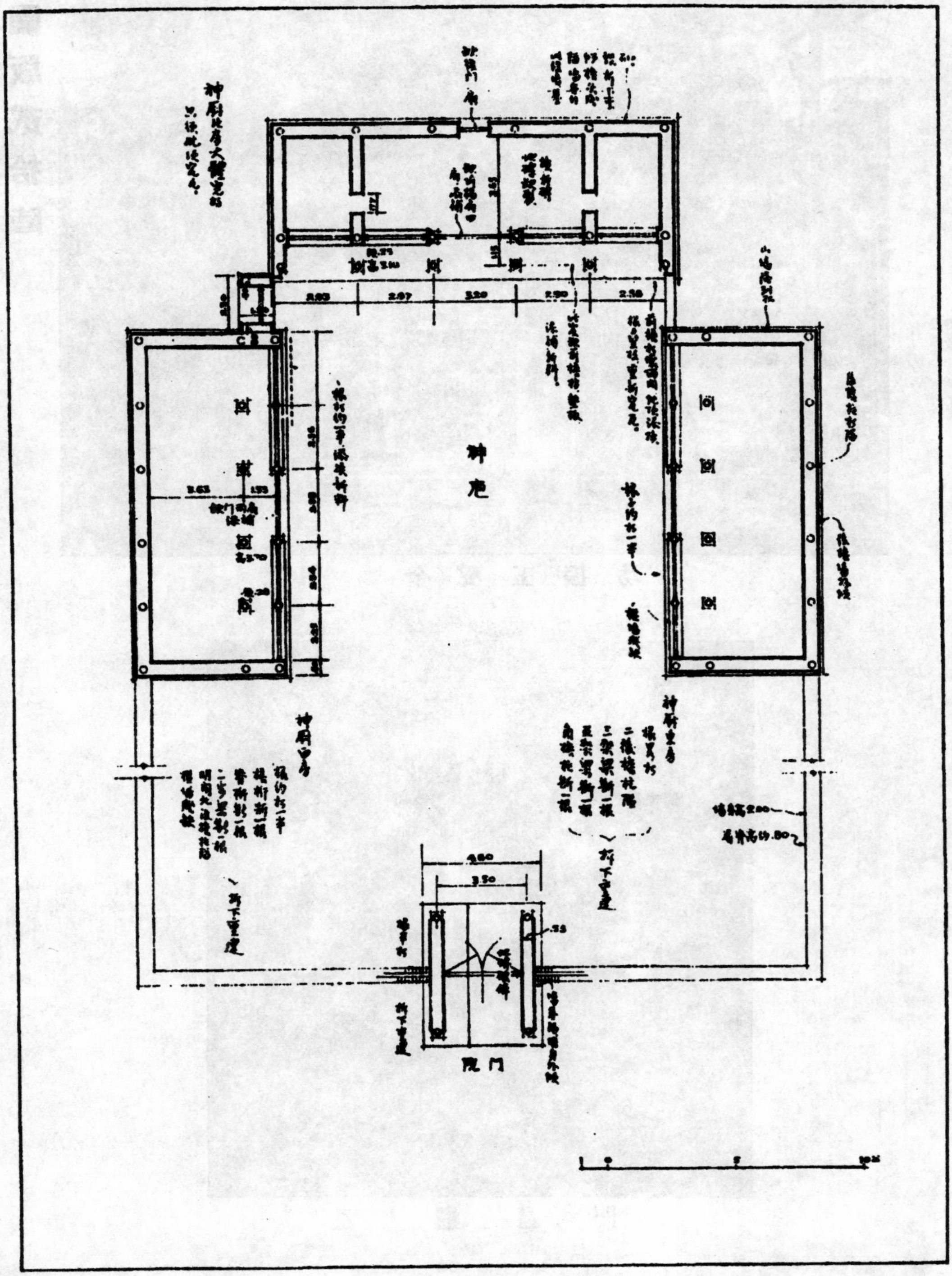

圖版貳拾陸

甲　金聲玉振坊

乙　欞星門

## 圖版貳拾柒

甲 太和元氣坊

乙 至聖廟坊

圖版貳拾捌

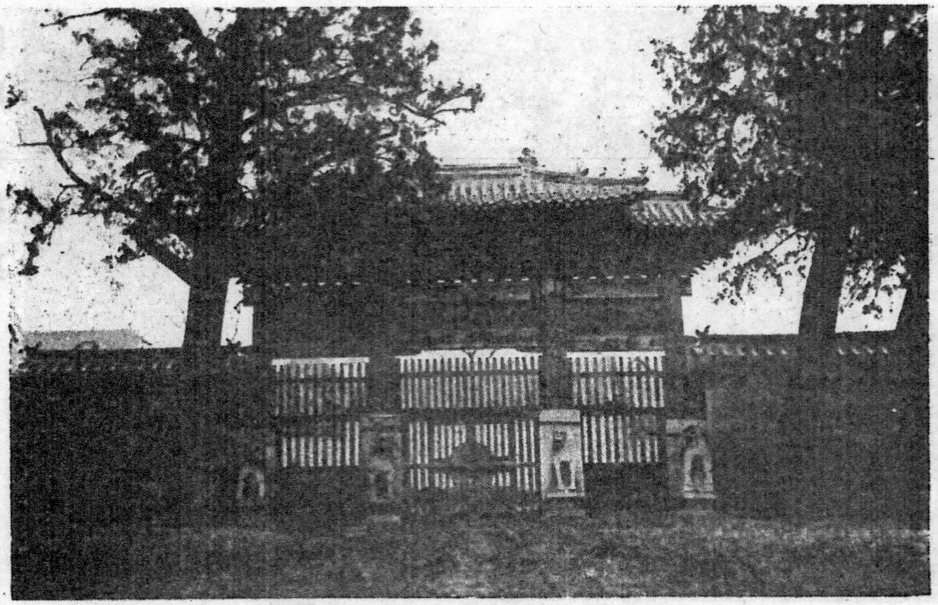

甲·德侔天地坊

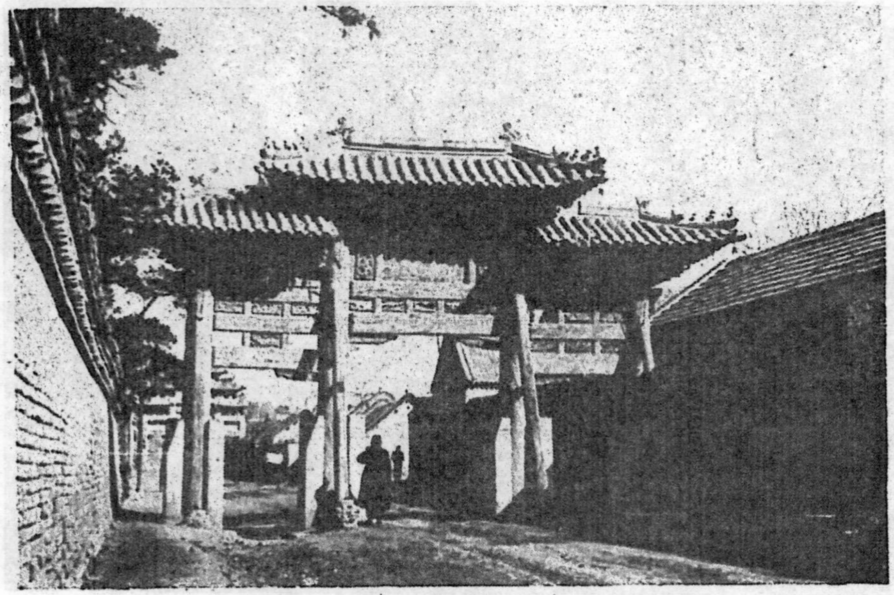

乙 闕里坊

圖版貳拾玖

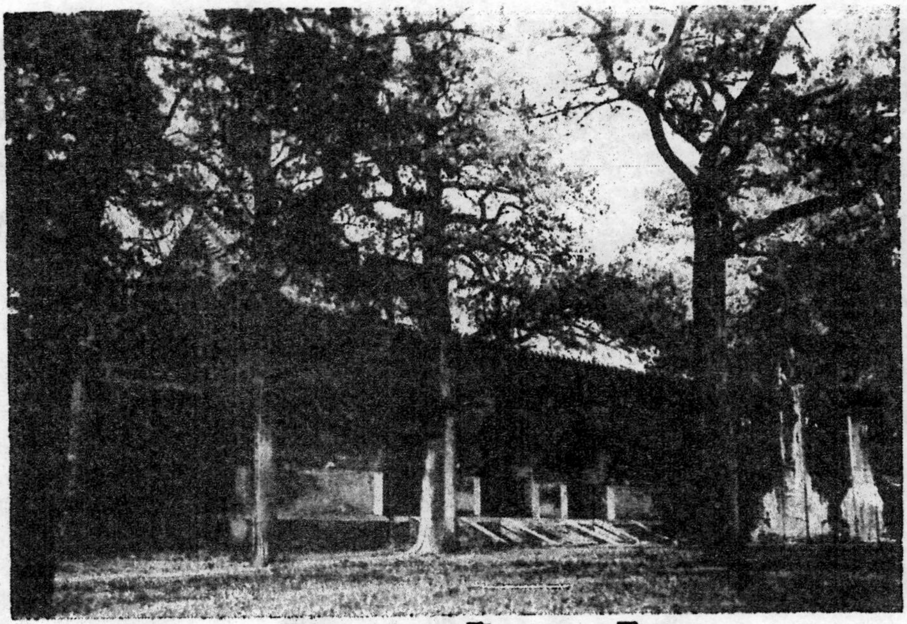

甲 聖時門

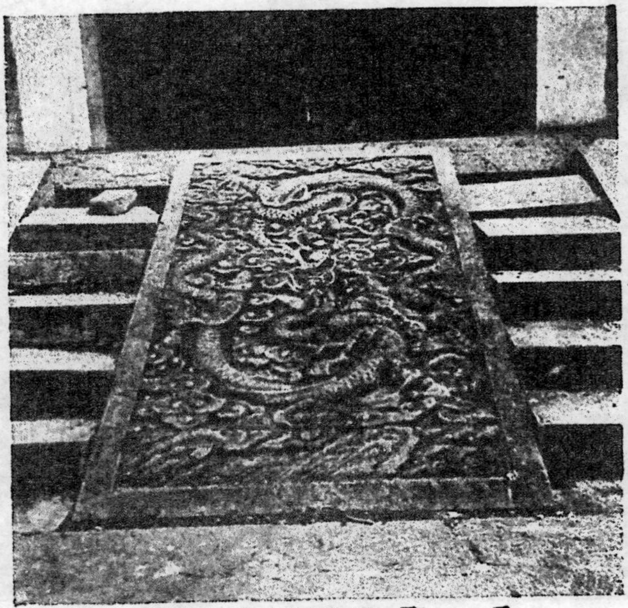

乙 聖時門御道石刻

圖版叁拾

甲　仰　高　門

乙　弘　道　門

圖版叁拾壹

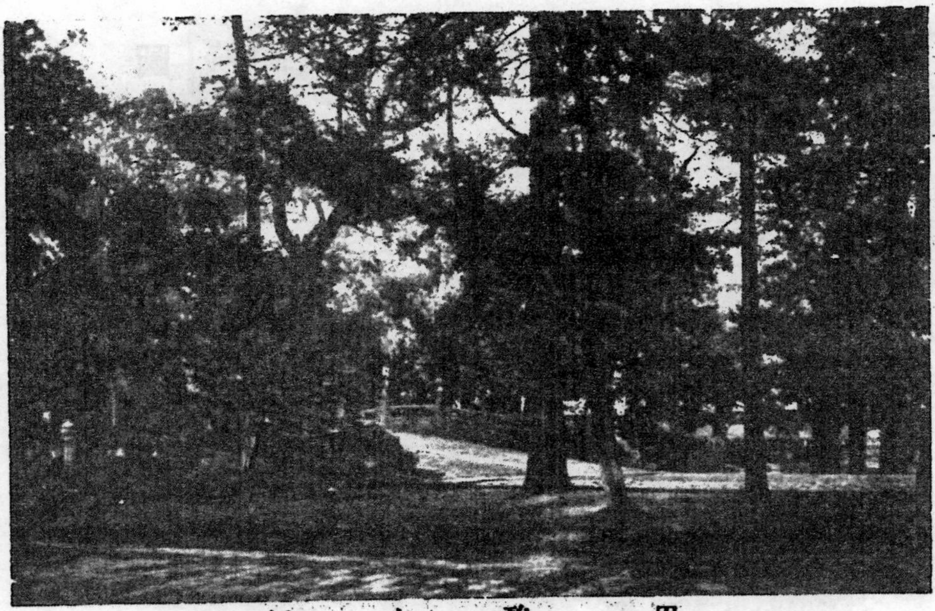

甲　碧水橋

乙　大中門

圖版叁拾貳

甲 大中門前簷

乙 大中門後簷

圖版叁拾叁

甲 東北角樓

乙 同文門

## 圖版叁拾肆

甲　同文門斗栱

乙　駐驆正房

圖版叁拾伍

甲 奎文閣

乙 奎文閣各層斗栱

35515

圖版叁拾陸

甲 奎文閣下層內部

乙 奎文閣平座斗栱後尾及童柱

# 圖版叁拾柒

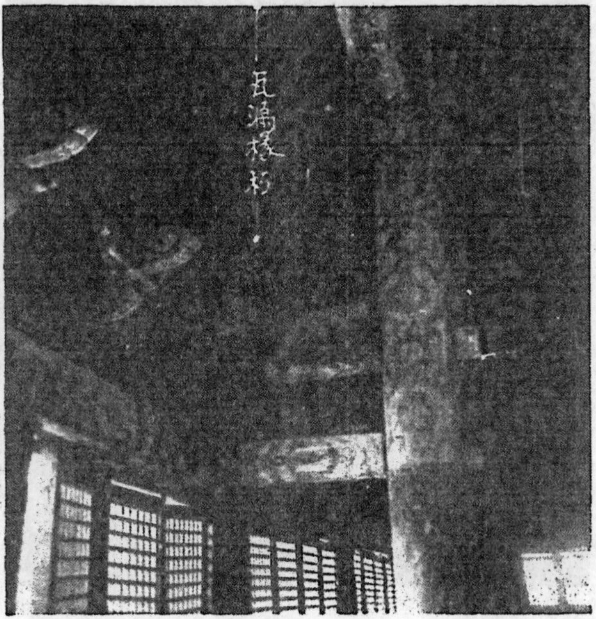

甲 奎文閣上簷簷柱及重簷柱

乙 奎文閣上簷內金柱及梁架

35517

圖版叁拾捌

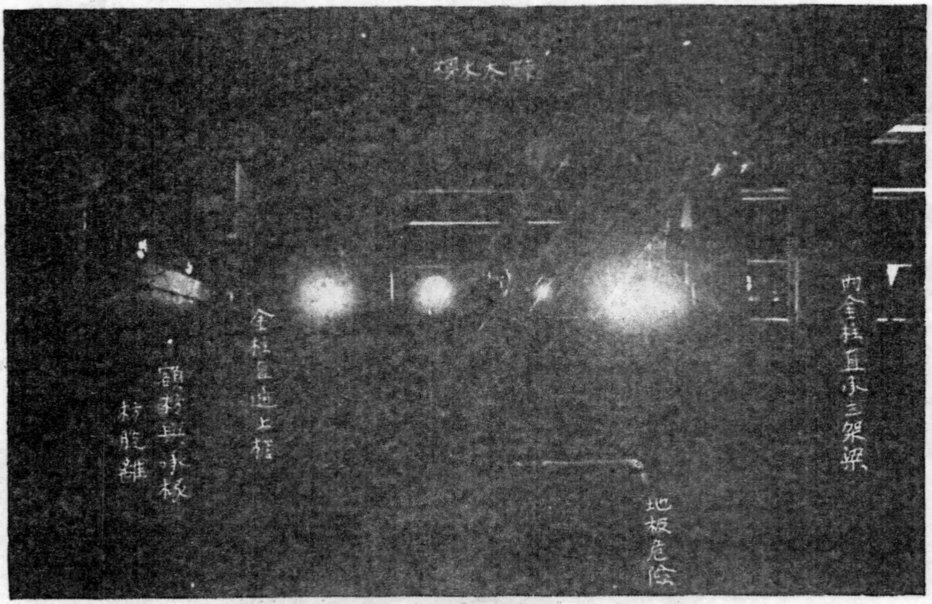


甲　奎文閣中層內部梁架

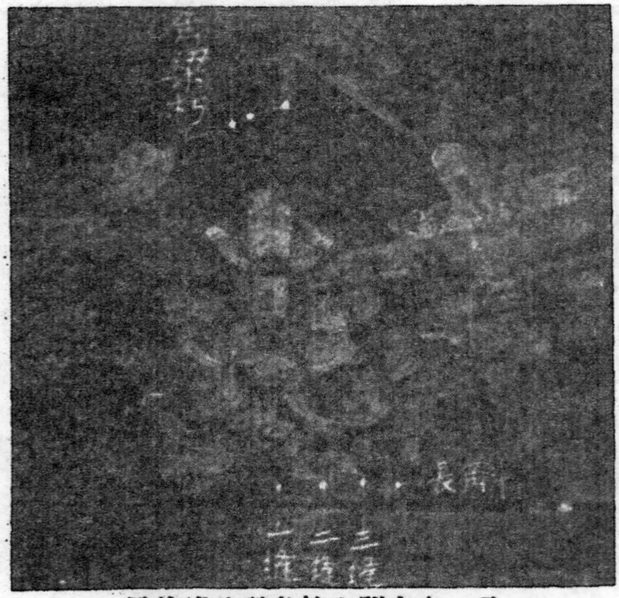

乙　奎文閣上簷角科斗栱後尾

# 圖版叁拾玖

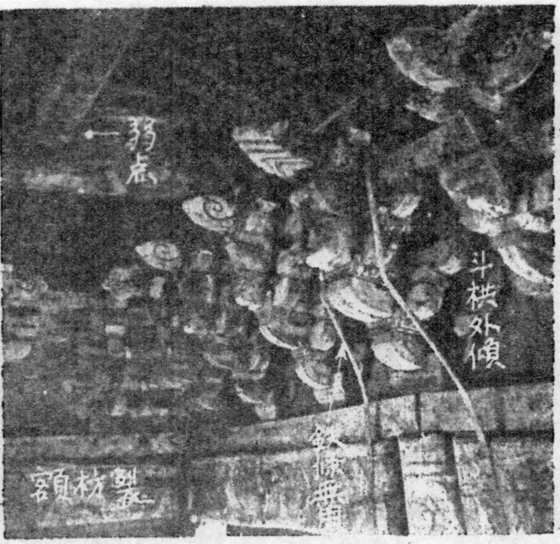


甲 奎文閣上簷斗栱角梁及扒梁

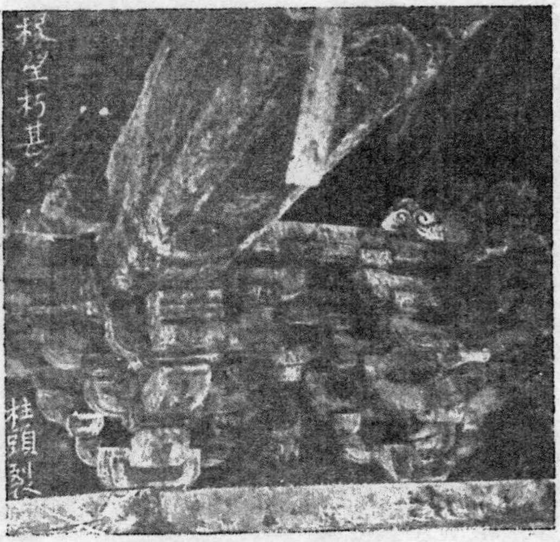


乙 奎文閣上簷柱頭科後尾

丙 奎文閣上簷斗栱之外傾

圖版肆拾

甲 奎文閣上層內部

乙 奎文閣上層歇山梁架相交點

圖版肆拾壹

甲 奎文閣東掖門

乙 毓粹門

圖版肆拾貳

甲 碑亭拾壹

乙 碑亭拾壹下簷斗栱

丙 碑亭拾壹斗栱後尾

# 圖版肆拾叁

甲　碑亭玖

乙　碑亭玖斗栱外面

丙　碑亭玖斗栱後尾

圖版肆拾肆

甲 碑亭拾

乙 碑亭拾下簷斗栱後尾

# 圖版肆拾伍

甲 碑亭貳(清代御碑亭)

乙 碑亭柒(清代遣祭碑亭)

圖版肆拾陸

甲 大成門

乙 大成門內踏道及孔子手植檜

## 圖版肆拾柒

甲　大成門梁架及斗栱後尾

乙　大成門歇山部分梁架

# 圖版肆拾捌

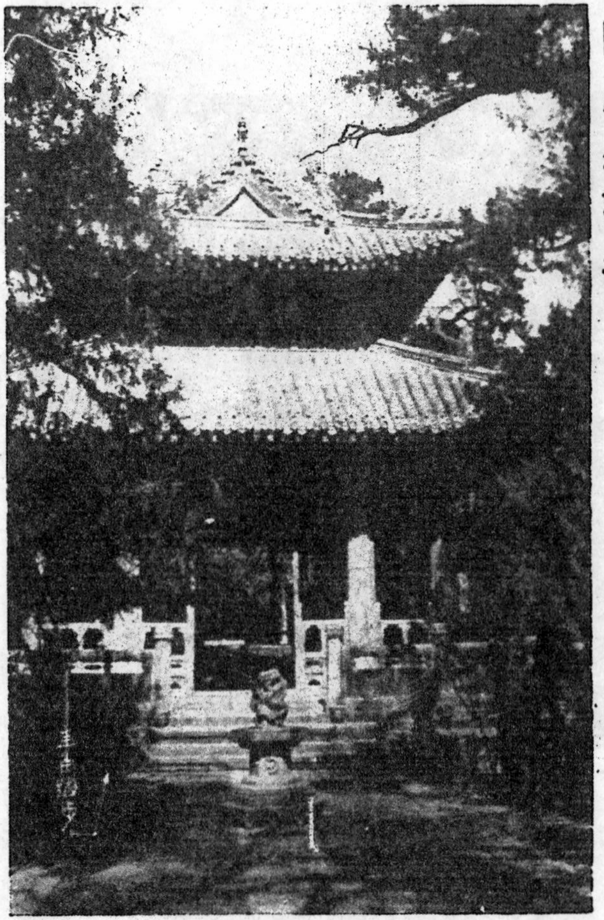

甲　杏壇

乙　杏壇下簷斗栱

丙　杏壇藻井

# 圖版肆拾玖

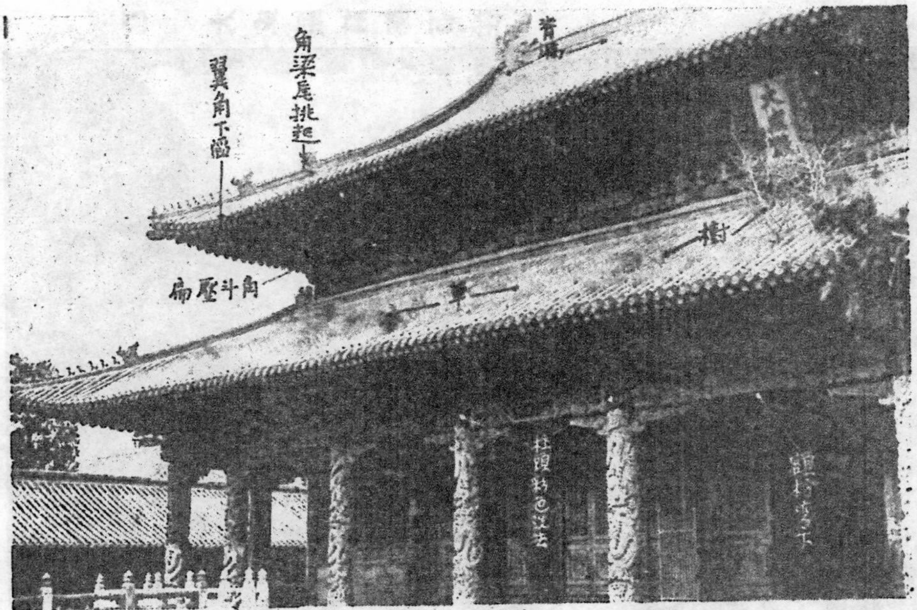


甲 大成殿

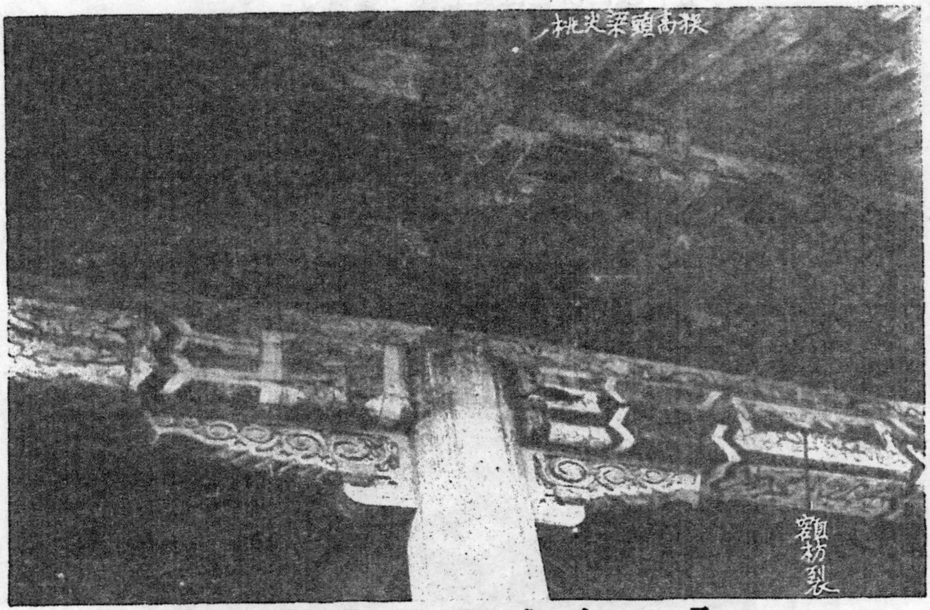


乙 大成殿下簷斗栱

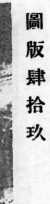

圖版伍拾

甲 大成殿下簷斗栱後尾並內簷斗栱

乙 大成殿前廊石柱

圖版伍拾壹

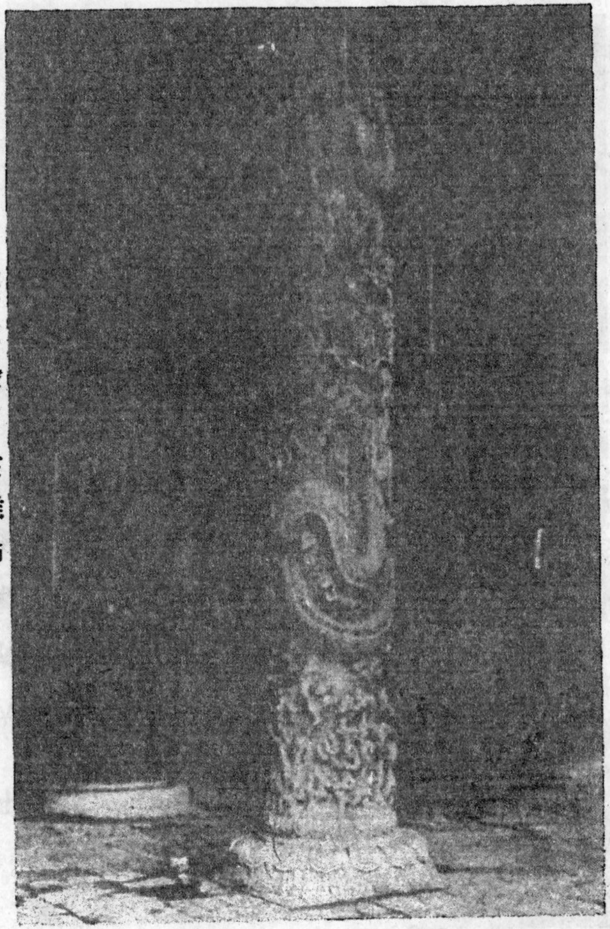

甲 大成殿石柱雕飾

乙 大成殿石柱柱礎

圖版伍拾貳

甲 大成殿後面

乙 大成殿後簷石柱柱礎

圖版伍拾叁

甲 大成殿前金內景

乙 大成殿內柱柱礎

# 圖版伍拾肆

甲　大成殿扒梁及角梁尾

乙　大成殿金柱頂及內斗栱後尾

丙　大成殿角童柱

圖版伍拾伍

甲 大成殿孔子聖像神龕

乙 大成殿石階基

# 圖版伍拾陸

甲　大成殿石階基須彌座石刻

乙　大成殿石階基踏道側面

丙　大成殿石階基御道石刻

# 圖版伍拾柒

甲 大成殿寢殿正面

乙 大成殿寢殿前廊

# 圖版伍拾捌

甲　金聲門

丙　大成殿東廡

乙　大成殿寢殿東掖門

圖版伍拾玖

甲 聖蹟殿

乙 聖蹟殿西梢間

圖版陸拾

甲　承聖門

乙　承聖門柱頭斗栱

丙　承聖門斗栱後尾及梁架

圖版陸拾壹

甲　啓聖門

乙　啓聖門後面簷部

圖版陸拾貳

甲 詩禮堂

乙 詩禮堂梁架

# 圖版陸拾叄

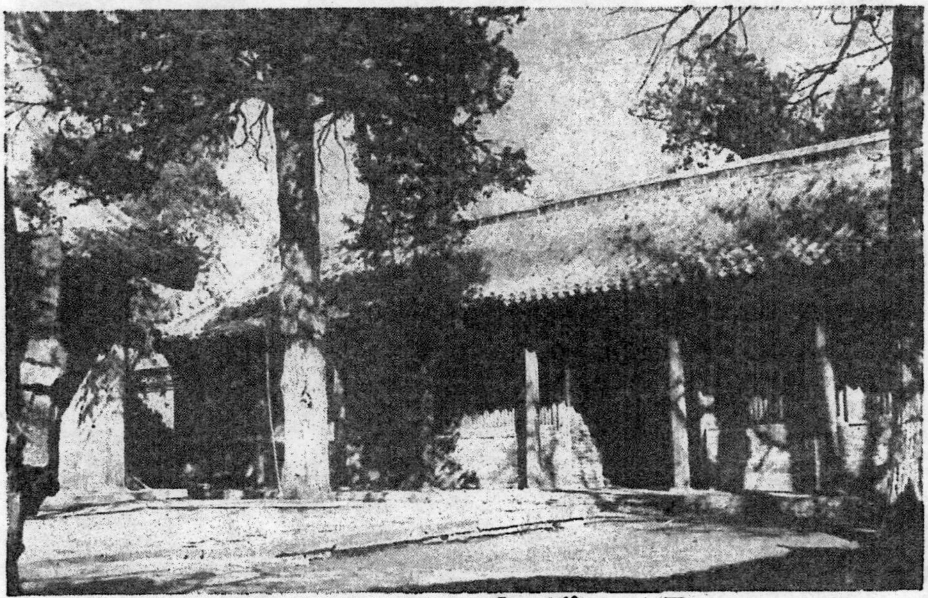

甲　詩禮堂禮器庫

乙　魯壁及故井

丙　魯壁碑及亭

# 圖版陸拾肆

甲　崇聖祠

乙　崇聖祠內部

圖版陸拾伍

甲　金絲堂

乙　金絲堂北面

圖版陸拾陸

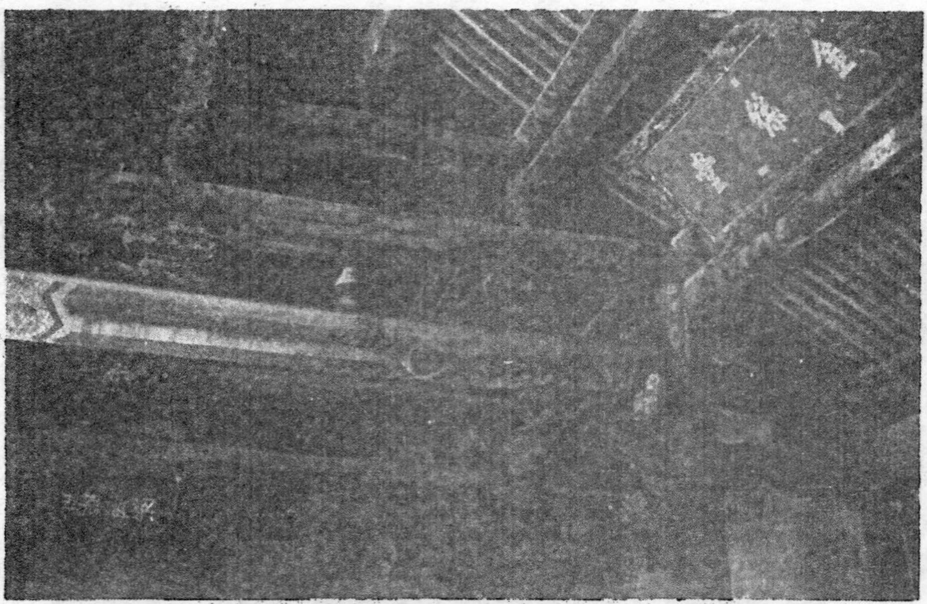

甲 金絲堂梁架

乙 樂器庫

圖版陸拾柒

甲 啓聖殿

乙 啓聖殿梁架

35547

圖版陸拾捌

甲　啓聖殿寢殿

乙　啓聖殿寢殿歇山梁架

圖版陸拾玖

甲　神庖北房

乙　后土祠

圖版柒拾

甲 燎所

乙 孔子故宅門

圖版柒拾壹

甲 孔子故宅門贊碑亭

乙 花門

# 圖版柒拾貳

甲　顏廟復聖門

乙　顏廟復聖門明間柱頭斗栱

丙　顏廟約禮門

甲 顏廟克巳門

乙 顏廟歸仁門

圖版柒拾肆

甲　顏廟復聖殿

乙　顏廟復聖殿寢殿

## 圖版柒拾伍

甲　顏廟退省堂

乙　顏廟家廟

## 圖版柒拾陸

甲 顏廟杞國公殿

乙 顏廟杞國公殿斗栱

圖版柒拾柒

顏廟杞國公殿寢殿

# 曲阜孔廟之建築及其修葺計劃

## 緒言

民國二十四年二月，思成奉教育內政兩部命，到曲阜勘察聖廟修葺工程。十六日先到濟南。十八日到曲阜，訪奉祀官孔達生先生，趨詣大成殿參謁聖容畢，當即視察全廟殿宇一週。自翌日起，開始實測並攝影，將每座殿宇廊廡大致勘察一徧。在曲阜工作五日，先行回平。社友莫宗江先生與山東省建設廳技士于皞民先生在曲阜又留半個月，除民國二十二年重修的寢殿，同文門，及弘道門外，每座殿宇皆將平面詳細測量，並在平面圖上，詳細註明結構上損壞的部分情形及其地位。其中大成殿，奎文閣兩座最重要的殿宇，及曲阜建築物中最古的金代碑亭，更詳細的測繪其斷面圖及斗栱詳圖。至於全廟的平面總圖（圖版壹），乃由建設廳測量隊將方位測出，而各個建築物牆柱的配置，乃按照我們較詳細的圖加上去的。

此次除測繪孔廟外，並將孔林顏廟亦視察一徧。顏廟於民國十九年被晉軍轟擊，破壞極甚，景象悽然。孔林建築物不多，其破毀情形亦不太甚，但其需要立即修葺，以期將來省工節料，則與孔廟及顏廟一樣。孔子林廟及顏廟三處除測繪外，並攝影三百二十餘幅，其中孔廟二百五十餘幅，顏廟三十餘幅，餘爲孔林及奉祀官公署。

三月初旬測繪攝影完畢之後，將測繪攝影材料帶回到北平工作，直至七月始將修葺計劃擬就，並作工料價預估，呈請政府審核。

在設計人的立脚點上看，我們今日所處的地位，與二千年以來每次重修時匠師所處地位，有一個根本不同之點。以往的重修，其惟一的目標，在將已破敝的廟庭恢復爲富麗堂皇工堅料實的殿宇，若能拆去舊屋，另建新殿，在當時更是頌爲無上的功業或美德。但是今天我們的工作却不同了，我們須對於各個時代之古建築，負保存或恢復原狀的責任。在設計以前須知道這座建築物的年代，須知這年代間建築物的特徵；對於這建築物，如見其有損毀處，須知其原因及其補救方法；須盡我們的理智，應用到這座建築物本身上去，以求現存構物壽命最大限度的延長，不能像古人拆舊建新，於是這問題也就複雜多了。所以在設計上，我以爲根本的要點，在將今日我們所有對於力學及新材料的智識，盡量的用來補救孔廟現存建築在結構上的缺點，而同時在外表上，我們要極力的維持或恢復現存各殿宇建築初時的形制。所以在結構上，徒然將前人的錯誤（例如太肥太偏的額枋其原尺寸根本不足以承許多補間斗栱之重量者）照樣的再襲做一次，是我這計劃中所不做的；在露明的部分，改用極不同的材料，（例如用小方塊洋灰磚以代大方磚鋪地）以致使參詣孔廟的人得着與原用材料所給予極不同的印象者，也是我所需極力避免的。但在不露明的地方，凡有需要之處，必盡量的用新方法新材料，如鋼梁，螺絲，捎子，防腐劑，隔潮油氈，洋灰，鐵筋等等，以補救舊材料古方法之不足；但是我們非萬萬不得已，絕不讓這些東西改換了各殿宇原來的外形。

我本來沒有預備將孔廟建築作歷史的研究，但是在設計修葺計劃的工作中，爲要知道各殿宇的年代，以便恢復其原形，搜集了不少的材料；竟能差不多把每座殿宇的年代都考察了出來。

我覺得這一處偉大的廟庭，除去其爲偉大人格的聖地，值得我們景仰紀念外；單由歷史演變的立場上看，以一座私人的住宅，二千餘年間，從未間斷的在政府的崇拜及保護之下；無論朝代如何替易，這廟庭的尊嚴神聖，却永遠未受過損害；卽使偶有破壞，不久亦卽修復。在建築的方面看，由三間的居堂，至宋代已長到三百餘間，世代修葺，從未懈弛；其規模制度，與帝王相埒。在這兩點上，這曲阜孔廟恐怕是人類文化史中惟一的一處建築物，所以我認爲它有特別值得我們研究的價值。

本文中建築物各個的研究法，是由結構及歷史兩方面着眼，以法式與文獻相對照，以定其年代。這樣考證的結果，在這一大羣年代不同的建築物中，竟找着金代碑亭兩座，元代碑亭兩座，元代門三座；明代遺構更有多處可數；至於清代的殿宇，亦因各個時代而異其形制。由建築結構的沿革上看，實在是一羣有趣且難得的例子。

此外獲得極有趣的一點，就是明弘治間所用尺度之推定。在闕里志中，弘治十七年重修後的紀錄，很清楚的記出許多主要殿宇的主要尺寸；將那些尺寸與今日實測的尺寸相比較，得知當時一尺約合三一・三五公分（附錄二），這也是研究孔廟的一種意外的收穫。

這次的勘察，在濟南蒙張幼珊何仙槎諸廳長招待，並予以種種協作的便利。教育部科長鍾岳雲先生及內政部科長湯叔穎先生由京到濟會同勘察。山東省建設廳技士王次伯于皞民二先生並測量隊亦一同出發工作。上曲阜以前，竟勞動了教育廳秘書主任孔瀞庵先生先期回曲準備。在曲期間奉祀官孔達生先生及孔府諸公招待殷勤。兗州至曲阜間路途，蒙第二十師參謀長張測民先生派汽車接送。這都是我所極感謝的。若非各方的合作與方便，這部計劃及研究將沒有實現的可能。最後我對於社友劉敦楨先生在結構工程上許多的指示，尤覺感激不盡。

在這裏我要附帶聲明一下：本文下篇計劃書部分只是一步最初的初稿。修葺古建築與創建新房子不同，拆卸之後，我們不免要發見意外的情形；所以不惟施工以前計劃要有不可避免的變更，就是開工以後，工作一半之中，恐怕也不免有臨時改變的。這部計劃若幸而有實現的可能，則開工以前，當有較詳的細圖樣與說明書，屆時當再請求邦人君子及建築專家的指正。

中華民國二十四年九月，梁思成謹志於北平中國營造學社。

# 曲阜孔廟之建築及其修葺計劃

梁思成

## 上篇　孔廟建築之研究

### 第一章　孔廟建築史略

由建築史研究的立場上着眼，曲阜孔廟的建築，實在是一處最有趣的，也許可以說是世界上唯一的孤例。以一處建築物，在二千年長久的期間，由私人三間的居室，成爲國家修建，帝王瞻拜的三百餘間大廟宇；且每次重要的修葺，差不多都有可攷的紀錄。姑不論現存的孔廟建築與最初的孔子廟有何關係，單就二千年來的歷史講，已是充滿了無窮的趣味。

按史記孔子世家：

孔子年七十三，以魯哀公十六年（公元前四七九）四月己丑卒。……葬魯城北泗上。……故所居堂弟子內，後世因廟藏孔子衣冠琴車書。至于漢，二百餘年不絕。高皇帝過魯，以太牢祠焉。諸侯卿相至常先謁，然後從政。

太史公『適魯觀仲尼廟堂車服禮器』。古代哲人的遺跡，在漢代已受許多人的景仰了。

後漢桓帝永興元年公元一五三置百石卒史，詔碑，紀魯相乙瑛書言：

詔書崇聖道，勉六藝，……故特立廟。褒成侯四時來祠，事已即去。廟有禮器，無常人掌領。請置百石卒史一人，典主守廟，春秋饗禮，財出王家……。

從這時始，孔廟之管理已成爲政府職責之一部分，並設專人治理。

南北朝間歷代得有兗州的君主，莫不修葺孔廟。北魏興和三年『雕素聖容，旁侍十子』，是爲配祀最初的文獻。宋孝建元年詔建孔子廟，『制同諸侯之禮』。北齊天保元年『詔魯郡以時修治孔子廟，務盡崇煥』。隋大業七年，修孔子廟，『寢廟孔碩，靈祠赫奕，圓淵方井，綺窗畫壁』。唐代重修的紀錄，至少有五次可攷。孔廟建築至此已極堂皇華麗。

宋太祖即位之初，於建隆元年公元九六〇謁孔子廟，詔增修祠宇，這也許可算是孔廟建築擴大的初步，但「增修」到若何程度，却沒有明白的紀錄。太宗太平興國八年公元九八三修闕里孔子廟，呂蒙正記曰：

帝……乃御便殿，謂侍臣曰，『朕嗣位以來，緘秩無文，……惟魯之夫子廟堂，未加營葺，闕熟甚焉。況像設庳而不度，堂廡陋而毀頹，觸目荒涼，荆榛勿翦。階序有妨於函丈，屋壁不可以藏書。既非大壯之規，但有歸然之勢，傾圮寖久，民何所觀。」……上乃鼎新規革舊制；遣使星而蕆事，募梓匠以僝功。經之營之，厥功告就。觀夫繚垣雲矗，飛檐翼張，重門呀其洞開，層闕鬱其特起。綺疏瞰野，朱檻凌虛。耽耽之邃宇來風，巘巘之雕甍拂漢。廻廊複殿，一變維新。……重櫨疊栱，丹青晃日月之光；龍桷雲楣，金碧焜烟霞之色。輪奐之制，振古莫儔；營繕之功，於今爲盛。

由周末三間的舊宅廟堂經過世代增修而有「繚垣」「飛檐」「重門」「層闕」「廻廊複殿」「重櫨疊栱」「龍桷雲楣」實在是「振古莫儔」「於今爲盛」的擴大。

天禧二年 公元一〇一八，命孔道輔修闕里孔子廟。曲阜縣志卷二十四記其事云：

道輔請得封禪行殿餘材，乃大擴聖廟舊制。建廟門三重，次書樓，次唐宋碑亭各一，次儀門，次御贊殿，次杏壇，壇後正殿，又後爲鄆國夫人殿，殿東廡爲泗水侯殿，西廡爲沂水侯殿。正殿西廡門外爲齊國公殿，其後爲魯國太夫人殿。正殿東廡門外曰燕申門，其內曰齋廳，廳後曰金絲堂，堂後則家廟，左則神厨。由齋廳而東南爲客館，直北曰襲封視事廳，廳後爲恩慶堂，其東北隅曰雙桂堂。凡增廣殿庭廊廡三百十六間。

在宋初數十年之間，孔廟的建築，驟然間加以空前的大擴充，後世孔廟之規模即自此時起。

北宋之世，每隔數年，輒有修葺。北宋之末，曲阜陷入金人掌握，孔廟建築受了相當破壞，不久又逐漸修復。至金章宗明昌二年（公元一一九一）按黨懷英碑說：

「主上……嘗謂侍臣曰：『……遺祠久不加葺，且甚隘陋，不足以稱聖師之居，其有以大作新之！』有司承詔，度材庀工，計所當費，爲錢七萬四百六十餘千，詔并賜之。乃命選擇幹臣，典領其役；役取於軍匠，傭於民。不責亟成，而責以可久；不期示侈，而期於有制。……凡爲殿堂廊廡門亭齋厨黌舍，合三百六十餘楹。位序有次，像設有儀。表以傑閣，周以崇垣。……至於楃座欄楯，簾櫳罘罳之屬，隨所宜設，莫不嚴具。三分其役，因舊以完葺者，才居其一，而增創者倍之。蓋經始於明昌二年之春，踰年而土木基構成。越明年而髹漆彩繪成。先是羣弟子及先儒像，畫於兩廡，既又以揑塑易之。又明年而衆功皆畢，罔有遺制焉。……」

這次修建的範圍十分廣大，比宋天禧二年的規模尚多約五十間。但工竣後僅十九年，金宣宗貞祐二年春正月（公元一二一三或一二一四）『寇犯闕里，孔子廟燬，手植檜』（縣志引孔庭纂要記云：「殿堂廡廊灰燼十五」）是孔廟有紀錄的第一次大厄，而且是孔廟史中初次的人禍。元太宗五年（公元一二三三）克金汴都，是年及八年九年皆修葺孔廟。定宗元年（公元一二四六）『始復鄆國後寢，以奉孔子顏孟十哲像』當時正殿尚未重建。憲宗二年（公元一二五二）楊奐至曲阜，其東遊記云：

「……于廟之西，相與刲馬鞠躬趨大中門而東，由廟宅過廟學，自毓粹門之北入齋廳，（按卽今之詩禮堂）在金絲堂南，燕申門之北。……嗚班杏壇之下；痛廟貌焚燬，北向鄆國夫人新殿設繪像修謁。……降階謁齊國公魯國夫人之故殿（按卽今啓聖殿）。殿西而南向者，尼山毓聖侯也，次西而東向者，五賢堂也（五賢堂孔道輔建見年譜）。杏壇……南十步許，眞宗御贊殿也，貞祐火餘物也。（按原石弘治十二年燬，嘉靖重刊，今在奎文閣後）。次南碑亭二：東亭宋碑一，呂蒙正撰，白崇矩書，太平興國八年十月建；金碑一，黨懷英撰幷書篆。西亭皆唐碑也：一碑，崔行功撰，孫師範書，碑陰刻武德九年十二月詔，又乾封元年二月祭廟文一碑，江夏李邕撰，范陽張庭珪書，開元七年十月建。次南奎文閣，章宗時瓶，明昌二年八月也，開州刺史高德裔監修。閣之東偏門刻顧凱之『行敎』，吳道子小影三像（按今聖蹟殿所有恐是翻刻）。東廡碑六，皆隸書，而魯郡太守張君碑非也。西廡之碑八，隸書者四，餘皆唐宋碑也。（按漢碑今在同文門）……」

元初戰蹟的孔廟，荒廢者數十年。世祖中統三四兩年，雖修孔廟杏壇奎文閣，但是至元十九年修闕里廟垣記碑，却淸淸楚楚說『荐經喪亂，表裏凋敝。……財單力簿，扶傾綴朽，聯缺續罣，所成者不償其所壞』，破壞的速率，遠在修葺速率之上。

大德二年至五年之間（公元一二九八至一三〇一），始重建正殿，闕復重修孔子廟碑云：

至元丁卯，衍聖公治，……將圖起廢，奎文杏壇齋廳釁舍，即其舊而新之，禮殿則未遑也。……濟寧守臣按檀不花……首出帛幣萬緡，……市木於河，輦石於山，掄材於野。宋棟櫨桷楹礎之屬悉具。又得泗水渠堰積石數百，石累稱是露階甃砌，咸足用焉。郡政之暇，躬爲督視甄陶鍛冶丹艧髹漆。……經始於大德二年之春屬歲祲中止蒇事於五年之秋，不期月而告成。殿矗重簷亢以層基繚以修廊。大成有門配侑諸賢有所，泗沂二公有位。黼座既遷，更塑鄆國像於後寢締構堅貞規模壯麗。大小以楹計者百二十有六，貲用以緡計者十萬有奇。……

貞祐大刼以後，荒廢八十七年，始得恢復原有規模，若按燬時「灰燼十五」計則此次修復只百二十有六楹，規模較遜，不如明昌之盛矣。

明孝宗弘治十二年，公元一四九九，闕里孔子廟受了一次空前的大災難。據巡撫何鑑的奏摺說：

六月十六日夜子時，雷雨交作，火從宣聖家廟東北角上起。延燒家廟五間，齋廊五間，東廡二十八間，寢殿七間，伯魚廟三間，子思廟三間，西廡二十八間，大成門五間，手植檜一株，洪武詔旨碑文並樓，永樂御製碑文並樓，遂延燒大成殿七間，東便門六間，西便門六間，大成殿東西小便門各三間，寢殿東西兩便門各三間，啟聖殿五間，毓聖侯廟三間。

風息雨止，火乃救滅。共計燒毀殿廡各房一百二十三間。奉旨報聞。

這次大火，將孔廟的主要殿宇，差不多全部燒燬，所倖免者，惟碑亭之一部及奎文閣以南部分。浙江道監察御史余濂當卽奏請修葺。其明年二月，孔廟興工至十七年（公元一五〇四）春正而告成，據巡撫徐源的奏摺說：

臣等欽依辦理委官專修孔子廟，照依原議規制間數逐一修建完備。改造奎文舊閣，七間三簷。再廟旁原有毓粹觀德二門，以通出入，因逼近廟基，街路短促，不稱趨謁。今於前門少北各建東西門一座三間，匾曰「快覩」「仰高」。又前門並二門原止三間，今改建大門大中門各五間，與廟前宇後，掩映相稱。橋梁階級，煥然鼎新。杏壇碑額，亦皆彩繪俱完。其大成殿九間，寢殿七間，俱兩簷。大成門，家廟，啓聖廟，啓聖殿，金絲，詩禮堂各五間。兩廡連廊，共一百間。啓聖寢殿三間，神厨二十四間，庫房九間，碑亭二座，衍聖公齋宿房十二間，奎文閣，大門，中門，左右門，下至街道牌坊，無不完整。規模壯麗，工藝精緻，足稱瞻仰。……

這次重修復的殿宇，闕里志中有詳細的記錄，當於第二章分別紀述。

嘉靖以後，直至清初，除去改建了幾座牌坊，並建聖蹟殿外，並無若何重要的修建。清聖祖康熙三十年至三十二年間有一次普遍的修葺，「凡修大成等殿五十四間，大成等門六十一間，兩廡八十八間，櫺星門一，牌坊二，用帑銀八萬六千五百兩有奇。」但於弘治重建的規模，大致沒有變動。

其後三十年，清世宗雍正二年（公元一七二四）六月又受了一次大火災。衍聖公孔傳鐸疏言：

「……距於本年六月初九日申時，疾風驟雨，雷電交作，有火從先師大成殿脊螭吻間出，棟宇高峻，不能撲滅。……沿燒寢殿，兩廡，大成門，聖祖仁皇帝御碑東西二亭，啟聖王舊殿，金絲堂等處，至丑時方熄。……新建崇聖祠，……幸得無恙。……」

這次所燒的範圍，與明弘治十二年火災的範圍大致相若；其起火原因，均是落雷，而且同在六月上中旬間。

雍正三年八月，孔廟重修工程又興工。七年，諭：

「闕里文廟正殿正門用黃琉璃瓦，兩廡用綠琉璃瓦，以黃瓦鑲砌屋脊。供奉聖像，選內務府匠人到東用脫胎之法，敬謹裝塑。重建聖祖仁皇帝御書碑亭。增建樂器庫。頒御書大成殿匾額，御書御製對聯懸之廟堂。改櫺星門石坊，宣聖廟為至聖廟，奎文閣前之參同門曰同文，詩禮堂前之燕申門曰承聖門。……」

冬十一月，大成殿上梁。上諭謂：

「……特發帑金，命大臣等督工建修。凡殿廡制度規模，以至祭器儀物，皆令繪圖呈覽，朕親爲指授。遴選良工庀材興造。虔恪之心，數年以來，無時稍間。……可謂愼重其事了。八年秋八月，聖像成，留保奏聖廟工竣，現在所見的孔廟，就是雍正八年這次修建的規模。

乾嘉以後代有修葺，但無重大的興廢。民國十九年之役，中央軍據城以守，晉軍藉孔林爲掩蔽，砲轟曲阜，顏廟雖焚燬過半，孔廟却受傷無多，亦屬大幸。

民國二十四年，國民政府有重修孔林孔廟之議。近年來孔廟及顏廟雖曾經地方當局部分的修葺，但尙無全部普遍重修的實現，深盼計劃能見諸實行也。

# 第二章 孔廟建築物之各個研究

## 一 總平面

談到孔廟的總平面，不能不先由曲阜縣城講起。明正德嘉靖以前，闕里去曲阜縣城十里，本來沒有城垣圍護。正德六年（公元一五一一），盜劉六劉七寇山東，三月盜入曲阜焚官衙民居，是夕移營犯闕里。明年，東兗道僉事潘珍因感到守衛困難，奏言「曲阜縣去廟僅滿十里，今該縣官衙並城中居民房屋皆被焚毀，十無一二。請趁此縣治殘毀之餘，廟貌猶存之際，將曲阜縣治移徙廟傍，量築城池，以備防守。庶廟貌縣治，皆可以永保無憂……得旨報可。」所以整個的曲阜縣城，乃以孔廟為中心而建築的。

孔廟居今曲阜縣城之正中，其地址（圖版壹）作長方形，南北長而東西狹——東西約一百四五十公尺，南北約六百三十餘公尺——但是四周的界牆，乃至內院的分隔，在角度方向上都不十分方正。全部由南至北約略可分作八「進」。前三進都是柏林叢茂的庭園。第四進有奎文閣爲主要建築。第五進爲十三座碑亭所在。第六進卽大成門以內杏壇及大成殿所在，亦卽是孔廟的主要部分。第七進爲寢殿。第八進又是空院，在其東北及西北兩隅，有神庖及神厨。在大成門大成殿部分之兩側，東有詩禮堂崇聖祠，西有金絲堂啟聖殿挾立。自第四進以北部分，四週有城牆圍護，四隅有角樓。這部分也可以說是孔廟的後部或主要部分；而前三進則是一種引導的庭園。

這全局的布置，乃清雍正八年重修後遺留下來的規模。但若向上追溯，則可達宋初。漢魏隋唐以降，雖已成爲國家負責管理的建築物；宋太祖建隆元年雖「增修祠宇」，却是一直到宋眞宗天禧二年孔道輔修孔子廟「大擴聖廟舊制建廟門三重……」增廣爲「殿庭廊廡三百十六間」，始闢出現有的規模。曲阜縣志中關於這次重修的一段紀錄，其主要殿宇之布置和名稱，已與今日者大致相同了。北宋末年兵災之後，廟貌殘破，直至金章宗明昌六年，始恢復完畢，而且更加擴大；「凡爲殿堂廊廡門亭齋厨黌舍合三百六十餘楹」。可惜十九年後又遭兵災，「殿堂廊廡灰燼十五」。

明弘治間及清雍正間，兩次落雷，將主要殿宇——大成門，大成殿及其附屬廊廡殿宇，——完全燬壞，但都在災後立卽修復。在全局之布置上，大致尚是宋金的規模，但在各個殿宇的本身，却各依當時的做法則例建造。今日之孔廟，除去極少數的碑亭和不重要的門外，大多是明清以後所建；而大成門大成殿一帶，却都是清朝初年，工程做法則例頒布之前幾年間的作品。

## 二 廟前諸坊

聖時門外諸石坊大都爲明末遺物。按宋元文獻雖說到「廟門三重」，却是沒有題及牌坊的。明弘治十七年重修竣工之後，巡撫徐源上疏始說「下至街道牌坊無不完整」。而現存諸坊則多建於嘉靖萬曆間。

甲 「金聲玉振」坊 明嘉靖十七年冬巡撫胡纘宗建。平面四柱三間，全部石質。柱作八角形，前後用石抱鼓夾抱，立在石臺之上。額用石枋，明間稍高，鐫「金聲玉振」四字，梢間額稍低。額上覆蓋均用石刻作瓦隴形懸山頂，有脊無吻。柱頭仰蓮座上坐蹲獅，面南向，頗古拙（圖版貳及貳拾陸甲）。

乙 欞星門及石橋 欞星門（圖版貳及貳拾陸乙）在「金聲玉振」坊之北，與之隔河相對。河已乾涸，上架單孔石橋。欞星門平面三間四柱，柱圓，前後用抱鼓石夾抱，又用石斜戧支撐。明間額枋用石板，上下兩層，下層刻「欞星門」三字，上層刻纏環花紋；梢間則用額枋一層。額枋三簡上皆用火焰。柱出頭皆用雲板，其雲板位置頗高，下面不與額枋上皮接觸，且權衡纖巧，不若北平所常見的粗笨。柱頭微有收分。柱頭刻作略如雲纏的花紋，上立武士像。石柱石額之內，安木門框並木柵欄門。門左右有影壁，然後與牆垣相接。

清乾隆十九年「衍聖公重修欞星門易以石」因此知道現存欞星門的年代，並且知道以前大概是木的。

欞星門前有石臺，周以石欄，與石橋相接。

丙　「太和元氣」坊　在欞星門之北。形制與「金聲玉振」坊完全相同圖版貳及貳拾柒甲。嘉靖二十三年巡撫曾銑建。

丁　「至聖廟」坊　在「太和元氣」坊之北。形制與「金聲玉振」「太和元氣」兩坊約略相同，但額枋上沒有屋蓋圖版貳及貳拾柒乙。就形制上看來，與前兩坊同為明代物，原額為「宣聖廟」三字，那是明代對孔廟的尊稱。雍正七年，上諭改稱「至聖廟」。

戊　「德侔天地」「道冠古今」兩坊圖版叁及貳拾捌甲。在第一進院之東西。牌樓三間四柱，柱不出頭。三間額枋高度相同。額枋很小，與柱相交出頭處斫齊，其上平板枋偏而寬，頗似古制。上下額枋之間，有簡潔的華版，中一間刻「德侔天地」及「道冠古今」額。平板枋上施如意斗栱，明間出七跳，梢間出五跳；斗栱纖小，與柱及額枋似欠和諧。但就昂嘴卷殺看，則與江南宋遺物有相似處。屋蓋明間用廡殿頂(即四阿頂),梢間用顯山頂(即歇山頂)。柱下夾桿石彫刻獅子異常古拙須彌座上所用圓角柱及箭粗的蓮瓣都呈露較古的年代也許是元以前遺物。

己 闕里坊(圖版貳拾捌乙)一雙在孔廟東垣之外快覩門之南及北。坊三間四柱三樓,正樓廡殿頂,夾樓向外一面廡殿頂,向內一面切斷但亦不能稱懸山頂。坊的四柱頗肥碩每間用額枋三重左右聯絡梢間最上一枋出頭作卷瓣。柱脚有夾桿石但不如常例之夾於柱之前後而夾於左右。柱有斜戧支撐戧下有石刻獅子頂抱。額枋以上施平板枋以承斗栱。斗栱四昂九彩,昂嘴卷成象鼻形又加四十五度如意昂至爲嘈雜。

闕里坊建造年代不明亦不見諸志中。就形制論柱額當是元構,而斗栱以上則最早不過明中葉也。

## 三 聖時門

聖時門是孔廟的大門在「至聖廟」石坊之北。門五間,磚砌中三間發券爲圓洞門;上部額枋斗栱却是木質(圖版叁及貳拾玖甲)。按順治翻印明本闕里志述明弘治十七年重修時,「大門舊三間新添二間,退後二丈兩旁各添八字牆。……」然則弘治以前的大門乃在今「至聖廟」石坊地位且較小。雍正八年，欽定大門曰「聖時」。光緒二十四年重修時，巡撫某奏言：「聖時門……自牆以上無復存者，按照舊式增修。」

斗栱雖不甚大，但形制奇特，昂嘴卷殺彎下而無力。綴枋出頭處，霸王拳的卷殺，却完全是元明作風。門前石階御道石刻（圖版貳拾玖乙），龍頭角光潔，雲形簡單，石山不若清式之程式化，都顯示着明初以前乃至元朝的可能。

## 四　仰高門快覩門

聖時門內的大庭院，東西面各闢門，卽仰高及快覩二門（圖版叄及叄拾甲）。門三間，懸山頂，不施斗栱。宋元時代，並無此門。明弘治火災之後重修，巡撫徐源言：

廟旁原有毓粹觀德二門，以通出入，因逼近廟基，街路短促，不稱趨謁；今於前門少北各建東西門一座，三間，匾曰快覩仰高。……

闕里志卷十一：

大門內東西各新添門三間，匾曰快覩仰高。蓋瓦俱係綠色琉璃，硃紅油，青綠彩畫。

明清兩代孔廟雖時有修葺，但光緒二十二年，衍聖公咨兗沂曹濟兵備道，却稱同治八年雖經庀材重修，然僅自大中門以後各段重加修整；其大中門以前之弘道門，快覩門，仰高門，聖時門，暨「德侔天地」「道冠古今」二坊，彼時均未重修。歷年既久，風雨摧殘，以致瓦片脫落，木料糟朽。其快覩一門坍塌猶甚，基址僅存……現存的東西兩門，即光緒二十二年所重建。

## 五　弘道門及碧水橋

弘道門（圖版肆及叁拾乙）爲孔廟第二重門。平面闊五間，深兩間，顯山頂。前後檐柱均爲八角形石柱。梁額肥廣，平板枋高狹，斗栱五彩重昂，一切均屬清式。

宋天禧二年建廟門三重，今之弘道門，殆即其第二重。闕里志紀弘治十七年重修說：

二門舊門三間朽壞拆去。新修五間高一丈七尺，闊五丈四尺，深二丈八尺，四圍俱用石柱蓋宽鋪砌同前（大中門）。兩旁又新添小門各一間。石橋三座，中闊三丈三尺，長五丈；兩旁各闊一丈，長各四丈，俱石欄杆。河岸俱石甃，上砌小牆。

今弘道門實測尺寸面闊一七·二八公尺，合營造尺按三一·三五公分計五丈四尺一寸餘，深九·〇四公尺，合二丈八尺三寸餘。與志所稱相去不遠。其高度未實測，故不得比較。至於門名

「弘道」亦是雍正八年，與大門同時所欽定的。

弘道門前石橋爲碧水橋（圖版肆及叁拾壹甲），外表與志所稱略符；其實測尺寸面闊一〇·六〇公尺，長約一六公尺，與志中尺寸亦相符。 惟河岸上明代原砌的小牆，已不知何時易以玲瓏的彫石欄杆了。

## 六 大中門

大中門（圖版叁拾壹乙）是孔廟的第三重門。 其平面（圖版伍）略如弘道門，但較長較狹。 屋蓋懸山頂，檐下用一斗三升斗栱，木柱，梁架純清式，規模遠遜於弘道門。 現狀毀壞殊甚。

但在弘治重修時紀錄則稱：

大中門，舊三間，新添兩間，高二（一？）丈四尺，闊六丈四尺，深二丈四尺；從新蓋寬甃砌，彩畫油漆。

現存門實測尺寸闊二〇·四四公尺，深七·六三公尺。與志中可稱符合。 明熹宗天啓六年曹州同知某曾捐修大中門。 最後一次重修恐在清同治八年。 就梁架看，恐是弘治遺物。 今屋頂浸漏，額枋檐椽，多已腐朽。

## 七 角樓

孔廟自大中門以北全部有較高較厚的牆垣圍護四隅皆建角樓。角樓均三間平面圖版伍作曲尺形每面見兩間立在正方形的高臺上圖版叁拾叁甲在臺之一面沿牆邊有馬道可以上下。除向馬道之一面用磚牆闢門外其餘各面柱間額下皆在檻牆上施直欞窗。斗栱五彩重昂，梁架不若清官式之肥扁。

角樓之源始當在元代。文宗至順二年公元一三三一衍聖公孔思晦請依前朝故事四隅建角樓，倣王宮之制詔從之。順帝至元二年公元一三三六角樓落成。自是而後紀錄圍牆及六中門的重修雖已有多次，但是關於角樓重修的紀錄只見於清康熙二年張宏俊等重修。但是無疑的在多次圍牆的修葺中必有若干次附帶修葺到角樓的。就形勢看來現存的角樓，似是康熙二年所重建但極富於晚明的作風。

## 八 同文門

同文門圖版叁拾叁乙，位在大中門之北，左右無圍牆，是一座獨立的大門。門闊五間，深兩間，四週用八角形石柱。中三間闢門，梢間用柵欄劃出內藏名聞海內的漢魏隋唐歷代刻石。屋蓋爲歇山頂。

同文門的斗栱至爲奇特，有可特別伸述之點圖版叁拾肆甲。斗栱布置疏朗，明次間每間均用補間斗栱兩朶，梢間則用一朶。但因明間與次間面闊不同，當時設計人祗求墊栱板之大小相同，不惜以栱之長度相就，故明間各朶的橫栱均奇長，而次間的則極短；尤其奇特的乃柱頭科在明間一面栱出甚長，在次間一面則極短，在同一朶之上而左右不同，實在是罕見的做法。昂嘴卷殺輭而彎，似聖時門所見。額枋梁架均似清式，但略輕巧。

按宋天禧二年，孔道輔大擴廟制，建廟門三重，次即書樓，並無此門。元初楊奐東遊闕里記，謂漢唐諸碑或在奎文閣之東偏門，或在西廡，亦無此門存在的記述。但闕里志則說：「閣前爲門五間，漢魏古碑在焉。」弘治火災後重修的紀錄，亦稱「閣前門五間仍舊」。然則此門之初建，當在元明之間。清雍正七年，諭奎文閣前之「參同門」改名曰「同文門」，而順治本弘治闕里志並無門名，是「參同」之名當定於清初順治以後也。至民國二十二年新修，彩畫俗劣。

今同文門內古碑如下：

漢魯相乙瑛請置百石卒史碑
漢謁孔子廟碑
漢郡諸曹史孔謙墓碣
漢禮器碑
漢泰山都尉孔宙碑
漢魯相史晨祀孔子廟碑
漢魯相史晨碑
漢博陵太守孔彪碑
漢孔褒碑
漢殘碑陰
魏魯孔子廟碑
北魏魯郡太守張猛龍碑

東魏魯孔子廟碑　北齊夫子廟碑　隋修孔子廟碑
唐兗公之頌　唐修文宣王廟新門記　唐修文宣王廟碑
宋勅賜御製御書牒碑

## 九　駐蹕

在同文門之北，東西各有小院。西院空無所有；東院則有正房五間，附耳房一間，西向廂房兩座，各三間，南北向，卽駐蹕。其建築爲清官式小式建築圖版陸及叁拾肆乙。宋天禧二年，孔道輔『大擴聖廟舊制』『由齋廳而東爲客館』。按當時齋廳卽今之詩禮堂地位，今之『駐蹕』約略的也可說是在齋廳東南，也許就是宋『客館』的後身。

闕里志稱奎文閣左掖門『東爲衍聖公齋戒所』，右掖門『西爲有司齋戒所』；至弘治災後重修，則稱『衍聖公齋居一十一間縣官等齋居一十一間……從新蓋完。』巡撫徐源奏却稱『衍聖公齋宿房十一間』，其間數與現存者完全相符。而於西面的『有司齋戒所』，不惟現在只餘空院，就在乾隆曲阜縣志裏也只提到奎文閣『東南五楹爲衍聖公致齋所』而未提到西面的房屋；其被拆毁至遲亦當在乾隆年間也。

現在的通稱則叫東面有房屋的爲『駐蹕』，西面空院爲

「齋宿。」至於「有司齋戒所，」則乾隆曲阜志已移到奎文閣左右掖門東西各五間値房中「一爲朝庭有司齋所。」

## 十　奎文閣並掖門及値房

奎文閣在同文門之北，是一座面闊七間進深五間三簷歇山頂的大建築物（圖版叁拾伍甲）。

在分析奎文閣現存的結構以前，請先一探其沿革。

宋太宗太平興國八年修闕里孔子廟呂蒙正爲記，並沒有提及有與奎文閣類似的建築。眞宗天禧二年（公元一〇一八）孔道輔「大撤聖廟舊制建廟門三重次書樓……」是爲書樓建造之始。金章宗明昌二年，賜閣名曰「奎文」。黨懷英碑記則稱「……表以傑閣……」碑文下段雖說當時「三分其役因舊以完葺者才居其一而增創者倍之」但並未敍明何部是完葺的，何部是增創的，所以很難斷定奎文閣在明昌二年是只得了一個名字抑或重建過。元楊奐東遊記則謂「奎文閣章宗時創，明昌二年八月也，開州刺史高德裔監修。」

元世祖至元四年修杏壇奎文閣，大德五年閻復所撰重修孔子廟碑追述其事說：

> 闕里祠宇毀於金季之亂。……閣號奎文若大中門闥，存者無幾。右轄嚴公……戊申始

復鄆國後寢。……至元丁卯，衍聖公治……將圖起廢，奎文杏壇，齋廳黌舍，即其舊而新之，禮殿則未遑也。

故知金奎文閣並未毁於金末之亂。這一座奎文閣直至明代尙存，闕里志謂

碑亭之前爲奎文閣，閣凡五間，制甚莊嚴，亦謂之藏書樓。東西列明御製碑亭。樓之左右各爲掖門三間。……

弘治火災後，奎文閣雖無恙，但十七年重修，則改爲

……奎文閣七間，三簷，高七丈四尺，闊九丈，深五丈五尺。前面擎檐俱石柱。上兩層長柱俱楠木。硃紅油漆，彩畫用次等青綠。蓋瓦同前（用綠色琉璃）。閣兩傍各建便門三間，又兩傍空房共三十間，仍舊。……

規模比以前擴大了。淸順治十三年及康熙三年，皆經重修。雍正火災，幸未延及奎文閣。以後自然又經過多次的修葺。至於現在頂層有幾道未施綵畫的新梁槫，據孔氏族人相告，大概是同治初年所換。民十九之役，下層西面最北額枋曾中一彈，幸沒有大損傷。

現存的奎文閣，廣七間，深五間，高兩層，中夾暗層，檐三重，歇山頂，下層擎檐全用石柱，立在磚砌階基之上。

其平面配置（圖版柒及捌），第一層在進深方面前一間爲廊，後五間爲閣身。閣身南面中三間

爲門，梢間盡間爲檻窗；東西北三間爲檐牆，除去北面正中一間闢門外，牆上並無若何門窗。在柱的分配上，四週檐柱全用八角形石柱，金柱及內金柱則用木柱；除去南面明間內金柱外，每縫相交處都有柱。平面實測，闊三〇·一〇公尺，合營造尺九丈四尺四寸强，深一七·六二公尺，合五丈五尺一寸餘，與闕里志尺寸雖有出入，但與曲阜縣志所記之闊九丈四尺五寸及深五丈五尺九寸，相去不遠。

上兩層平面較下層每面狹半間，明間次間南面內金柱均省去，將閣身分爲內外槽，外槽深兩間，內槽深一間。

扶梯在下層安在東盡間，由南向北上達暗層。在暗層却移至梢間，折向南，上達上層。

奎文閣的斷面（圖版玖及拾）分爲三層，上下兩主層之間，夾有暗層，如中國其他的多層建築一樣。但是斗栱則共有四層，其中三層承檐，一層承平坐。

下層內外柱全部同高，外一週爲石柱，內外金柱爲木柱（圖版叁拾陸甲）。柱頭之上，以額枋相聯，其上則施斗栱。斗栱之上，復施承重梁或桃尖梁；梁上施天花板，同時又是暗層的樓板。

在廊上桃尖梁上立童柱，其做法與傳統的童柱做法略有不同。普通的做法，皆在童柱柱頭施平坐斗栱，其上再揷安上層檐柱。奎文閣則不然，其童柱之長，直通上層瓔檐斗栱之下，而平坐斗栱乃自童柱半身伸出（圖版叁拾陸乙）。平坐斗栱之上爲上層樓板。

自下層外金柱柱頭斗栱之上立長柱一週，直達上檐斗栱之下圖版叁拾柒甲。 在北面一列內金柱柱頭斗栱之上則有長柱一列直上達上層三架梁之下圖版叁拾柒乙。

在結構上奎文閣平坐及上層用通長柱的這種做法，較之通常的做法實在是合理而且固結得多。 在中國古建築中是一座不多見的特例，是值得我們注意的。

上層檐柱之內尚有內金柱一列，將上層分爲內外槽。 上層每縫梁架向外一端承在檐柱上，向內一端則全由這列內金柱支承。在結構上是負荷極重的。 據闕里志這『上兩層長柱俱楠木』其內金柱通長十三公尺整，由現在看來也是極罕貴難得的材料了。 全部高度實測，由磚地面至正脊上爲二三・三五公尺，合營造尺七丈三尺二寸餘，與志所記高度可稱符合。

奎文閣的斗栱圖版叁拾伍乙，其全部權衡與清官式斗栱比較的確較爲雄大。 其布置亦不太密；明間用補間斗栱四朵，次梢間却祗用兩朵。 其各檐所用單材尺寸如左：

下檐　一六・五×一一・〇 公分　　平坐　一六・〇×一〇・五 公分

腰檐　一六・〇×一〇・〇 公分　　上檐　一五・〇×一〇・〇 公分

因爲木料的乾縮，加以中國建築傳統的不十分準確的施工，上列的尺寸，當然不能認爲最正確的度量。 不過有兩點可以注意：(一)材寬與高的比例是三與二之比；(二)材之大小由下向上遞減。 在(二)點上，與中國一向的做法相反，因爲自宋至清都是上大於下的。

在斗口（即材寬）與柱的關係上，亦居宋清兩式之間。清式的規定柱徑爲六斗口，柱高爲六十斗口；而奎文閣下檐則柱徑爲五·二斗口柱高爲四十六斗口强，較清式的比例雄大得多。

在翹昂出彩的比例上這裏我們又得見些較近於宋元遺制的做法。按清工程做法則例規定每拽架距離爲三斗口不因跳位而更改；宋式則出跳逾遠而遞減；今將奎文閣各層出跳，按斗口（即栱寬度）十分計，與宋元明清式比較表列如左：

| | 外第一跳 | 外第二跳 | 外第三跳 | 內第一跳 | 內第二跳 | 內第三跳 |
|---|---|---|---|---|---|---|
| 宋營造法式 | 三〇 | 二六 | 酌減 | 二八 | 二六 | 酌減 |
| 元正定陽和樓 | 三二·八 | 二九·二 | — | 三三 | 二九 | — |
| 北平明智化寺上檐 | 二八·四 | 二五·四 | 二三·七 | 二八·四 | 二九·四 | — |
| 奎文閣下檐 | 二九强 | 二五·三 | — | 二八强 | 二五·三 | — |
| 奎文閣平坐 | 二八·五 | 二八·五 | — | — | — | — |
| 奎文閣腰檐 | 三一 | — | — | 三三 | — | — |
| 奎文閣上檐 | 三一 | 二八 | 二二·五 | 三一 | 二九 | 二五 |
| 清工程做法則例 | 三〇 | 三〇 | 三〇 | 三〇 | 三〇 | 三〇 |

由此可知元以前每跳遞減的比例，在明中葉以前尚通行。在清式則改成一律三斗口，在下文大

奎文閣下層斗栱

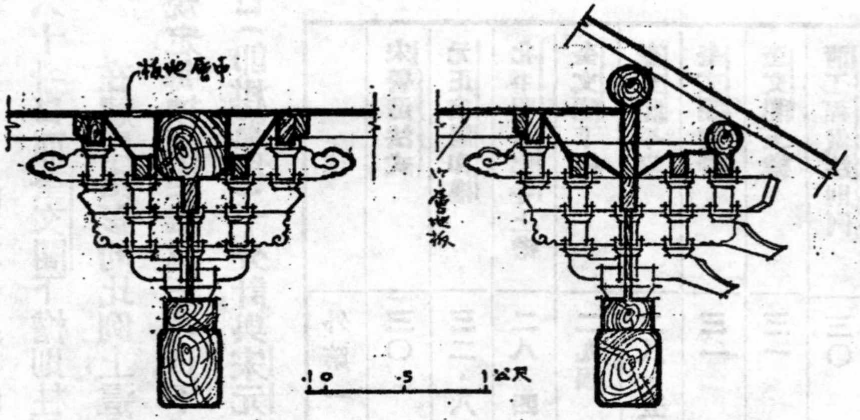


內檐品字斗科　　外檐平身斗科

插圖一

成殿斗栱尺寸裏，可以看出比較來。

宋元以前柱頭斗栱上並無將內部梁頭特別伸出的做法；清式則有碩大的桃尖梁頭，其寬度按四斗口計算。在奎文閣上桃尖梁已完全型成，但較清式顯然瘦窄，上檐寬度僅及斗口的二·七倍，腰檐寬僅三·一倍，明顯的是一種過度的尺寸。至於各層斗栱栱頭的卷殺彫飾，菊花頭幾成正角形，麻葉頭伸出極長，都非清式之制，很可籍以窺得明中葉的做法。

各層斗栱出彩之數約略如下：

奎文閣平座斗栱

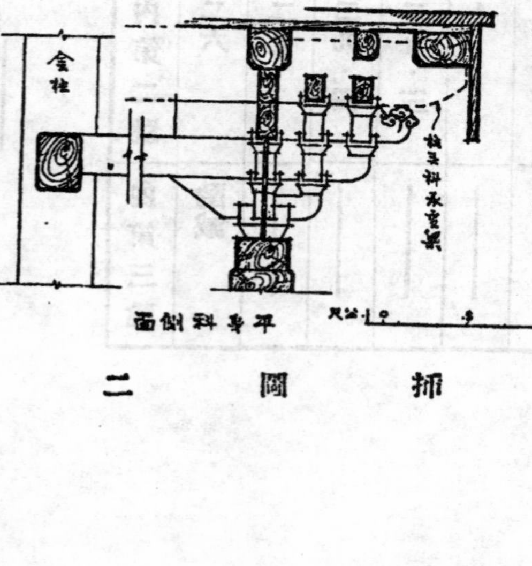


平身科側面

插圖二

下層插圖一及圖版叁拾伍乙外檐五彩重昂。內檐插圖一及圖版叁拾陸甲亦五彩，但兩面俱如外檐斗栱後尾做法，只用翹一層；第二層兩頭均做菊花頭，且無橫栱；第三層兩頭均做六分頭，長與第二層同，兩頭均安廂栱。

奎文閣平座斗栱

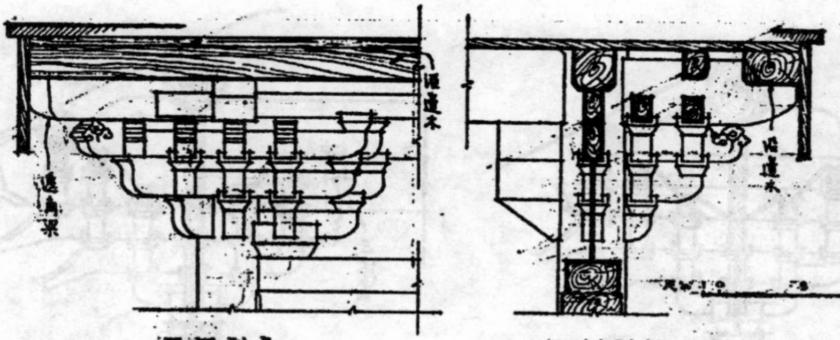


插圖三

二　平坐斗栱五彩重翹，柱頭科插圖三各栱均自童柱伸出，其後尾不卷殺作翹頭，而延長爲枋與內金柱相聯絡。平身科插圖三則向外出重翹，後尾亦延長爲枋，搭在金間承重枋之上。其轉角斗栱插圖三除自柱向正側角三面伸出翹頭外，在柱之正側兩旁，又加附角斗及翹一縫，使成纏柱造的角科。墊栱板上開古錢錢形孔，以供給暗層內光線，但孔極小，光線不足。圖版叁拾捌甲；加之以平坐邊上的滴珠版異常高闊，更擋去暗層內

奎文閣中檐斗栱

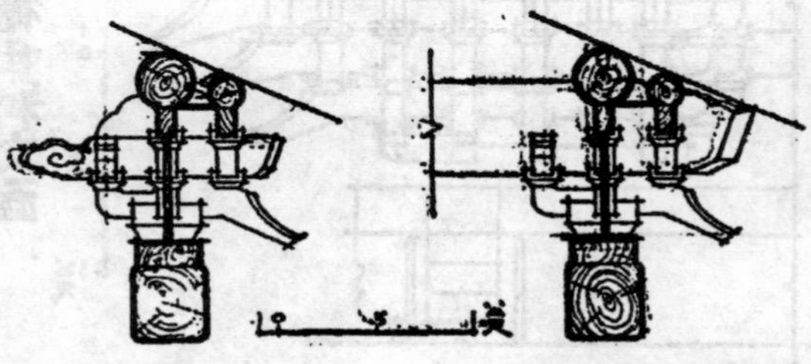


插圖四



35589

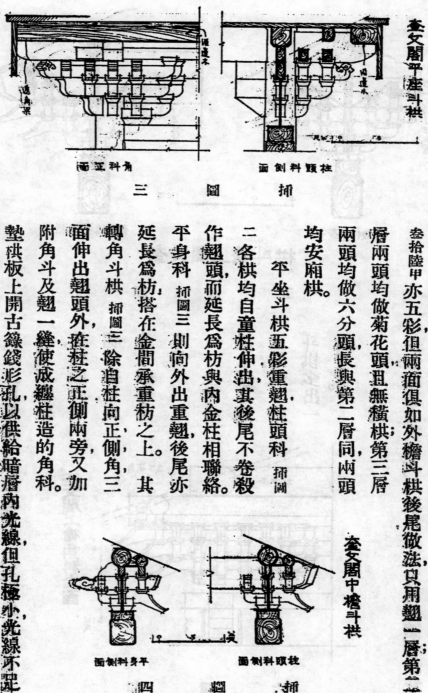

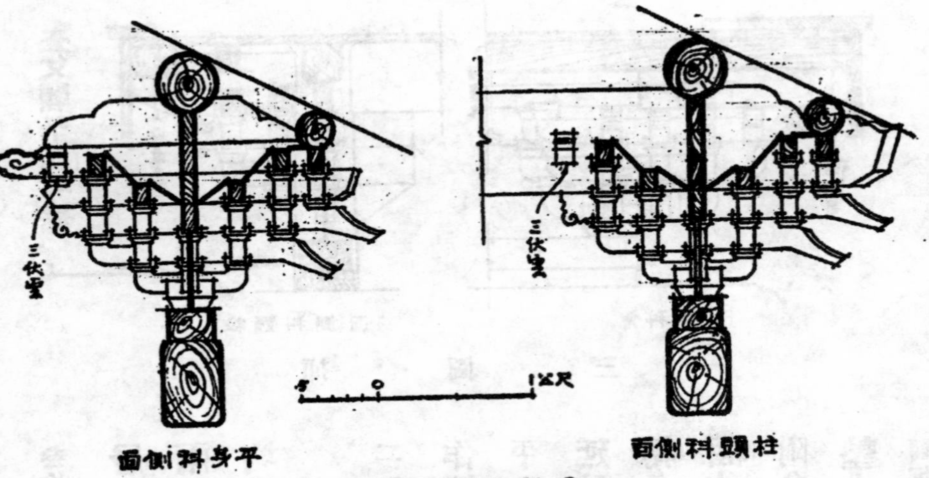


奎文閣上檐斗栱

插圖五

亟需的光線不少。

上層腰檐斗栱至爲簡單，只三彩單昂（插圖四），外面有擎檐柱，柱頭間有楣子遮掩，由地上幾乎看不見。

上檐斗栱七彩單翹重昂，較下檐斗栱多出一跳（插圖五）。

奎文閣上檐角科立面

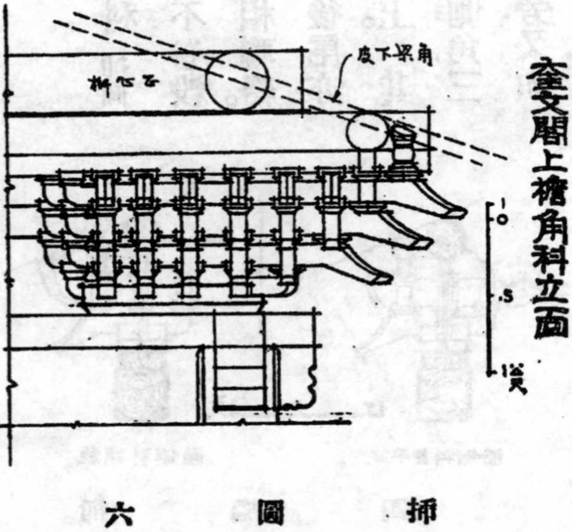


插圖六

其出跳長短，除在上文表列比較外，這裏有再使讀者注意之點，即在二三兩跳間距離之緊促，使兩跳上的斗耳幾乎挨在一起，這種權衡是元以後所少見的。

上檐角科（插圖六）的做法，亦値得特別注意：在柱頭中線正側兩面外，附加出翹三縫，其三縫間的距離，乃依斗栱內跳之距離而定。因內跳距離不大，所以各縫下不能有單獨的附角斗，其結果乃型成一種長形斗，除正側角三向開口外，又加開斗口三縫（圖版叁拾捌乙），是一種罕見的做法。

奎文閣斗栱之出跳，既如上述，其朵數之分布及橫栱之長短，亦有有趣之點。在同文門斗栱上，我們已看過柱頭科上橫栱左右不同的現象。這同一現象，今亦見於奎文閣。閣明間用補間斗栱四朵，而次梢盡間則用兩朵，其設計人只顧求墊栱板之大小相若，不惜使橫栱有長短不同之參差。今請先看各間朵數及朵間距離：

| | 正面明間 | 次梢間 | 上梢間減去附角科 | 側面明間 | 次間 | 梢間減去附角科 |
|---|---|---|---|---|---|---|
| 面闊 | 五九·四公尺 | 四·三〇 | 三·四六 | 三·五四 | 三·五四 | 二·七〇 |
| 補間朵數 | 四 | 二 | 二 | 二 | 二 | 二 |
| 朵間距離 | 一·一九公尺 | 一·四三 | 一·一五 | 一·一八 | 一·一八 | 〇·九〇 |

所以奎文閣斗栱分朵的距離，次梢間相當的疏朗，正面明間及側面明次間較密，側面梢間則極擁擠。正面次間與明間之間，相差到二四公分之多（圖版叁拾伍乙），雖肉眼一望亦即見其差別，以

致柱頭科上的橫栱一面長一面短，呈露滑稽的現象。 在上檐全部的布置上，成爲疎密隔間相稱，也是一種奇特的做法。

奎文閣的大木構架（圖版玖及拾），自地至暗層地板爲一層，在等高的柱上施同樣的斗栱以承托以上的結構。 上兩層用通長的柱，立在下層柱頭斗栱之上，頗失之聯絡不密切。 暗層的樓板同時亦是下層的天花板，天花支條亦卽是楞木，其安全率至爲可疑。 在第二層地板的高處，有梁枋將長柱聯絡承重梁上安楞木但古式的楞木其本身失之太肥扁，其分列失之太疎，在這種樓板上藏書，實在是一種危險的企圖。 上檐柱（卽童柱）及金柱各伸到它們所承托的斗栱之下。 腰檐之下用單額枋，上檐在上額枋之下，另有承椽枋以承腰檐椽尾。 但北面內金柱則自暗層地板高度，以整料十三公尺的長度直達平梁（三架梁）之下；這十三公尺的柱，據說是楠木的。 南面的四步梁三步梁和北面的單步梁雙步梁，向內的一端都交代在這一列柱上；其上再加上三架梁（圖版叁拾柒乙）。 其舉架舉高約爲進深之三分之一；下檐六舉腰檐六三舉上檐檐步五七舉，金步六七舉，脊步七五舉，舉架頗爲和緩。

各層梁橫斷面寬與高的比例，除去三步梁爲十與十五·三之比外，其餘均爲十與十二·五左右之比，與清式的比例大致相同，而較之微高。

奎文閣下層除南面中三間及北向中二間外，均有雄厚的磚牆。 中層四面墊栱板均開古錄錢形小孔，希冀放進一點空氣和光線。 上層四週全是方欞格扇，頗開朗，但切實的不合於藏書之用（圖版肆拾甲）。 現在書是沒有了，裏面卻棲息了千百隻鴿子，每有人上樓，鴿子驚飛，塵乜飛揚，現出淒其的風味。

× × × × ×

奎文閣左右均有掖門三間（圖版拾壹及肆拾壹甲），進深兩間。 門硬山，無斗栱，由梁架上看，頗不易斷然的區別其年代之爲中明或初清。 但是不甚大的梁頭，短小的角替，肥矮的柱身，等等都隱約的暗示着那較早年代之可能性。

東掖門之東及西掖門之西，各有執事房五間，極其矮小狹陋。 在弘治重修的紀錄，稱「兩旁空房共三十間，仍舊」，而在乾隆曲阜縣志則祇「門左右直房各五間」，所以其改造太概總在雍正火災以後。 由現在的地勢看來，直房東西所餘的空地，剛剛尚可容下同樣大小的房子東西各十間。 卻是十間的地位，被許多露天的碑碣佔去，這些碑碣多是明清兩代次要的文獻。

## 十一 毓粹門 觀德門

毓粹門及觀德門在奎文閣北面之東西，是平時進廟的門，也是曲阜縣東西兩半交通的孔道；因爲整個曲阜城的前半被孔廟居中切爲兩半，所以由城東至城西，非經這兩門不可。

這兩門的規模並不大，平面只三間，進深兩間（圖版拾壹及肆拾壹乙），懸山頂立在臺基上。前後有踏道升降，故只通行人而不通車馬。

按兩門之最初見於文獻，乃在元楊奐東遊記中。他「趨大中門而東，由廟宅過廟學，自毓粹門之北入。」在闕里志中有這樣一段：

> 大成門之外有唐宋金元碑，各覆以亭。碑亭之左爲居仁門，又左爲毓粹門，是爲廟東。碑亭之右爲由義門，又右爲觀德門，是爲廟西。碑亭之前爲奎文閣，閣凡五間。……

大可怪的是在弘治重修以後的文獻裏，却不復見居仁門由義門之名，只提到「燕申毓粹啟聖觀德四門」，是在弘治十二年火災時燒毀未復重建。清康熙間俞兆曾聖廟通記裏雖說「舊有居仁由義二門，今圮。」但未有更多一個字的記錄，恐怕是他聽見的傳說。「舊有」「今圮」恐皆明弘治以前的變故也。由上一段所述的位置看來，居仁門應該與毓粹門同爲承聖門（當時稱燕申門）的兩廂；由義門及觀德門則夾拱着啟聖門。居仁門略在「碑亭五」之西南，由義門在「碑亭二」之西南。這兩門若存在，則孔廟這部分的局面當與今所見者大不相同了。

現存兩門，就形制看，有明初乃至元代的可能性。

## 十二 碑亭

在奎文閣以北，大成門以南這院子裏，共有碑亭十三座林立其中圖版壹及拾貳。十三座碑亭的大小及構架雖有不同，但其全局的布置則均大致相同；平面作正方形，面闊三間，明間開敞，梢間砌碑牆；雙重檐歇山頂。但若按其結構或年代之不同，則可約略分出幾種。

第一，我們在碑亭平面的部位上，可以探討出其原位置之先後。按宋天禧二年公元一〇一八孔道輔修孔子廟『建廟門三重，次書樓，次唐宋碑亭各一。……』元楊奐東遊記謂：

御贊殿(按址當在今大成門之內)……次南碑亭二。東亭宋碑一，呂蒙正撰，白崇矩書，太平興國八年建；金碑一，黨懷英撰并書篆。西亭皆唐碑也：一碑崔行功撰，孫師範書，碑陰刻武德九年十二月詔文，乾封元年二月祭廟文；一碑江夏李邕撰，范陽張庭珪書，開元七年十月建。次南奎文閣。……

現在按我們的編號，碑亭捌卽爲西亭，碑亭拾壹卽爲東亭，其中所立碑碣仍與楊奐的記完全符合。由這兩亭的位置講，在庭中最爲居中適當，其爲最初位置無疑。

在這兩亭之間尚有玖拾兩亭。亭玖爲元大德六年公元一三〇二閻復撰大元重建至聖文宣王廟之碑，附明嘉靖二年碑一座。亭拾爲至元五年公元一三三九歐陽玄撰敕修曲阜宣聖廟碑。

這兩亭之位置雖不若亭捌亭拾壹之居中但因較近中線，故較重要，顯然是元代加建以奪取唐宋兩碑亭的重要性的。

由結構上看，亭捌與亭拾壹（圖版肆拾貳甲，插圖七），大致相同，無疑的是孔廟中最古的建築物。 這兩亭都用八角石檐柱；斗栱豪放，布置疏朗，明間具用補間斗栱兩朵，梢間則不用。 下檐（圖版肆拾貳乙）五鋪作，單抄單下昂，重栱造，後尾偸心；上檐（圖版肆拾貳丙）多一跳，六鋪作，單抄雙下昂，重栱

碑亭十一上下層斗栱梁架斷面

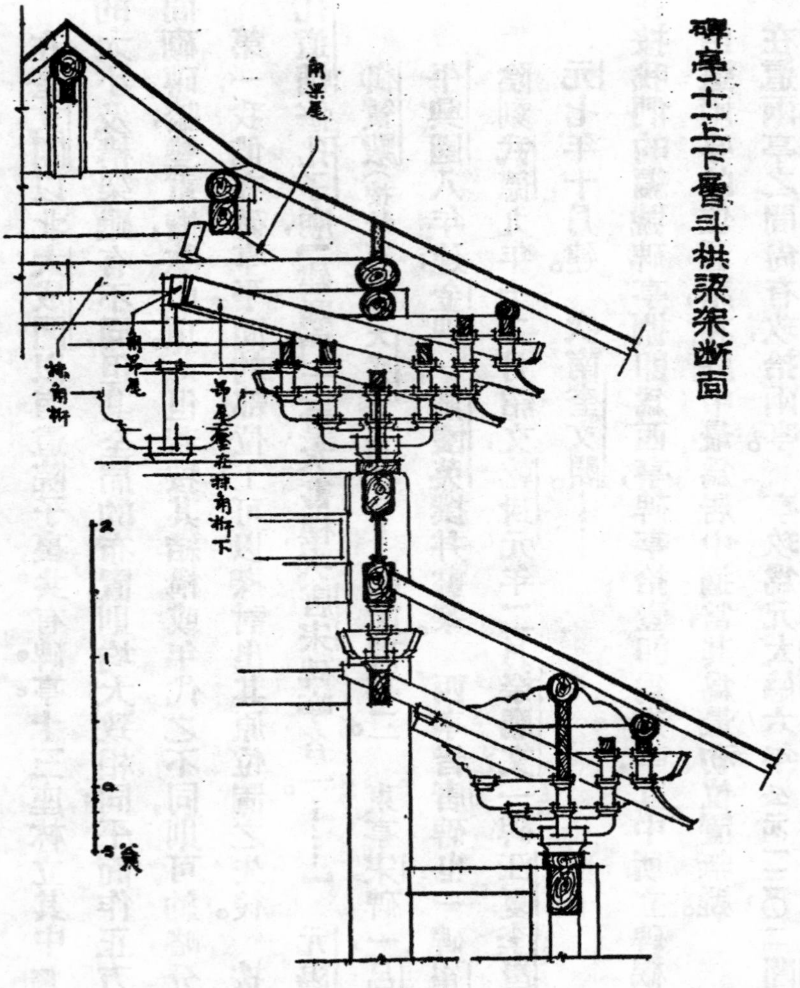


插圖七

造，後尾計心。下檐昂尾與重栱相交，承托在承椽枋之下。上檐昂尾則直接承托屋蓋餘架的槫枋等等。在正面上柱頭鋪作並無特大的梁頭。至於闌額，普拍枋等等其斷面的比例都較明清式樣狹而高。其各部詳細的尺寸及比例，又多與宋營造法式相似；不惟與淸代諸亭不同，就是與亭玖亭拾亦大異；然而如普拍枋頭，闌額出頭又顯然有元代的氣味，所以當是金代所建。碑亭拾壹的位置，若以宋碑爲中心則其距奎文閣中線的長度較以宋金二碑之間爲中心者略偏向東，亦可以佐證這亭拾壹乃金代就原有宋碑之旁加黨懷英碑改建以致偏了。這兩座碑亭實爲曲阜最古的建築物。

亭玖亭拾在結構上顯然較早於許多的淸代碑亭，而較金代兩亭則亦大異。亭玖 圖版肆拾叁 內碑爲大德六年 公元一三〇二 閻復撰重建至聖文宣王廟之碑。其旁附有明嘉靖碑一座。這亭斗栱 圖版肆拾叁乙 較金亭較小，布置則仍疎朗，明間只用補間鋪作兩朵。斗栱重昂 宋稱雙下昂 出兩跳。柱頭鋪作上的耍頭，已特別加大，表示出明淸桃尖梁頭的前驅。昂尾 圖版肆拾叁丙 則已與淸式頗相似，重重的『秤桿』以及三福雲，伏蓮梢等等都已齊備了。上檐後尾全偸心，亦不用斗，是一種少見的做法。

亭拾 圖版肆拾肆甲 內碑乃順帝至元五年 公元一三三九 所立。其斗栱外表與亭玖大略相似，但昂嘴有顣而下垂的卷殺，其昂爲假昂，並沒有昂尾，只用兩瓣卷殺 圖版肆拾肆乙。柱頭科上的要頭，則已完全型成了桃尖梁頭，不復成爲耍頭但其下昂身却並未加寬。這兩座碑亭，其年代大概與碑的年代相符合是元末的遺構。

此院中除此而外，尚有碑亭九座，都是清代所建；其中又可因形制分作兩種。一種施斗栱，在院子之北，緊在金聲門玉振門之外，由碑亭壹至碑亭伍（圖版肆拾伍甲），亭內各立一碑，都是康熙雍正乾隆的御製碑文。就位置講它們無疑的在院中佔了最惹人注目的位置，不惟因它們靠近大成門，尤其因爲它們侵佔到毓粹觀德二門間的甬道上來，毀壞了全局的均衡。就結構方法講，清代碑亭檐柱均用木不用石柱。柱上用肥寬的額枋，額下用角替，額上施補間斗栱四朶。其斗栱之權衡比例，一切合乎工程做法則例的規定。每間額下，更用小間柱兩根，其間安木欄杆，以保護碑石。

碑亭陸，柒，捌，貳拾，叁，則爲另一種之清式碑亭（圖版肆拾伍乙）。這四座中多立着遣官致祭的碑記。雖亦重檐歇山頂，但無斗栱，是用的小式大木做法。

在同文門之左右，尚有碑亭兩座，原來明代的御製碑亭，現在所見，乃是民國廿二年所重建。

在奎文閣東西値房之東西，尚有露天碑碣多通；計東面五十七座，西面十五座，分爲三列，作一列，都是與孔廟歷史有關的史料。但其詳細的研究，恐須俟諸異日了。

## 十三　大成門

大成門爲孔廟最內一層主要部分的主要門道，與其左右掖門，金聲玉振二門，南向並列，至爲莊嚴。

大成門平面闊五間，深兩間圖版拾叁。在中柱縫上中三間闢門，梢間甃以磚牆；東西兩山亦砌磚牆。前後檐柱均爲石柱，中柱爲木柱；頂爲單檐歇山頂，全部立在須彌座階基之上圖版肆拾陸甲。

當宋天禧二年，孔道輔大擴廟制之後，書樓及唐宋碑亭之北爲「儀門」，其北爲御贊殿，殿內立米襄陽書宋眞宗御製聖贊碑，其北則爲杏壇。至於大成門之名，當與正殿同在宋徽宗崇寧三年得名。金末貞祐之刼，大成門大概是在被焚之列，因爲元楊奐東遊記所記乃刼後情形，他說：

（杏）壇南十步許，眞宗御贊殿也，……貞祐火餘物也。……次南碑亭二，……

完全沒有提到「儀門」或大成門——他遊尼山聖廟時，却提到大成門——這門無疑的在金末已遭第一次的燒燬。

元成宗大德六年大規模的修復孔廟，閻復記曰：

殿爲重檐，元以層基繚以修廊。……太成有門，配侑諸賢有所。……於是將大成門修復。　明孝宗弘治十二年及清雍正二年兩次火災都延燒大成門，但不久俱修復，現存的大成門即雍正八年所修復的。

今門立在白石須彌座上，前後中一間均有刻石的甬路（圖版肆拾陸乙）。　前後檐柱均爲石柱，明間柱圓刻蟠龍，次梢間柱八角，有淺鐫花紋。　額枋頗肥扁與柱相交處托以瘦小的角替。　緍上斗栱爲五彩重昂溜金斗栱，與全部梁架均爲標準的清代官式建築（圖版肆拾柒甲乙）。　門北階旁石欄內爲孔子手植檜的第？代轉生（圖版肆拾陸乙）。　門北的御贊殿，當於明代毀去，贊碑現在却立在碑亭拾壹之內。

## 十四　杏壇

杏壇（圖版肆拾捌甲）　在大成門與大成殿之間。　其結構及外形大致與碑亭相似，其異點乃在立於基臺之上，四角無磚牆，上檐屋蓋用十字脊，四面顯山頂。

杏壇平面正方形，每面三間（圖版拾叁）。　每面中柱用八角石柱，角柱則用木，但亦斫作八角形，柱上緍枋似較清式狹高，平板枋較額枋略寬，角柱上相交出頭處亦稍現古風。

斗栱下簷五彩重昂圖版肆拾捌乙；其布置補間用斗栱三朶，斗栱居間之中線上，異於常制。柱頭科頭昂二昂均不較平身科加大，爲宋元古制但其上碩大的桃尖梁頭又屬明清式樣。在角科上，每面多加兩縫，其角科做法乃長方形相連，如奎文閣上簷角科一樣。上簷斗栱亦只五彩重昂，並未如常制的增加一跳。其角科上的角昂及由昂却逐跳加大，以承托上面的十字脊顯山頂。

上下兩檐之內，均施天花；上層正中並施門八藻井，用細小斗栱裝飾至爲纖巧圖版肆拾捌丙。杏壇的壇基繞以石欄，其上下踏道刻作圭角，至饒趣味。

杏壇的原始，按闕里文獻考卷十二：

杏壇在宋以前，本爲廟殿舊址。宋天禧間，四十五代孫道輔監修祖廟，移殿於北，不欲毀其故蹟，因莊子有「孔子遊乎緇帷之林，坐休乎杏壇之上」語，乃除地爲壇，環植以杏，名曰杏壇。石刻「杏壇」二大字，金黨懷英篆。

由文義上推測，「除地爲壇環植以杏」，似乎當時只是一「壇」而無棟宇的建築。元陽奐東遊記也說到杏壇，但也沒有提到其上有何建築物。元世祖至元四年「修杏壇奎文閣」有此簡略的記錄，而其詳則無由得知。

明弘治十二年大火並未說延燒杏壇；十七年修葺完竣，徐源的報告中只說：「杏壇碑額，亦皆彩繪俱完。」闕里志則稱『杏壇仍舊。用上等青綠間金彩畫藻宍用綠色琉璃珠紅油漆』這表明弘治以前杏壇已有建築物且未經燒失。明穆宗隆慶三年巡撫姜廷頤修葺孔廟殿士僑爲記說：其杏壇舊制則撤而更新增置石楹重檐。由這幾句話推測則以前的杏壇乃木楹單檐不如今日所見的壯麗。

清雍正二年的火災沒有說延燒杏壇重修時亦未大規模的修改所以現存的杏壇當是隆慶三年所重建。由結構上的特徵看也是最近於這年代。

## 十五　大成殿

大成殿是全孔廟的中心最主要的建築物在分析現存大殿之前請追溯孔廟正殿的歷史。魯哀公十六年孔子卒弟子們即在孔子居堂設位以祭。闕里文獻考謂『周末時即孔子所居之堂爲廟廟屋三間……』周末去孔子卒已二百餘年其時孔子原住宅是否尚存已是極大的疑問。

漢桓帝永興元年『詔書崇聖道……故特立廟』國家爲孔子特別立廟殆自玆始。此後魏晉六朝，時有修葺。北齊文宣帝天保元年「詔魯郡以時修治孔子廟宇，務盡崇煥。」隋煬帝大業七年，修孔子廟碑云：「寢廟孔碩，靈祠赫奕，圓淵方井，綺窗畫壁。」當時的建築已稱相當的壯麗了。

有唐一代，有紀錄的興修，即有五次。宋太祖建隆元年詔增修祠宇。太宗太平興國八年，有一次大規模的興修。但直至眞宗天禧二年，孔道輔修孔子廟大擴聖廟舊制，始遷移大殿，至今所在。按闕里文獻考卷十二：

杏壇在宋以前本爲廟殿舊址。宋天禧間四十五代孫道輔監修祖廟，移殿於北，……

所以今日大成殿所佔的位置，乃是宋天禧以後所遷，而舊址則以杏壇爲識也。宋徽宗崇寧三年，「詔名文宣王殿曰大成。」並於政和四年頒大成殿額於孔子廟。北宋之末，縣入於金，孔廟毀去多部。金皇統九年「始以公錢修復正殿，」但金末之亂，孔廟又被焚，正殿又燬。元定宗元年「始復鄆國後寢，以奉孔子顏孟十哲像，」可見當時正殿尚未恢復，故以寢殿權祀孔子。成宗大德六年，正殿落成，「殿矗重檐，兀以層基，繚以修廊。……輔座即還，更塑鄆國像於後寢。……」這纔將孔子請回到正殿上。

明初百年之間，雖屢修孔廟，却仍能保存元大德所重建的正殿。明憲宗成化十六年（公元一四八〇）「從衍聖公孔宏泰之請，增廣正殿爲九間，餘皆更新，至二十三年（公元一四八七）始告成。」

從這裏，可以知道成化以前的大成殿——至少也可以說元大德重建的大成殿，——是廣祇七間的。可惜增大之後僅十二年，於孝宗弘治十二年六月夏又因落雷燒燬。其後五年又修復。弘治十七年（公元一五〇四）重修的大成殿，據闕里志所載是：

九間兩檐高七丈八尺，闊一十三丈五尺，深八丈四尺。前面石盤龍柱，兩山及後檐俱鐫花石柱。中俱楠木攢柱圍圓一丈。梁欞枋楸（檻？）俱楠木。龍頂天花板四百八十六片，俱渾金盤龍。菱花龜背槅（扇）外泊風板木柱俱銀硃。神龕七座，供桌七張，并香几，俱水花硃油漆。及與內外枋檁斗栱俱用上等青綠間金粧繪。龕座七處俱須彌樣磨石甃砌。蓋瓦俱綠色琉璃。鋪地砌牆俱大號方甎城甎。露臺并臺基三兩層，俱起花。石須彌座石欄杆兩層，俱磨光。鰲吻索四條，并馬黃鈎子包槅葉壽山福海俱用銅。

在史籍中像這樣詳細的記錄總算寶貴。由這裏我們對於弘治重建的正殿可以得着一個很準確的印象，祇是可惜對於斗栱的大小出跳沒有敘及。

此後直至明末屢有修葺但沒有甚麼重要的修建。

清代初次重要的重修，當在康熙三十年至三十二年之間，工程範圍頗大。雍正二年，又重演弘治十二年的慘劇，雷落大成殿，延燒兩廡及大成門等處。翌年又興工，至雍正七年冬十一月，大成殿上梁，諭闕里文廟正殿正門用琉璃瓦。八年公元一七三〇始完成。曲阜縣志記之：

大成殿九間高七丈八尺六寸，闊十有四丈二尺七寸，深七丈九尺五寸。前柱以石皆盤龍，旁及後檐則石柱而鐫花。中俱用楠木。承塵四百八十有六，俱錯金裝龍。內外枋欀斗栱扉槅五色間金。瓦覆以黃，而甃砌之石色與之同。前爲露臺，四繞石欄，凡兩層，中陛級左右各十二級。

這座大成殿自落成至今民國二十四年，已二百零五年，其中雖然經過多次的修葺，但原構却未動。民國十九年之役，顏廟受極大的損失，孔廟則倖免，只受了數處不甚重要的彈傷；大成殿亦只受了數彈，全部尙屬完整。

× × × × ×

現在的大成殿圖版肆拾玖甲，面闊九間，深五間，但進深之明間則特大；重檐歇山頂，立在重層的石基之上，石基之前更伸出爲月臺。其主要尺寸，高度由殿內磚面至正脊上皮高二二·四八〇公尺，合營造尺按三二·三五公分計七丈七尺七寸，面闊四五·七八公尺，合營造尺十四丈三尺，進深二四·八九公尺，合營造尺七丈八尺。這三個尺寸，高度及面闊，與縣志所載相差甚微，可稱符合。

大成殿的平面圖版拾肆，照弘治紀錄看來，當仍本明代的規模。其柱的分配可以分爲三週。

外爲檐柱，次爲金柱，卽上檐檐柱；內爲內金柱，布置齊整而無變化。外檐柱繫週聯繞爲廊，是個很少見的例至爲可貴。金柱一週，南面正中五間闢門，盡間有檻窗；兩山面及北面爲磚牆，祇於北面明間闢門。內金柱間無牆，十二柱兀立直達承塵之下。廊外兩層石基，並其前重層月臺，皆有刻石欄干圍繞。

大成殿的斗栱，可分爲下檐，上檐，內檐三種。

下檐斗栱插圖八圖版肆拾玖乙七彩單翹重昂，施於迴廊石柱一週之上。上檐斗栱插圖九，九彩單翹三昂，施於金柱之上。其布置明間用補間鋪作四朵，次梢間用三朵，廊子用一朵。若按斗口計算，斗口十二公分，明間每朵距離爲十二斗口强，次梢間十一斗口弱，大致與清代官式相符。斗栱高度與柱高之比，斗栱約及柱高之三分之一弱，比例頗爲高大，較之清官式之合五分之一或六分之一者，保存古風多矣。

斗栱本身之結構，與清代官式無大差異，但有數點也値得我們特別注意的。（一）昂嘴的斫法，自斗口內先平出至上一跳斗下，始折向下，不似工程做法所規定一出斗口便折

大成殿下檐斗栱

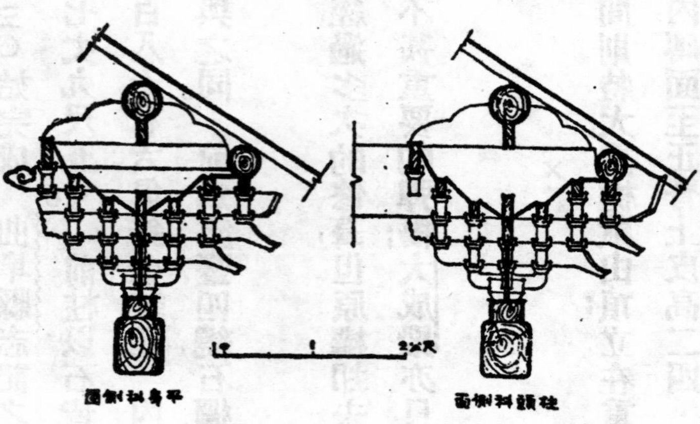

插圖八

向下，但平出部分並不隱出華頭子形，洽介於明清兩式之間，可謂極好的過渡時代的代表。（二）斗栱出跳上下檐第一跳均爲三十六公分約合三斗口下檐第二跳四〇公分合三·三三斗口第三跳三十八公分合三·一五斗口上檐第二三跳四〇公分第四跳三八公分。清工程做法「以斗口三分定拽架」宋營造法式「第一跳三十分」向上酌減。而大成殿斗栱則第二跳反加與以前以後定制均不符是一種奇特的做法。（三）清式斗栱裏外拽萬栱上之拽枋及正心萬栱上之正心枋皆爲足材，宋元以前都用單材，大成殿則正心枋用足材裏外拽枋用單材也是介乎兩者之間的做法。（四）清式柱頭科頭翹或昂皆按斗口兩倍向上遞加至桃尖梁頭寬度加至四斗口，大成殿桃尖梁頭雖因架子沒有搭好未得細量但就已量的上檐柱頭科後尾頭翹寬二二公分合一·八斗口強二翹（即頭昂尾）寬二六公分合二·一六斗口強三翹（即二昂尾）二八公分合二·三三斗口菊花頭（即三昂尾）寬三二公分合二·七五斗口，

大成殿上檐斗栱

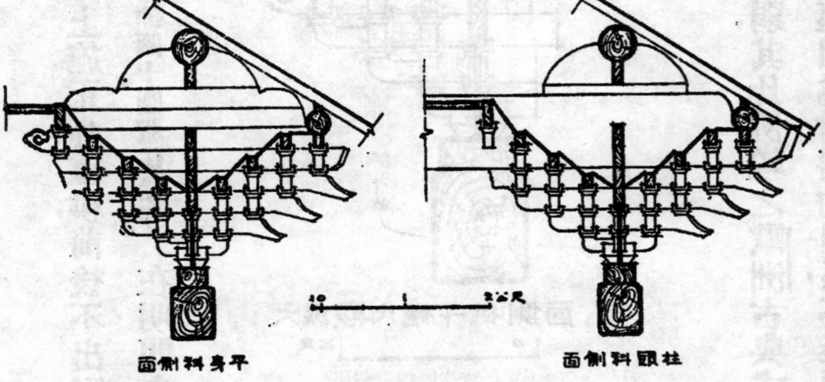


插圖九

若按此遞加並證以照片，則桃尖梁頭寬度不過三六公分，約合三斗口。　所以其桃尖梁頭較之清工程做法所規定較狹且高，而較近於奎文閣所見。

內檐斗栱計分兩種。一種施於內額枋及內小額枋之間，一斗上施正心重栱，前後不出彩，如隔架科的用法。一種在內額枋之上，以承天花，爲七彩品字斗科（插圖十，圖版伍拾甲）。在明間次間柱縫上者，前後均出彩；在金柱縱縫上者，露明一面出彩，後面斫齊，不加卷殺，這種斗栱本身已是內重外輕，加之以天花的重量，已壓得有下傾之勢。

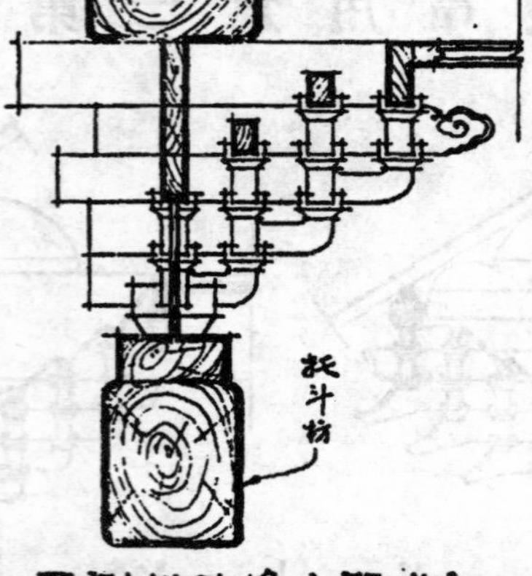

大成殿內檐斗栱側面

插圖十

大成殿的構架雖平淡無奇，却極簡潔齊整。

前面檐柱十二根，全部爲整塊的白石柱，上刻蟠龍（圖版伍拾乙伍拾壹甲）上下對翔，異常精美，由手法上看，不似清代物，大有明代的可能性，其中至少有一部（乃至全部）應是雍正火餘物。

柱之比例，徑八一公分，高五·九八公尺，高約爲徑之七·四倍弱，其比例較之歐洲古典式中之特斯干式（Tuscan order）柱之用八倍柱徑者，尤爲肥短。　這裏因爲材料的關係，不能用與通常清式木柱作任何比較。

柱上彫刻上下兩龍對翔，上龍頭向下，下龍頭向上，中有寶珠，繞以雲焰，柱脚一週刻假石山，石山下爲蓮瓣一週。 自石山至柱頭，全部彫刻極深，雲龍幾全立體，陽光之下，射影極深，遠望只見雲龍而不見柱圖版伍拾乙，是建築彫刻中少見的例。 蓮瓣一週之下爲柱礎，覆盆刻重層寶裝覆蓮花，至爲隆重圖版伍拾壹乙。

柱之上端刻作榫卯，以承受額枋及桃尖隨梁枋；石質脆硬，不利於抵抗張力，加以榫卯實有破裂之虞；但二百年來，却未出毛病，也是奇特的現象。

山面及後面則用八角形鐫花鑿石柱，下面承以重層寶裝覆蓮瓣柱礎圖版伍拾貳甲乙。

內外兩週金柱，都是木質圖版伍拾叁甲，由小木包鑲而成，用鐵箍箍柱，明代楠木的豪華已沒有了。 外一週金柱祗達上檐之下，柱礎略作淸代通常的古鏡形，但輪廓圓和，成覆「冰盤簷」式梟混（cyma recta）之狀。 內金柱直達七架梁下，高十六公尺半强，至爲雄壯，其柱礎輪廓與外金柱柱礎同，但刻有精美的雲形花紋圖版伍拾叁乙。

檐柱柱頭之間照常以額枋相聯，其上施平板枋及斗栱。 額枋祗一層，其下無小額枋及由額墊板，這也是因爲用石柱的原故，不能在柱端刻多層的榫卯。 額枋的斷面高六四公分，寬五五公分，其比例爲十與八．六弱之比，其上平板枋高二七公分，寬只三五公分，較工程做法則例所規定的比例，尤近於正方形。 額枋下面的角替與石柱之間並無密切的聯絡，就外表觀察，角替下的栱頭與柱相交處，並未在柱身上刻卯以受栱，卻將栱斫去以隨柱端上所刻的龍，坦然表示出角替之爲一種裝飾品。 檐柱頭與金柱之間用穿插相聯，將石柱頭上更弄弱一步。

柱頭斗栱之上與金柱之間爲桃尖梁，其上立童柱，頗高，致使檐步成六・二七舉，次步七・三舉弱，不惟較宋元式樣高起，卽較之清工程做法所規定，亦兜峻已甚。

上檐自金柱（或老檐柱）上用穿插枋與內金柱相聯，其斗栱上亦施桃尖梁，後尾搭在內金柱上，桃尖梁上立童柱，其全部結構與下檐廊上結構完全相同。 上檐檐步竟達六・四七舉強，較之下檐尤爲兜峻。 前後兩內金柱之間施七架梁，步架較短，舉架亦較緩，至脊步亦不過成十舉，作正四十五度坡，尙不如工程做法「九舉加平水」之甚。 所以大成殿屋蓋之全部舉架實不兜峻，但折則太少耳。

大成殿梁架可分爲內外三套，下檐桃尖梁及其上童柱爲一套；上檐桃尖梁及其上童柱爲一套；內金柱間上之七架梁以上梁架爲一套，皆齊整合矩，梁斷面近方形，無可特別申述之點。

大成殿內的天花，也隨着三週的柱分爲三部，各部也隨着分爲三種不同的高低。 除去明間中部用鬥八藻井外，其他各部均用方格天花板。 板心金畫坐龍。

額枋或梁與柱相交處，大多有角替，其比例瘦長，不似清式之肥短。

內外檐全部彩畫均爲合璽，大致與工程做法的規矩符合。

明間正中爲像龕（圖版伍拾伍甲），龕前爲垂蓮柱罩，上施十一彩斗栱，內供孔子像。次間東西向爲配祀諸賢像位，龕的做法與正位大致相同，但較小及斗栱出彩較少而已。

大成殿有重層石階爲基（卷首圖）。基刻作須彌座（圖版伍拾伍乙）。其梟混的曲線，束腰圭角的花紋，皆異於盛清形式，而較之略清秀。角上不用故宮所常見的角柱，而代以圓形浮彫小柱（圖版伍拾陸甲）。基一周爲石欄杆，亦頗清秀；上一週望柱頂刻作火焰寶珠形，下一週爲重層覆蓮瓣頂。每角及每柱下螭首，皆極古拙。踏道兩帮之下，象眼皆刻作層層三角形池子，略如營造法式所定之制（圖版伍拾陸乙）。踏道中的御道所刻雲龍山水紋，與聖時門石刻極相似（圖版伍拾陸丙）。由以上諸點看來，石基的年代至少是明代遺刻，下層的石基在大成殿的北面向北出爲甬道，復擴大而爲寢殿的階基。

## 十六 大成殿寢殿

寢殿（圖版伍拾柒甲）在大成殿之北，其階基兩層，上層與大成殿階基同高，同立在相聯的下層階基之上。殿闊七間，進深四間，重檐歇山頂。四週用八角形石柱，如大成殿山面及後面之制（圖版伍拾柒乙）。在平面上，兩山正中用山柱，所以在山面上只顯出前後兩大間，並前後兩廊，是在大建築物中比較少見的例。

寢殿所祀爲孔子夫人。『周末時，卽孔子所居之堂爲廟。廟屋三間，孔子在西間東向，顏母在中間南向，夫人隔東一間東向。……』是爲關於夫人殿最初的紀錄。

宋眞宗大中祥符元年詔曰：『……眷惟令淑，作合聖靈，載稽簡册之文，尚闕封崇之數，……亓官氏可追封鄆國夫人。……』至是始增大其像殿。天禧二年 公元一〇一八 命孔道輔修孔子廟，立鄆國夫人殿於正殿之後。高宗建炎二年，金人陷兗，孔廟被燬。金熙宗皇統九年，修復正殿之後，至世宗大定十九年，始修復寢殿。黨懷英記曰：

先聖之夫人曰亓官氏；子孫祀於寢宮舊矣。宋祥符初，旣封鄆國，始增大其殿像；宋末燬焉。國家皇統九年，始以公錢修復正殿。後八年，又營西廡，而積羨錢二百萬，將以爲鄆國殿之用，而未給也。大定間，天子留意儒術，……襲封公……乃以殿之規制白有司，而有司吝於出納，乃更破廣爲狹，剗崇爲卑，由是別得羨錢爲殿費，……越十九年冬，殿成。……

金宣宗貞祐二年，『寇犯闕里，……殿堂廊廡，灰燼十五。』正殿寢殿，俱在被燬之列。至元定宗元年 公元一二四六，始復鄆國後寢，以奉孔子，顏孟十哲像；這次修復是暫借作正殿用的。直至成宗大德六年，按檀不花修復孔廟全部，『輔座旣遷，更塑鄆國像於後寢』。

明孝宗弘治十二年六月，雷落孔廟寢殿亦燬；十七年修復。 闕里志記之曰：寢殿七間附檐。 高六丈四尺，闊九丈五尺，深五丈。 四圍擎檐俱鐫花石柱。 枋梁檁柱俱楠木。 菱花龜背隔扇，木柱外泊風板俱銀硃。 供桌香几各一張，俱小花硃油漆。及天花鳳板內外枋檁斗栱俱用上等靑綠間金粧繪。 龕座須彌樣，磨石甃砌。 蓋瓦鋪砌同前（即大成殿）。

清雍正二年，孔廟又落雷，延燒範圍與弘治火災大略相同，寢殿又被焚燬。 雍正八年，重修工程完竣。 按曲阜縣志其尺寸與闕里志所記完全相同，大概仍按舊基重建。

民國二十二年，山東省政府撥款四萬元本擬作重修孔廟全部之用後因款數無多，故擇諸殿宇中之最破毀者重修，遂修寢殿及同文門，弘道門。 這次工程，換去內柱數根，換全部椽望，及斗栱之一部。 墁磚牆壁亦經重砌。 全部彩畫亦經重畫，氣象爲之燦然一新。

## 十七　金聲門　玉振門　東西廡　寢殿左右掖門

大成門之左右爲金聲門及玉振門，與大成門並列，爲平時入廟中心的門道。 折而向北爲東廡及西廡，內供配祀諸儒神主。 又折而東西與寢殿並列者爲寢殿左右掖門。 這一整週的廊與門所包括的範圍；——大成門，杏壇，大成殿，寢殿，——是孔廟中心部分。其全部的布局，尙屬古代遺制，非似清代之分爲若干『四合頭』式者。因爲這不斷的一整週，所以弘治雍正兩次的落雷，却因一處起火而延燒到全部。

金聲門圖版伍拾捌甲玉振門皆面闊三間，正中有一列中柱；寢殿左右掖門與之完全相同，但面闊開間稍遜。金聲玉振二門向內一端與大成門相接，向外一端與兩廡相接，這三座門並列的總面闊，卽爲兩廡間的距離。在大成門之後，寢殿及其左右掖門圖版伍拾捌乙也並列的佔了同樣的距離，但因寢殿大於大成門，所以掖門便較金聲玉振二門比例的小了那麼多。

在平面上圖版拾柒，金聲門三間，東廡四十間，左掖門三間，其結構完全連成一氣，是不可間斷的；玉振門，西廡及右掖門也是如此。東西成爲一對淺而長的凵字形。

金聲玉振兩門，左右掖門及東西廡的面闊雖各個不同，而進深則完全一樣圖版拾柒，其不同之點，乃在內柱之分配。各門脊下用中柱一列以安門，兩廡則用前後金柱成前後廊的局面。在轉角處，則在一間正中立中柱一根。這全部凵字形廊兩盡頭用硬山山牆圖版伍拾捌甲，檐下用一斗二升交蔴葉斗栱，內部用簡單的梁架。兩廡之前均做成極長的廊子圖版伍拾捌丙。

這種週圍迴廊的布局，在中國建築中來源古遠。在敦煌壁畫及北平研究院在西安掘得的唐興慶宮圖宋刻殘石和其他古畫中都可得見這種做法。孔廟一週的廊廡，其初建絕不能遲過隋唐時代乃至更古;但關於廊廡最初的紀錄,只見於宋眞宗天禧二年重修記裏;由那篇記裏看來,好似正殿有東西廡之外,鄆國夫人殿也是有東西廡的。

宋金之交,孔廟被燬,但不知兩廡受害到何如程度。金廢帝正隆二年『令有司以羨錢修孔子廟兩廊及齊國公殿』,但不知是重建抑或修補。當時的兩廡也是供祀配諸儒的,原先是畫像,至明昌元年『詔以捏塑易兩廡畫像』。貞祐之燹,兩廡似沒有被燬,因爲到元楊奐東遊時,尙提到『東廡之碑六……西廡之碑八……』,

元代的兩廡,不若現在兩廡間數之多。明孝宗弘治十二年的大火災,巡撫何鑑奏所說的是『東廡二十八間……西廡二十八間……』。但是十七年重修之後,巡撫徐源却報告說『兩廡連廊共一百間』,比以前的多得多了。這次重修卽已立下了現存的規模,康熙重修,雍正八年的重建,都是完全按着舊基做的。

關於兩廊的間數,弘治所記一百間,今在院中所見,露明者東西各四十間,而康熙重修則稱八十八間,乍見似有出入,其實數目相同,差別乃在數法。徐源的報告只說

……大成門,家廟,啟聖廟,啟聖殿,金絲堂,詩禮堂各五間,兩廡連廊共一百間。……

對於金聲門,玉振門,慶殿左右掖門,完全沒有提到。但我們若將現有東西廡各四十間,並南北兩端轉角的兩間,並金聲門玉振門左右掖門各三間合計,則東西各五十間,共計整一百間,數目

完全符合。清康熙三十二年所修的兩廡八十八間，乃指東西各四十間並轉角處每端各兩間說，每面四十四間共八十八間，也完全符合。

雍正大火之後，修復全部兩廡規模，一仍弘治舊基。雍正七年諭：「東西廡用綠琉璃瓦，以黃瓦鑲砌」。今日所見卽爲雍正所重建。兩廡配祀諸儒，既不用揑塑，亦不用畫像，而完全代以神主。

## 十八 聖蹟殿

聖蹟殿圖版伍拾玖甲在寢殿之後。平面圖版拾捌面闊五間，進深三間，成爲前後廊的構架。沿檐柱一週，南面正中三間闢門，兩梢間安檻窗，北面及兩山均用磚牆堵塞住。這五間殿立在一座比例頗高的臺基上。殿身歇山頂，檐下用單翹單昂斗栱。其可注意之點，在高而狹的單額枋，及其上比較尙寬的平板枋。額枋在角柱上出頭相交處霸王拳的曲線，尙流暢圓和，略有元代遺意。屋頂正吻高瘦，不合淸式的做法圖版伍拾玖乙。

聖蹟殿之創建，在孔廟建築中是比較新近的。明神宗萬歷二十年公元一五九二，巡按御史何出光創建聖蹟殿，郘以仁爲記石刻聖蹟圖一百二十幅。其中有行教像，晉顧愷之畫，宋太祖及眞宗贊；凭几像，唐吳道子畫，宋太祖及眞宗贊；司寇像二，皆摩吳道子畫；燕居像二，一吳道子畫，米芾贊，一失名畫陳鳳梧贊；此外尚有乘輅像一，聖蹟圖百二十幅，無款。現在諸石刻尚存，有玻璃櫃保護。

這殿在雍正大火的紀錄中並未提到。由形制上看其額枋，斗栱，平板枋，乃至瓦飾，都非若清式之肥笨，顯然是萬歷原建無疑。

## 十九　承聖門　啓聖門

在大成殿東西廡之外，每面尚有一座庭院，其最前一道門，與大成門並列，卽東面的承聖門；西面的啓聖門。

這兩座門平面面闊只三間，進深二間（圖版拾玖及貳拾叁）。三間全闢門，立在矮臺基上，前後均有三道踏道上下。檐柱比例頗爲肥短（圖版陸拾甲陸拾壹甲），高度恐不及柱徑的十倍。柱上的額枋狹而小，出頭處有圓和的霸王拳，其上有闊而扁的平板枋（圖版陸拾乙陸拾壹乙）。檐下斗栱單昂出一跳，昂嘴下有華頭子瓣，但後尾却平放作卷頭，另在第三跳以上舉起單材大小的昂，直達金桁下；昂尾下有鞾楔（淸稱菊花頭）（圖版陸拾丙），但不用伏蓮梢。

這兩道門的歷史，比較少可稽的文獻。宋天禧二年，孔道輔「大擴聖廟舊制……正殿東廡門外曰燕申門。……」元楊奐東遊稱到金絲堂南燕申門之北。雍正七年詔「改詩禮堂前之燕申門曰承聖門。」至於啟聖門在宋代文獻中却完全沒有見過。闕里志記弘治大火以後，稱「燕申毓粹啟聖觀德四門俱仍舊，從新蓋宼，油漆彩畫。」雍正大火顯然並未波及。另外再在形制上看瘦額肥柱扁平板枋斗栱，在在表示着元代的特徵。尤其是斗栱上舉起昂尾的做法，與河北安平縣聖姑廟所見者極相似。至於脊桁用叉手撐實，額枋下不用雀替，柱頭科上無桃尖梁頭，自明初以後，已不復見。由各方面看來，這兩道門的建造年代，當以元代的可能性為最多，元代重修以大德六年竣工者工程最大。在未有其他文獻可證以前，暫推定其建於大德六年，大概不至太奇離。這門在孔廟現存建築中，也是罕貴的古建。

承聖門之西，啟聖門之東，均有並列的小碑廊五間，內立着若干座次要的碑碣。

## 二十　詩禮堂　禮器庫　魯壁　碑亭

入承聖門，即為詩禮堂（圖版陸拾貳甲）；懸山頂，迎面立在矮臺基上，臺基之前，更有扁矮且闊的月臺。詩禮堂的平面闊五間進深三間，正中一間較深，前後有廊的布置（圖版貳拾）。堂之東西北三面有牆，北面明間闢門；但是南面却五間完全開敞，無門窗槅扇的遮蔽。 梁架的結構，非常簡單，只是一座九檩前後廊的房架。 前後廊深均兩步，在金柱與檐柱之間用雙步梁聯絡。 雙步梁下，輔以穿插枋；其上則另有單步梁一架。 中間四步在前後金柱之上施五架梁及三架梁，通常的構架法。 五架梁下，與廊子單步梁同高的分位上，輔以枋子一道；而明間左右兩縫上，此枋之下更多施平行的枋子一道，以相聯絡固濟（圖版陸拾貳乙）。 檐下斗栱乃一斗二升交蔴葉雲權衡，甚小乍望幾不審其存在。 詩禮堂全部梁柱檩枋的權衡，皆甚纖秀，不若清官式規矩的笨拙。

詩禮堂前東側爲禮器庫，九間硬山頂，前有走廊。 金柱縫安直欞檻窗（圖版陸拾叁甲），檐下施一斗二升交蔴葉雲斗栱。 其外表權衡，與詩禮堂極相似。

詩禮堂之後，則爲照壁，稱魯壁。 魯壁西有井，繞以石欄，爲孔子故宅井（圖版陸拾叁乙），井旁四角方亭，內立故宅井碑誌。

宋天禧二年，孔道輔修孔子廟碑記稱：

正殿東廡門外曰燕申門，其內曰齋廳，廳後曰金絲堂，堂後則家廟。……

元揚奐東遊記稱：

自毓粹門之北入齋廳，在金絲堂南，燕申門之北。……

按闕里文獻考卷十二：

詩禮堂本孔子舊宅。 宋眞宗幸魯，嘗御此堂。 回次兗州，仍賜本家爲齋廳。 今毓粹門外尚有故宅門舊蹟。 詩禮堂後爲孔子故井，井西爲魯壁舊址。 昔魯共王壞壁，聞金石絲竹之音，後即其地爲堂名曰金絲。 前明闕東廡，始移金絲堂於啟聖祠前，而此其故基也。

由此看來，今之詩禮堂實宋元時代的齋廳，——孔子故宅的原址。

詩禮堂之名稱，初見於明弘治大火後，徐源奏中及同時李東陽來祭告孔子碑中。 李東陽碑記說得很清楚：

……廟之制，……（正）殿之右爲家廟，後爲神廚，前爲詩禮堂，爲神庫，又前爲燕申門。……

這是弘治十七年公元一五〇四的紀錄。齋廳，金絲堂兩個名稱，一則完全沒有，一則移動位置了。若向上溯成祖永樂二十年，尚改建齋廳；宣德九年公元一四三四，工部侍郎周忱捐建金絲堂，裴侃撰記，尚稱『在齋廳之北，家廟之南，廟庭之東。』 宣德九年至弘治十七年僅七十年間，而有這樣大的改變。 而其變動當在大火後重修之時。蓋闕里志紀弘治重修後的建築，凡非新建，均稱『仍舊』，然而關於詩禮堂，却說：

詩禮堂五間，高二丈八尺，闊七丈五尺，深四丈二尺，松楠桐木間碌紅油，次等青綠彩畫，蓋宼鋪砌同前（即綠色琉璃）。

35620

今詩禮堂之平面闊二三・八八公尺，若以三二・三五公分作一尺計，合七丈四尺九寸餘，進深一三・〇二公尺，合四丈零八寸餘，相差不遠。

由各方面看來，詩禮堂之建立（或可說齋廳之重建而改稱詩禮堂）當是弘治十七年的事。雍正二年火災未說延燒詩禮堂，所以現存的建築，當屬弘治原構。其前東側的禮器庫形制相同，當屬同一個時期的遺物。由禮器庫正中一間有門可通其後的孔子故宅門內小院。

## 二十一　崇聖祠　家廟

崇聖祠是供孔子以上五世祖的。祠在詩禮堂之北，與大成殿隔東廡並列（圖版陸拾肆甲）。平面（圖版貳拾壹）面闊五間，進深三間。前後有廊，前檐柱與前金柱間之距離，較小於後檐柱與後金柱間之距離，故前廊上用單步梁，後廊上用雙步梁。後廊中爲諸龕位置。前金柱直支老檐枋下，而後金柱直支下金枋下（圖版陸拾肆乙）。前檐柱六根均爲石柱，中二柱刻蟠龍，其餘四柱則八角形鐫花。屋頂歇山造，檐下斗栱爲五彩重昂。

崇聖祠之後爲家廟，七間（圖版貳拾貳），供孔氏歷代神位。家廟規模狹隘，構架簡陋，前後出廊，梁枋瘦巧，不用斗栱，脊桁下用叉手支撐，頗爲簡潔。

崇聖祠之名，不見於古文獻，乃因清雍正二年封五世王時始有。 又因其後有家廟，其前為詩禮堂，而明初文獻如周忱重建金絲堂記，稱金絲堂在「齋廳之北，家廟之南，廟庭之東」，而今之崇聖祠亦在詩禮堂之北，家廟之南，所以極易引起誤會認為崇聖祠所在即明以前金絲堂故址。

按宋天禧間孔道輔重修聖廟時「金絲堂後則家廟」。明弘治十二年火災「火從宣聖家廟東北角上起，延燒家廟五間……」十七年重建後闕里志稱「廟之東偏為家廟五間，……家廟之前為詩禮堂五間，……」火前火後都未提到金絲堂。 而家廟重建後：

五間，高三丈，闊七丈二尺，深三丈六尺。 前面擎檐中二根盤龍，旁四根鑴花，俱石柱。松楠桐木間用。 木柱槅扇俱銀硃。 神龕四位連座，供桌四張，并香几俱水花硃油漆，及與內外枋檁斗栱俱用上等靑綠間金粧畫。 蓋宼鋪砌同前（綠色琉璃瓦）。

這明代家廟的形制，最顯而易見的乃在前檐龍柱及鑴花柱之配置。 而在尺寸上高度雖未得量，而其平面闊二二·八九公尺，若以三一·三五公分作一尺計，合七丈一尺八寸餘，進深一一·四九公尺，合三丈六尺，整與上錄尺寸，可稱符合。 故今之崇聖祠，實明以前所稱家廟者，並非在金絲堂故址所重建。

雍正二年二月，追封孔子五世祖為王，將舊家廟重建，改稱崇聖祠。 六月大火，幸得無恙，見孔傳鐸疏中。 五世王既另祠奉祀，則須另立家廟，以安其他祖先，遂有現存所謂家廟者。

在這裏我們須附帶的一溯金絲堂的位置。在文獻上，得知金絲堂在家廟（今崇聖祠）之南，齋廳（今詩禮堂）之北，今存魯壁大概可以說在舊金絲堂的前檐一帶。在總平面圖 圖版壹上，今詩禮堂與崇聖祠間之距離，較大於今金絲堂與啓聖殿間之距離；且詩禮堂前東側的禮器庫與堂之關係，已成咬角之勢，更可以表示其擁擠之狀。若非原來在兩者之間，尚多一座建築，也可不必做成這樣緊促的局面。

## 二十二 金絲堂 樂器庫

入啓聖門，在西廡之西，與東廡之東之詩禮堂約略在相稱之位置者，爲今之金絲堂 圖版陸拾伍甲。

堂平面闊五間，進深三間，中廣而前後有廊，如詩禮堂之制，而尺寸較遜 圖版貳拾叁。在柱的分布上，前後廊皆較狹於詩禮堂，而面闊則約略相同，故成長狹之比例。北面 圖版陸拾伍乙 檐柱間中三間闢門，梢間安檻窗，北面明間闢門，次梢間及兩山甃以磚牆。屋頂懸山造；檐下用一斗二升交蔴葉斗栱。堂立在低矮的臺基之上，前有月臺，月臺之前爲甬道，引達啓聖門。

堂的構架 圖版陸拾陸甲，在前後金柱之上施五架梁，檐柱與金柱之間施單步梁（異於詩禮堂之雙步梁）。五架梁之下，與單步梁同高度處，安隨梁一道，單步梁下則有穿插枋。隨梁與金柱相交處，輔以角替，而五架梁與隨梁之間，在金瓜柱下，間以荷葉墩，而正中則立寶瓶。其全部構架，尙相當的靈巧。

堂之正中略偏北立「與天地參」橫石屏。左右羅列種種的樂器。

堂前西側爲樂器庫九間（圖版陸拾陸乙），其規模與禮器庫約略相同。爲雍正七年所增建。

金絲堂之原始在上文已錄過：

昔魯共王壞壁，聞金石絲竹之音，後卽其地爲堂，名曰金絲。

宋天禧二年，孔道輔重修孔廟：

正殿東廡門外曰燕申門，其內曰齋廳，廳後曰金絲堂，堂後則家廟。……

家廟及齋廳爲今之崇聖祠及詩禮堂，已在上節證明，而舊金絲堂之位置，殆卽在今崇聖祠院門的地位。

明周忱重修金絲堂，龔侃撰記稱：

……歷世更變，歲久傾圮，僅存遺址。宣德甲寅，……周忱……因斯堂之未立，歉然爲缺典，遂召匠計之，捐已俸貲……越明年季夏興工……落成是年秋八月庚子朔也。……

殆弘治大火延燒的紀錄中，並無金絲堂在內，而重修之後，在闕里志中，卻有如下的一段：

……啟聖廟前爲金絲堂三（五？）間，以貯樂器；卽夫子故宅，魯共王聞樂處也（？）。

宋時建五賢堂於此(?)。明改建易以今名。

這一段中關於故宅及五賢堂的誤錯，姑先不提（見啓聖殿節），但堂之在啓聖廟前，可以表明其位置，並且大概是不錯的。 關於堂的結構，闕里志謂：

> 金絲堂五間，高二丈八尺，闊七丈五尺，深四丈二尺。松楠桐木。槅扇用硃紅油漆，大等青綠彩畫。蓋瓦鋪砌同前(綠色琉璃瓦)。

其大小形制與詩禮堂完全相同；惟一的分別，只在詩禮堂沒有提到槅扇，而金絲堂有槅扇。清雍正二年六月，落雷大火「沿燒……啓聖王舊殿，金絲堂等處，……」遷移後重建的金絲堂，享壽整二百二十年。雍正八年，孔廟工程全部竣工，雖沒有特別提出金絲堂，但想是當時重建，而規模較原建却縮小了。

## 二十三 啓聖殿 寢殿

啓聖殿(圖版陸拾柒甲)及寢殿是供孔子父母的。殿在金絲堂之北，與大成殿隔西廡而並列。在平面的布置上，與崇聖祠完全相同，尺寸大小亦祗有數公分的出入(圖版貳拾肆)。兩者惟一不同之點，祗在屋頂，崇聖祠是歇山頂，而啓聖殿則四注。斗栱亦爲五彩重昂。梁架的配置(圖版陸拾柒乙，除歇山四注之別外，大致相同，但「啟聖殿」較近於「工程做法」的規模，雖然二者年代只有五六年的差別。

關於啟聖殿的文獻，亦是見於孔道輔重修碑記中：「正殿西廡門外為齊國公殿，其後為魯國太夫人殿。」　宋金交替，孔廟被燬，但齊國公殿的情形却無從得知。　金廢帝正隆二年，「令有司以羨錢修孔子廟兩廊及齊國公殿。」　貞祐之劫，齊國公殿大概得倖免，故元陽奐東遊，尚得參謁。

弘治大火，啟聖殿亦在被燒之列。　弘治十七年重建後，闕里志中所記，與家廟完全相同，所差只在供桌香几的數目，今日兩者之差，除屋頂外，亦僅在這一點。　廟前小便門三間，廟後「寢殿三間，移過重新蓋宽油漆彩畫」，與今所見亦復相同，只不知寢殿從何處「移過」耳。

雍正二年落雷，「延燒……啟聖王舊殿，金絲堂等處……」今之所見，乃雍正七年重建，文獻，法式兩方都可證明其年代。

寢殿（圖版陸拾捌甲）面闊三間，進深亦三間；歇山頂，三面甃磚牆，南面中間闢門，兩旁檻窗。　檐下用五彩重昂斗栱。　內部梁架為簡單規矩之清官式構架（圖版陸拾捌乙）。　其年代當與啟聖殿同。

## 二十四　神庖　神廚

在家廟之北居廟垣東北角內者爲神庖，在廟垣西北角內與之對稱者爲神廚。各以正房五間，東西廂房各五間，並前面庭院合爲一組。這兩處建築物的中線，不與其他部分中線平行，而與北面廟牆成正角，故偏向西南（圖版壹）。

在部位的分配及結構上，神庖神廚皆屬清式通常小式建築，如北平民居之制，但檻窗全用直欞（圖版陸拾玖甲）。

宋天禧間，孔道輔重修孔廟時，「金絲堂……後則家廟，左則神廚……」而未見神庖之名，殆當時未有庖廚之分，而神廚所佔，約略是今神庖的位置。弘治重修，稱「神廚二十四間」，其規模甚大，但未說到神庖。殆至雍正以後，始有神庖神廚之別。現存建築，殆皆雍正以後所建，或者更晚也說不定。

## 二十五　后土祠　燎所

自大成殿後寢殿東面小門出爲后土祠（圖版陸拾玖乙），祠三間，前有小院，祀孔廟土地之神。

按后土祠本爲毓聖侯廟，弘治大火後「遷尼山神毓聖侯祠於尼山書院，以其祠爲土地祠。」清代以來，大概仍循此制。

燎所 圖版柒拾甲 亦稱瘞所，卽闕里志所稱焚帛所。 其位置與后土祠對稱，在寢殿西側小門之外。 其布置簡單，只見一週圍牆。 曲阜縣志稱：「聖蹟殿西南爲瘞所，門一間，內瘞坎如正位配位及從祀各壇之位。」 今則亂草叢生，不復能辨矣。

## 二十六　孔子故宅

在孔廟圍牆之外，毓粹門之北，詩禮堂前禮器庫之東，爲孔子故宅門及門贊碑亭。

宅門 圖版柒拾乙 只一間，矮臺基，懸山頂。 門柱微有卷殺，額枋頗細，其出頭處卷瓣圓和，與承聖門、啟聖門極相似，當是金元遺構。

門內爲狹長的天井，夾在奉祀官署（卽衍聖公府）西牆及禮器庫東牆之間。 在天井盡處爲門贊碑亭一間 圖版柒拾壹甲，歇山頂，檐下施一斗二升交蔴葉斗栱。 亭內立乾隆故宅門贊碑，亭亦當屬同時物。

# 第三章　曲阜孔廟建築年譜

公元前五五一　周靈王二十一年，孔子生。

前四七九　周敬王四十一年，（即魯哀公十六年）孔子卒。

周末時，即孔子所居之堂爲廟。廟屋三間，孔子在西間東向，顏母在中間南向，夫人隔東一間東向。牀前有石硯一枚，孔子平生時物，廟又藏素所乘車及几席劍履。

四三　漢元帝永光元年，詔褒成侯孔霸以所食邑八百戶祀孔子，此世節奉祀之始。

公元

六一　漢明帝永平四年，魯相鍾離「入廟拭几席。」

七二　漢明帝永平十五年，「帝升廟西向羣臣中庭北向」。

八五　漢章帝元和二年，「幸闕里留祭器於廟」

一五三　漢桓帝永興元年，乙瑛書言「詔書崇聖道……故特立廟」國家爲孔子特別立廟始自此始。

二二〇　魏文帝黃初元年，令郡守修孔子廟，置百石卒守衛之。詔曰「…舊居之廟，毀而不修…其以奉議郎孔羨爲宗聖侯。…令魯郡修起舊廟，置百石卒以守衛之，又於其外廣爲屋宇，以居學者。」（闕里志）

三八九　晉孝武帝太元十四年，敕修闕里孔子廟。

三九二　晉孝武帝太元十七年，李遼表請修闕里孔子廟，不報。　北魏孝靜帝興和三年，兗州刺史李珽令工雕素聖容，旁侍十子。（文獻考）

四四二　宋文帝元嘉十九年，詔修孔子廟，復學舍，召生徒。詔曰「…闕里往經寇亂，黌學殘毀。」並下魯郡復修學舍。…孔子墓側…並栽種松柏六百株。

四五四　宋孝武帝孝建元年，詔建孔子廟，制同諸侯之禮。

五五〇　北齊文宣帝天保元年，夏六月，詔魯郡以時修治孔子廟宇，務盡崇煥。

六一一　隋煬帝大業七年，縣令陳叔毅修闕里孔子廟，碑云「寢廟孔碩，靈祠赫奕，圓淵方井，綺窗畫壁。…」

六三七　唐太宗貞觀十一年，詔兗州作闕里孔子廟。

六六七　唐高宗乾封二年，兗州都督霍王元軌承制修闕里孔子廟。

七一八　唐玄宗開元六年，兗州刺史韋元圭及褒聖侯孔璲之，縣令田思昭重修闕里孔子廟。

七七三 唐代宗大曆八年，刺史孟休鑒，縣令裴有象新闕里孔子廟門。唐修文宣王廟新門記云「…先是闕宮霞敞，正殿岑立，繚以環堵，遂其臺門，巍若化造，嶷如□動。…惟此祠廟，厥初層構，朱戶半傾，離甍中落。…於是…新其南門，…不時而就，大屋橫亘，雙扉洞開，丹栱繡楣，膠葛固□，□□景，飛檐駢逼而棲霧。扃鐍既固，享獻聿修。官吏唯肅清之謹，邑人無褻瀆□□□席及階而升。數仞之墻，由戶而入。…」

八六九 唐懿宗咸通十年，孔溫裕奏請重修闕里孔子廟。奏云「…近者以兗州頻年災歉，都廢修營，徒瞻數仞之墻，纔識兩楹之位，…聖域儒門，豈宜湮墜？…望闕里而無由展敬，瞻廟貌而有願興功。今臣差人齎將料錢，就兗州據廟宇傾毀處，悉會修葺，皆自支費。…」賈防撰記云「漢爰因舊宅，是構靈祠。粵自國朝，屢加崇飾，由是命工庀事，飾舊如新，浹旬之間，其功乃就。門連歸德，先分數仞之形，殿接靈光，重見獨存之狀。」

九五二 周太祖廣順二年，車駕詣闕里，祀孔子，拜其墓，…勅兗州葺墓所祠宇。

九六〇 宋太祖建隆元年，春正月，帝謁孔子廟，詔增修祠宇，繪先聖先賢先儒，儒釋奠用永安之樂。

九八三 宋太宗太平興國八年，夏六月，修闕里孔子廟。呂蒙正記曰：「一日乃御便殿，謂侍臣曰，「朕嗣位以來，咸秩無文……魯之夫子廟堂未加營葺，闕孰甚焉！塑像設庳而不度，堂廡陋而毀頹；觸目荒涼，荆榛勿翦；階序有妨於函丈，屋壁不可以藏書。既非大壯之規，但有歸然之勢。傾圮寖久，民何所觀？」上乃鼎新規革舊制，遣使星而蕆事，募梓匠以僝功：經之營之，厥功告就。觀夫繚垣雲矗，飛簷翼張，重門呀其洞開，層闕鬱其特起，綺疏瞰野，朱檻凌虛，耽耽之邃宇來風，巘巘之雕甍拂漢。廻廊複殿，一變維新。升其堂則藻火黼黻，昭其度也……重櫨疊栱，丹青晃日月之光，龍桷雲楣，金碧焜烟霞之色。輪奐之制，振古莫儔；營繕之功，於今爲盛。」

一〇〇八 宋眞宗大中祥符元年，眞宗過魯，修飾祠宇。按金黨懷英碑「宋祥符初，既封鄆國夫人，始增大其殿像。」

一〇一八 宋眞宗天禧二年，八月，命孔道輔修闕里孔子廟。……道輔請得封禪行殿餘材，乃大擴聖廟舊制，建廟門三重，次書樓，次唐宋碑亭各一，次儀門，次御贊殿，次杏壇，壇後正殿，又後爲鄆國夫人殿。殿東廡爲泗水侯殿，西廡爲沂水侯殿。正殿西廡門外爲齊國公殿，其後爲魯國太夫人殿。正殿東廡門外曰燕申門，其內曰齋廳，廳後曰金絲堂，堂後則家廟，左則神廚，由齋廳而東南爲客館，直北曰襲封視事廳，廳後爲恩慶堂，其東北隅曰雙桂堂，凡增廣殿庭廊廡三百十六間。賜行宮材修葺廟宇。……

（闕里志）

一〇二一　宋眞宗天禧五年，道輔又請得封禪行殿餘材，乃大擴舊制，廟門三重。（按本年紀事與天禧二年重殆二年興工本年竣工歟）

一〇三八　宋仁宗景祐五年，道輔又建五賢堂於齊國公殿前，祀孟子荀卿揚雄王通韓愈五子。

一〇四八　宋仁宗慶曆八年，春二月詔齊國公像易以九章之服，於聖殿後立廟以祀。

一〇六一　宋仁宗嘉祐六年，賜御書飛白體殿榜。

一〇七八　宋神宗元豐元年，詔兗州以省錢修葺闕里孔子廟。

一〇八二　宋神宗元豐五年，冬十一月令四十七代孫孔若蒙監修孔子廟。

一〇八六　宋哲宗元祐元年，冬十月，改建三氏學於廟之東南隅。

一〇九六　宋哲宗紹聖三年，春三月敕轉運使修葺闕里孔子廟。（縣志）敕轉運使以省錢三千貫文加修葺。四十七代衍聖公若蒙監工。（文獻考）

一一〇四　宋徽宗崇寧三年，夏六月詔易七十二子以周之冕服。詔名文宣王殿曰大成。

一一一四　宋徽宗政和四年，頒大成殿額於孔子廟。

一一二八　宋高宗建炎二年，冬十二月金將粘沒喝陷襲慶府縣入於金。孔廟受相當損壞。黨懷英大定二十一年碑稱鄆國夫人殿「宋末燬焉」，「皇統九年始……修復正殿。……」

一一四二　金熙宗皇統二年，修闕里孔子廟。(縣志) 敕行臺撥錢萬四千貫，委曲阜主簿四十九代孫瓌修葺聖殿。禁官私侵佔聖廟地者。(文獻考)

一一四四　金熙宗皇統四年，撥行省錢助修廟之役。於行省撥錢萬四千五百貫，發南京八作見材助工役。

一一四九　金熙宗皇統九年，修正殿。(縣志)　正殿成。(文獻考)

一一五七　金廢帝正隆二年，春三月令有司以羨錢修孔子廟兩廊及齊國公殿。

一一七九　金世宗大定十九年，冬，鄆國夫人寢殿成。黨懷英撰記云：『先聖之夫人曰幵官氏，子孫祠於寢宮舊矣。宋祥符初旣封鄆國，始增大其殿像，宋末燬焉。國家皇統九年始以公錢修復正殿。後八年又營西廡而積羨錢二百萬，將以爲鄆國殿之用而未給也。大定間天子留意儒術……襲封公……乃以殿之規制白有司，而有司吝於出納，乃更破廣爲狹，剗崇爲卑，由是別得羨錢爲殿費。……時劉公璋爲節度副使，實董其役，趙公天倪爲判官，二公廉直而幹吏不敢擾以私，而封公得以盡其力。越十九年，冬，殿成。……』(縣志)

一一九〇　金章宗明昌元年，春三月，詔修闕里孔子廟。……又令以捏塑易兩廡畫像。(縣志)

一一九一　金章宗明昌二年　春，興廟工。

一一九五 金章宗明昌六年，夏四月，闕里孔子廟成，增塑賢儒像，賜閣名曰奎文。黨懷英碑曰：『主上…嘗謂侍臣曰「…遺祠久不加葺，且甚隘陋，不足以稱聖師之居，其有以大作新之」有司承詔度材庀工。…凡爲殿堂廊廡門亭齋廚黌舍，合三百六十餘楹。…表以傑閣，周以崇垣。至於幄座欄楯簾櫳罘罳之屬，隨所宜設，莫不嚴具。三分其役，因舊以完葺者才居其一，而增創者倍之。蓋經始於明昌二年之春，踰年而土木基構成，越明年而髹漆彩繪成。先是羣弟子及先儒像畫於兩廡，既又以揑塑易之。又明年而衆功皆畢，罔有遺制焉。』

一二一四 金宣宗貞祐二年，春正月，寇犯闕里孔子廟，燬手植檜。孔庭纂要云：『殿堂廡廊，灰燼十五。』(縣志)

一二三三 元太宗五年，夏六月，克金汴都。冬十二月，敕修孔子廟。

一二三六 元太宗八年，春三月，復修孔子廟。

一二三七 元太宗九年，詔衍聖公孔元措修闕里孔子廟。

一二四六 元定宗元年，始復鄆國後寢，以奉孔子顏孟十哲像。

一二六二 元世祖中統三年，春正月，孔子廟成。

一二六七 元世祖至元四年，春正月，敕修闕里孔子廟。修杏壇，恢復奎文閣。

一二八二　元世祖至元十九年，冬十月，修孔子廟垣，植松檜一千本。重修闕里廟垣。（金石志）

一二九五　元成宗元貞元年　春，詔葺闕里林廟。

一二九八　元成宗大德二年，春，太中大夫濟寧路總管按檀不花請修闕里孔子廟。

一三〇〇　元成宗大德四年，八月，興工。十二月，詔罷。

一三〇一　元成宗大德五年，按檀不花仍請修建。重修夫子廟。（金石志）

一三〇二　元成宗大德六年，九月，落成，殿宇廊廡凡百二十有六楹，費十萬貫有奇。

一三二九　元明宗天曆二年，敕濟寧路出官錢五萬二千緡修葺。

一三三一　元文宗至順二年，衍聖公孔思晦請依前朝故事四隅建角樓，倣王宮之制，詔從之。

一三三二　元文宗至順三年，二月，己巳，詔修闕里孔子廟。

一三三四　元順帝元統二年，四月，孔子廟興工。

一三三六　元順帝至元二年，角樓落成。

一三七四　明太祖洪武七年，春，修闕里孔子廟。孔希學奏請修治孔子廟，詔從之。

一三七七　明太祖洪武十年，敕修衍聖公府第。孔子廟鳩工。

一三七八　明太祖洪武十一年，闕里孔子廟成，補塑聖像。

一三八七　明太祖洪武二十年　春，詔修闕里孔子廟。

一四一一 明成祖永樂九年，遣行人雷迅來修闕里孔子廟。

一四一四 明成祖永樂十二年，春召雷迅還。冬十二月布政司官來修廟。

一四一七 明成祖永樂十五年，重修孔子廟。（金石志）夏畢工。

一四二二 明成祖永樂二十年，初建聖林門。改建齋廳。

一四二九 明宣宗宣德四年，孔弘泰重修啟聖王寢殿。

一四三四 明宣宗宣德九年，工部侍郎周忱來謁林廟捐建金絲堂。又於廟外西南隅構堂三間為更衣所。

一四六四 明英宗天順八年，冬十月詔重修闕里孔子廟。

一四六五 明憲宗成化元年，孔子廟落成。

一四六八 明憲宗成化四年，重修孔子廟。碑云：「朕嗣位之日，躬詣太學釋奠孔子，復因闕里之廟，歲久漸敝而重修之，至是畢工。」（金石志）

一四八〇 明憲宗成化十六年，春二月增廣闕里廟制。從衍聖公宏泰之請，增廣正殿為九間，餘皆更新。至二十三年始告成。

一四九九 明孝宗弘治十二年，六月甲辰夜，闕里孔子廟災。詔巡撫何鑑親詣相度，發帑銀十五萬二千六百兩有奇。何鑑奏言：「弘治十二年六月夜子時，雷雨交作，火從宣聖家廟東北角上起，延燒家廟五間，齋廊（廳？）五間，東廡二十八間，寢殿七間，伯魚廟三間，子思廟三間，西廡二十八間，大成門五間，手植檜一株，洪武詔旨碑文並樓，永樂御製碑文並樓，遂延燒大成殿七（九？）間，東便門六間，西便門六間，大成殿東西小便門各三間，寢殿東西兩便門各三間，啟聖殿五間，毓聖侯殿三間，風息雨止，火乃救滅，共計燒燬殿廡各房一百二十三間』。 余濂奏請修孔子廟。

一五〇〇 明孝宗弘治十三年，春二月，闕里孔子廟興工。

一五〇四 明孝宗弘治十七年，春正月，闕里孔子廟成。 巡撫徐源言：『臣等欽依事理，委官專修孔子廟，照依原議規制間數，逐一修建完備。 改建奎文舊閣七間三簷。 再廟旁原有毓粹、觀德二門，以通出入，因逼近廟基，街路短促，不稱趨謁；今於前門少北各建東西門一座，三間，匾曰快覩、仰高。 又前門並二門原止三間，今改建大門中門各五間，與廟宇前後掩映相稱。 橋梁階級，煥然鼎新。 杏壇碑額，亦皆彩繪俱完。 其大成殿九間，寢殿七間，俱兩簷；大成門，家廟，啟聖廟，啟聖殿，金絲，詩禮堂，各五間，兩廡連廊共一百間，啟聖寢殿三間，神廚二十四間，庫房九間，碑亭二座，衍聖公齋宿房十二間，奎文閣大門，中門，左右門，下至街道牌坊，無不完整。 規模壯麗，工藝精緻，足稱瞻仰……』

一五〇五 明孝宗弘治十八年，闕里志成。

一五一一 明武宗正德六年，三月，盜入城犯闕里。

一五一二 明武宗正德七年，七月修闕里孔子廟。 廟爲盜所壞，有司出罰鍰，並募輸得銀三萬五千八百餘兩，以七月興工。

一五一三 明武宗正德八年，七月，移縣城於廟，縣城興工。

一五二二 明世宗嘉靖元年，夏六月，闕里孔子廟竣工縣城成。 費宏爲記云：『……闕里與曲阜，相去十里不遠。故皆無城而闕里尤爲孤曠守望無所恃焉。 正德辛未，盜入兗，以二月二十七日破曲阜，焚官寺……是夕移營犯闕里……維時按察使司潘君珍方以僉事按行東兗，謂廟必相須以守，盍卽廟爲城而移縣附之，浹旬遂疏於朝……詔從之，爰命司空庀工而令役焉。 其基八里三十六步而益以負郭之田。 其版築用丁夫萬人，而取諸農務之隙。 其材用爲銀三萬五千八百兩有奇，多出於諸司罰鍰，而復募高貲好義者助之。』 巡撫陳鳳梧造鐘樓銅鐘。

一五二三 明世宗嘉靖二年， 秋，巡撫陳鳳梧重修洙水橋，建石坊及廬墓堂。

一五三八 明世宗嘉靖十七年， 冬，巡撫胡纘宗建金聲玉振坊。

一五四四 明世宗嘉靖二十三年， 巡撫曾銑建太和元氣坊。

一五五三 明世宗嘉靖三十二年，秋八月，重修闕里林廟成。

一五六一 明世宗嘉靖四十年，巡撫張鑑建狀元坊。

一五六九 明穆宗隆慶三年，巡撫姜廷頤以香稅及罰鍰一千六百兩葺闕里孔子廟。殷士儋爲記曰『經始於閏六月二十二日至十一月告成。諸殿寢門廡堂閣齋亭燦然改觀。其杏壇舊制則撤而更新增置石楹重檐。櫺星門之外稍拓地紆回其道，以遠衢市……』

一五七七 明神宗萬曆五年，改闕城南門。

一五七八 明神宗萬歷六年，十有二月，巡撫趙賢營葺闕里孔子廟。于愼行爲記曰：『……經始於本年九月十五日凡四月而竣工。』

一五九二 明神宗萬曆二十年，巡按御史何出光剏建聖蹟殿，立石刻聖蹟圖百有二十。

一五九四 明神宗萬曆二十二年，巡撫鄭汝璧巡按連標以香稅罰鍰及廪羨銀三千兩重修孔子林廟周公廟顏子廟。于愼行爲之記曰：『營於孔廟乃新殿閣，乃飾廊廡，乃立重城皋門以象朝闕。楣梁甍甃之有朽者易之，丹雘者漆之，有墁者圖之。……營於孔林，乃恢享祠，乃剏齋室，乃立石闕六楹以廣神路，繚垣十里，壖垣千步，有版築焉。……』

一六〇一 明神宗萬曆二十九年，冬十月巡撫黃克纘重修闕里孔子廟。

一六〇八 明神宗萬曆三十六年，濟寧兵巡副使王國楨捐銀三百兩修闕里孔子廟西廡。

一六二六 明熹宗天啟六年，曹州州同某捐修大中門。

一六三四 明思宗崇禎七年，秋九月，兗東兵備道李一鰲修聖林門。

一六五六 清世祖順治十三年，巡鹽御史王秉乾捐銀二千兩並勸所屬公捐重修奎文閣。

一六五七 清世祖順治十四年，定文廟尊稱曰「至聖先師」。（山東通志）

一六六三 清聖祖康熙二年，分守東兗道參議張宏俊等重修聖蹟殿，奎文閣及廟門，碑亭，角樓。

一六七七 清聖祖康熙十六年，六十七代衍聖公續修詩禮堂，金絲堂及諸門坊橋欄。

一六九〇 清聖祖康熙二十九年，夏六月遣內務府郎中皂保來修闕里孔子廟。

一六九一 清聖祖康熙三十年，夏四月，興工。

一六九三 清聖祖康熙三十二年，秋八月，闕里孔子廟工竣。冬十月闕里聖廟落成。凡修大成等殿五十四間，大成等門六十一間，兩廡八十八間，櫺星門一，牌坊二，用帑銀八萬六千五百兩有奇。

一七二四 清世宗雍正二年，二月，封五世王，建崇聖祠。六月，癸巳，闕里孔子廟災。衍聖公孔傳鐸疏言：「六月初九日申時疾風驟雨，雷電交作，有火從先師大成殿脊鴟吻間出棟宇高峻，不能撲滅。……沿燒寢殿，大成門，聖祖仁皇帝御碑東西二亭，啟聖王舊殿金絲堂等處至丑時方熄。……新建崇聖祠……幸得無恙。……」遣署理工部侍郎馬臘會同巡撫陳世倌相度修廟。

一七二五 清世宗雍正三年，秋八月，闕里孔子廟興工。

一七二九 清世宗雍正七年，諭闕里文廟正殿正門用黃琉璃瓦，兩廡用綠琉璃瓦，以黃瓦鑲砌屋脊。選內務府匠人到東用脫胎之法敬謹裝塑。……重建聖祖仁皇帝御書碑亭，增建樂器庫。……改欞星門（內？）石坊「宣聖廟」為「至聖廟」，奎文閣前之「參同門」曰「同文」，詩禮堂前之「燕申門」曰「承聖門」。冬十一月丙申，大成殿上梁。（嘉慶山東通志）

一七三〇 清世宗雍正八年，欽定孔子廟大門曰「聖時」，二門曰「弘道」。秋八月聖像成。皂保奏聖廟工竣，凡用帑金十五萬七千六百兩有奇。冬十二月詔修孔林。

一七三一 清世宗雍正九年，秋七月丙子，孔林興工。岳濬陳世倌奏請孔林享殿瓦色依廟工寢殿之制。修洙泗書院。

一七三二 清世宗雍正十年，秋九月，孔林工竣。

一七四八 清高宗乾隆十三年，春毀無字碑及元人重修景靈宮碑。

一七五四　清高宗乾隆十九年，衍聖公重修聖廟欞星門，易以石。

一八〇八　清仁宗嘉慶十三年，重修闕里孔廟顏子廟。

一八二三　清宣宗道光二年，正月己巳，命綺善恭修孔林。（山東通志）

一八六四　清穆宗同治三年，給事中王憲成奏請勘修曲阜縣聖廟並各直省文廟等工。

一八六九　清穆宗同治八年，重修孔廟大中門以後各段。

一八九六　清德宗光緒二十二年，衍聖公咨請修葺聖廟金水河，欞星門，「德侔天地」「道冠古今」坊，快覩門，仰高門，聖時門，弘道門，廟東路口闕里坊等工。

一八九八　清德宗光緒二十四年，衍聖公咨請重修聖廟後面圍牆，及大成殿等工。

一八九九　清德宗光緒二十五年，八月衍聖公續請籌款二千兩爲修葺聖廟大成殿，及後面圍牆之用。

一九三〇　民國十九年，晉軍圍曲阜，中央軍據城以守。孔廟無重大損失，顏廟則破壞過半。

一九三三　民國二十二年，山東省政府修大成寢殿，同文門，弘道門，重建明代碑亭。

一九三五　民國二十四年，國民政府議孔廟全部修葺。

# 下篇 修葺計劃

## 第四章 通常破壞情形——其原因及修補原則

（二） 梁。 梁之破壞，計有下述三種情形：

（甲） 梁裂 孔廟柁梁之裂縫，由於木料本身之弊病者多，由於荷載之壓重者少，故若柁梁已裂，而尚未呈彎曲狀態，且能安然承托上層荷載者，於建築物之安全似無甚大關係。 其補救方法，宜用軟鋼條箍子箍實釘牢，以防其更甚之破裂。

（乙） 梁彎 柁梁中部下墜之彎曲，其惟一原因，厥惟荷載超過梁之載重力，以至不勝其任。若此種狀態由於學理上梁之橫斷面過小，根本不足以承此荷載，則其惟一補救方法，乃在改用工字鋼梁，俾不超過原梁之尺寸，而增加其荷載力。 若由於某梁木料本身有意外之弊病或弱點者，則可換用新料。

但有特種情形，如梁由上下兩木鑲成者，因一木之橫斷面不足以承重，故用兩層，但因兩層間缺乏聯絡，對於梁中部之水平剪力無以抗衡，以致中部下彎者，可將梁中段用「千斤」(jack)

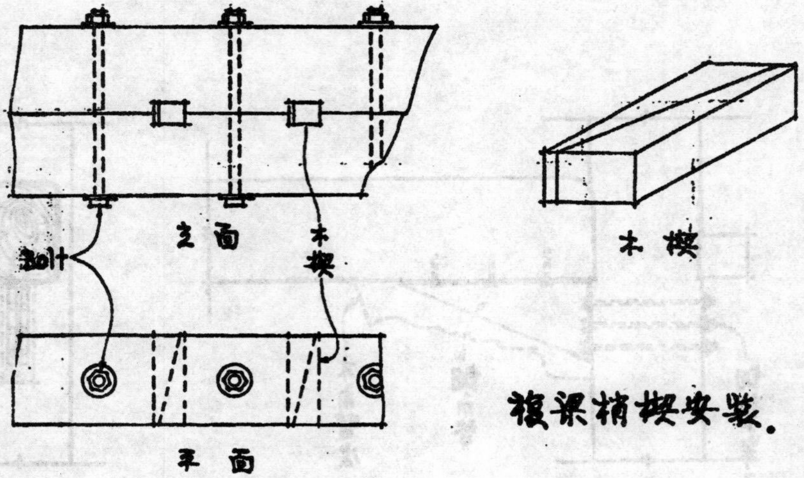


插圖十一

抬起，使梁復直，然後用垂直鋼捎子 (bolts) 穿通上下梁，用螺絲迫緊兩梁間加楔形木，則可免梁彎之弊插圖十一。

(丙) 脫榫　梁榫插入柱中，往往呈脫榫狀態，其原因有二：一因榫部朽壞，以致梁身下陷者，其補救方法宜換新梁，但在可能情形之下，亦可用角替以減小柱與梁相接處之垂直剪力插圖十二。　一因柱傾斜，以致梁脫榫者，其補救方法，宜先將柱位歸正，然後加用角替。　角替或可用木，或可用鋼，外包木皮。　如用鋼角替，可用螺絲將角替釘在梁及柱上，最爲堅牢；但角替若通穿柱身，則宜在柱上，加鋼箍一道，以承角替插圖十三。

(二)　柱身傾斜　中國構架方法內，尤其是明淸以後，極少斜角叉手柱。　在建築物完成之初，榫卯尙嚴緊之時，建築物之安全並不發生問題。　但經過百數十年後，榫卯鬆壞，基礎走動，或受風力及其他外力，柱便有向左右傾斜之危險。　對於這種破壞狀態的補救法，首須將柱移正歸安，在可能範圍之內，加用堅强的角替或斜柱 (bracing)，使構架之內增加

# 雙面鋼角替

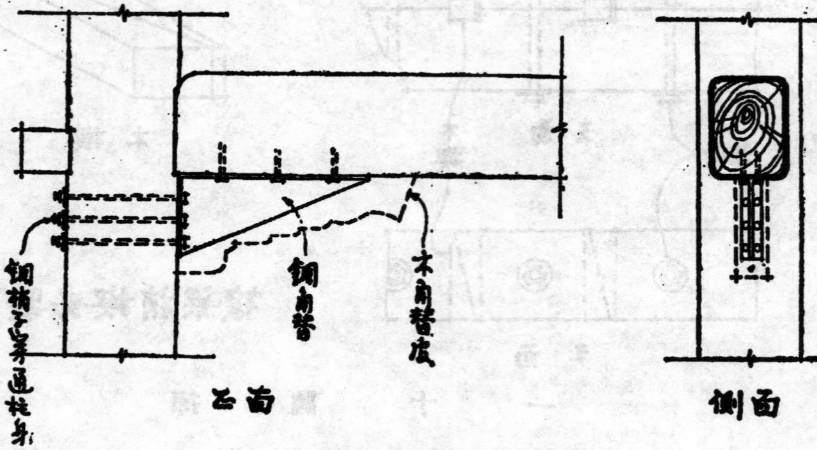


單面鋼角替

插圖十二

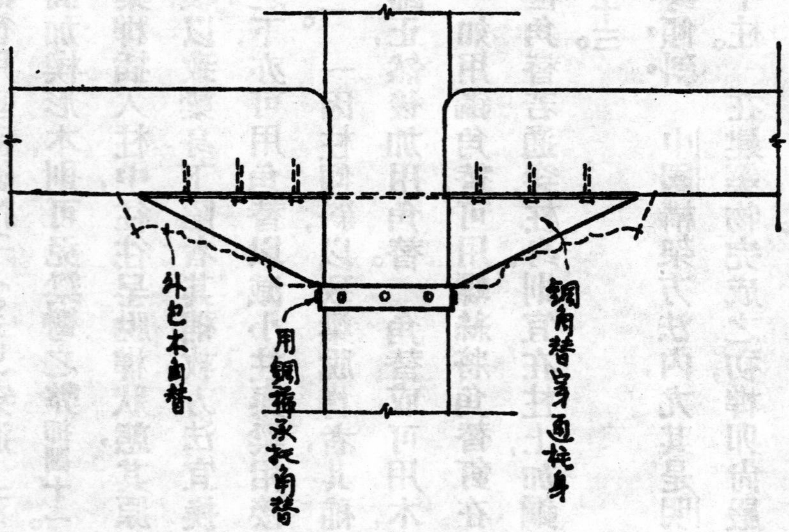


插圖十三

35646

三角形架，以增加構架之剛強性。

（三）桁椽及飛椽之朽壞　在孔廟各殿宇中所見，大都由於屋頂滲漏，以致木料朽腐。其補救方法，除防止雨漏另條申述外，須視朽腐程度改換新料。新料在施用以前須經過澈底之防腐處置，除木料須乾透外，並須在 creosote 防腐劑內浸一小時以上或塗抹臭油（coal tar），視其位置及木材酌定之。

（四）斗栱外傾　凡規模較大年代較遠之古建，多有斗栱外傾之現象。其原因由於屋頂上極大之重量，本卽有向下向外之傾向，更經椽子而承托於圓形槫子之上，槫子亦因而向外向下滾出，遂型成斗栱外傾之狀態。其補救之要點在防止槫子之被推向外。其方法約有下述數端，可各個或同時並用之。

（甲）減輕屋頂靜荷載。中國舊式宽瓦之法，率在望板之上鋪極厚之草泥苫背，其重量每立方公尺約合一千六百公斤，若易以白灰煤渣之混合土，則其重量每立方公尺約合九百六十公斤，可減去重量約百分之四十。

（乙）因斗栱外傾，故斗栱上之正心桁被牽而互相脫離。其補救法可用鋼條箍將正心桁整週箍住（插圖十四）。則斗栱不能向外傾倒。

（丙）在每柱頭縫上，施鋼椽子一道，貫通前後檐正心桁。在每步桁上用鐵螺絲釘住，使桁不能

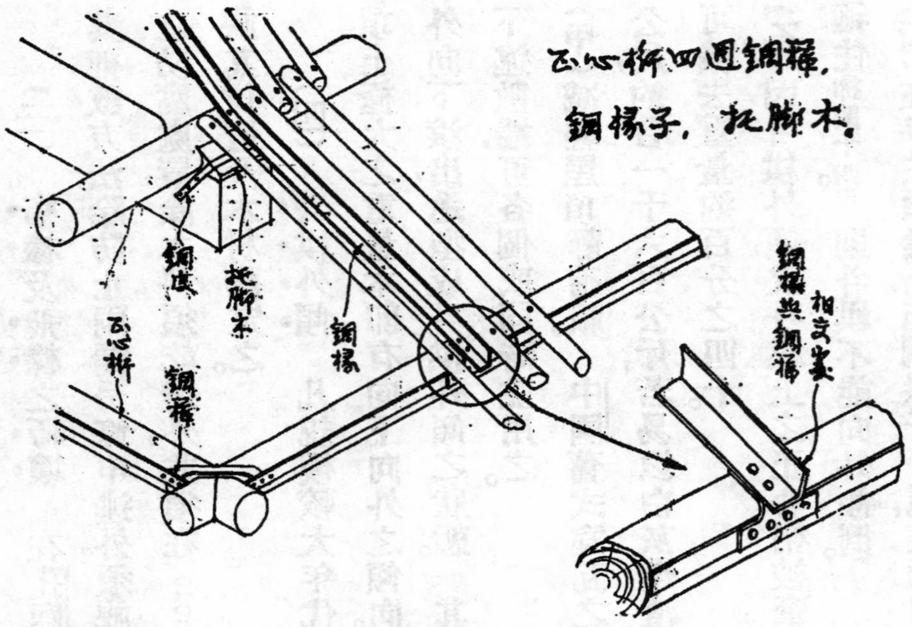


插圖十四

向外倒出插圖十四。

(丁)在每架梁頭之上，加「托脚木」一塊，用鋼皮釘在梁頭上以阻桁向外滚下插圖十四。

(五)　額枋彎下　由於清式建築平身科之太繁太多，並比排置於額枋上，以致額枋彎下。其最妥善之補救方法，莫若將主要建築物之額枋，一律換工字鋼梁，外包木皮，則堅强何止倍蓰，而保存原形。至於較小殿宇，尙少此種現象。

(六)　承椽枋彎撑　凡重檐下檐枋之後尾，率由承椽枋承托。其制在枋上鑽刻椽孔，將椽尾安入孔內。但若椽之外段較長於內段，如全交闕上檐，則枋被椽挑起，其應力之傾向，斜向外向上，以致枋被挑彎撑起插圖十五。但在大成殿則上一步椽完全由枋承托，其結果正相反插圖十六。

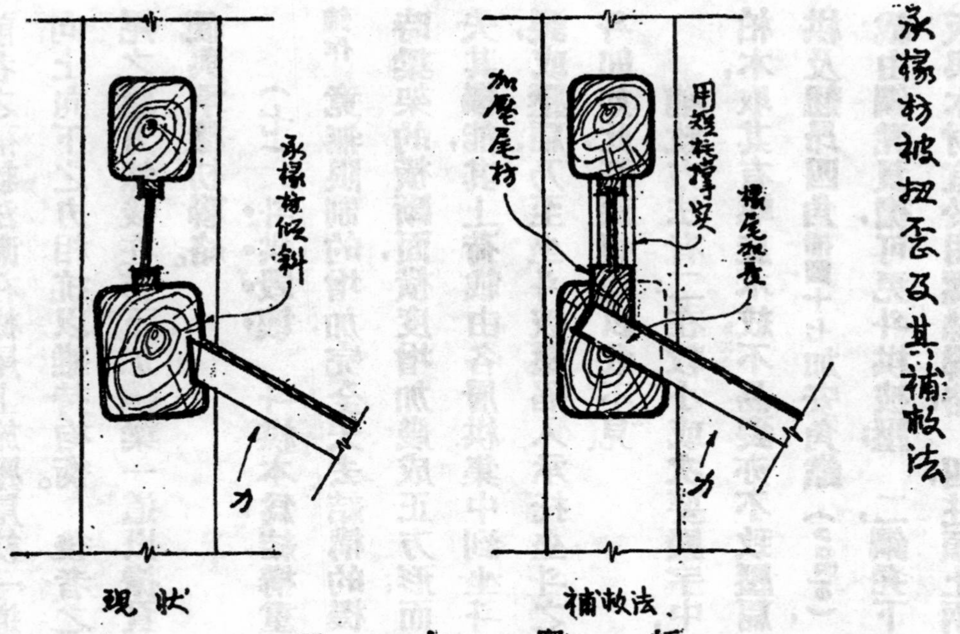
承椽枋被扭歪及其補救法
承椽枋傾斜
力
現狀
用短柱撐頂
加壓尾枋
椽尾加長
力
補救法

插圖十五

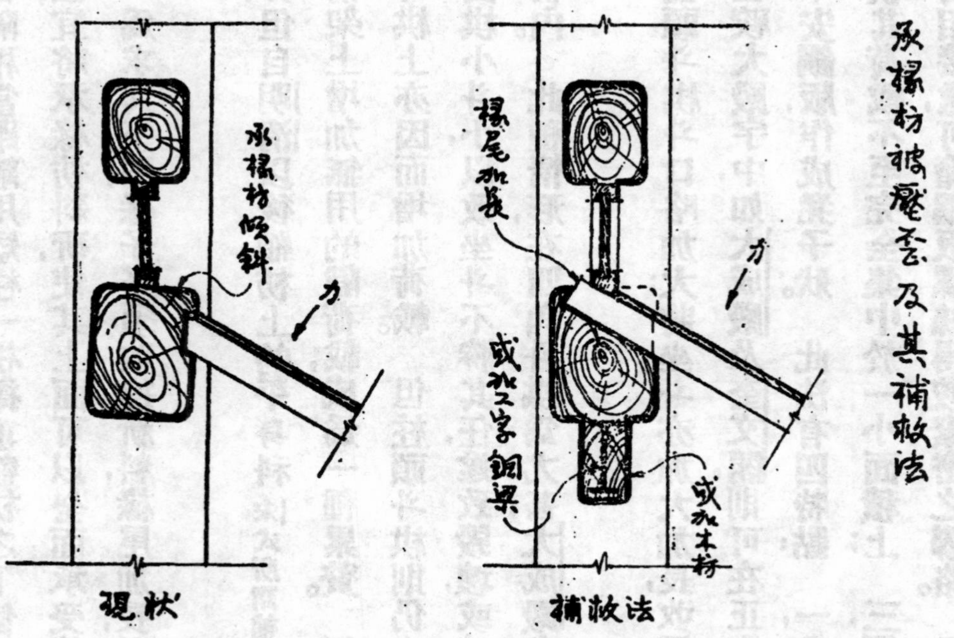
承椽枋被壓歪及其補救法
承椽枋傾斜
力
現狀
椽尾加長
力
或加工字鋼梁
或加木枋
補救法

插圖十六

前者之補救法,應在椽尾上施壓尾枋一道,枋上每隔相當距離,用矮柱一根,撑頂額枋之下,使其向上向下之力相抗,以維持均衡。 後者之補救法,宜將承椽枋斜斫,使其上面可以全面承受椽尾之壓力,然後在枋下加鋼梁一道以擔負重量。 爲求其堅固,椽子必須改換新料,椽尾加長,以便與承椽枋聯絡。

(七) 斗栱毀壞 斗栱本爲結構重要部分,但自明清以後,額枋上的平身科(宋式所謂補間鋪作)竟無限制的增加,完全失去結構的機能,爲構架上增加無用的靜荷載,成爲一種累贅。 同時梁架的橫斷面橫度增加幾成正方形,而柱頭斗栱上亦因而增加荷載。 但柱頭斗栱則仍未失其機能,其上荷載由各層栱集中到坐斗上,惟因栱小斗小,以致坐斗不勝其任,遂致毀壞,或破裂,或壓扁,乃至坐斗被壓陷入承托坐斗之平板枋內。 此種情形,在四角斗栱爲尤甚,大成殿角斗卽如此,旣扁復陷,以致不見。

補救方法有二:在較小或次要殿宇中,可將柱頭斗栱斗口略加大,將坐斗亦加大加長,改用柏木,取其有螺旋木紋,不易裂,亦不致壓扁也。 在較大殿宇中,如大成殿及奎文閣,則可在正心栱及翹昂四角(插圖十七)加安角鐵(angle),其上下安鋼版作成凳子狀。 此法有四特點:一,荷載由鋼凳負擔,可免斗栱被壓; 二,鋼凳下有鋼板,其荷載不至完全集中於一小面積上; 三,鋼板與木材宜於用螺絲聯絡; 四,柱頭上兩平板枋相接處,可藉鋼板螺絲得較緊密之聯絡。 但

柱頭科鋼櫈子

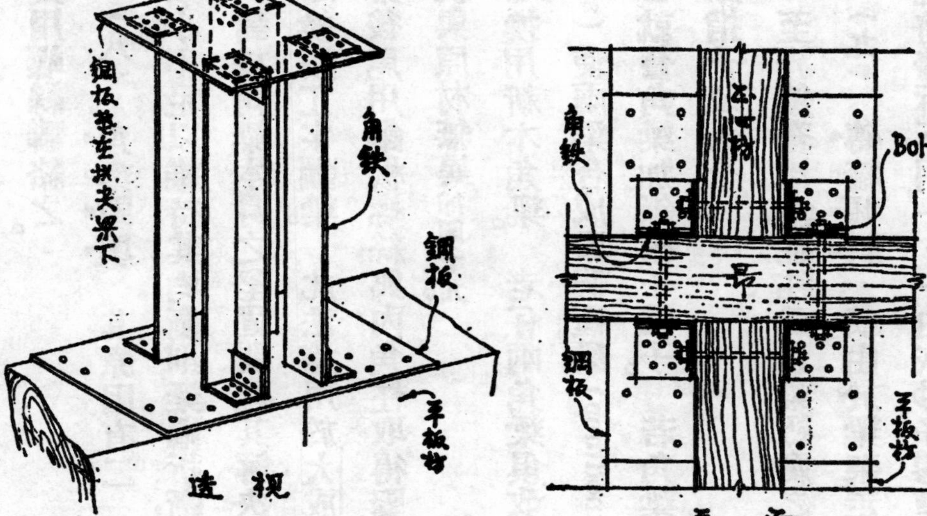


插圖十七

角科鋼櫈子

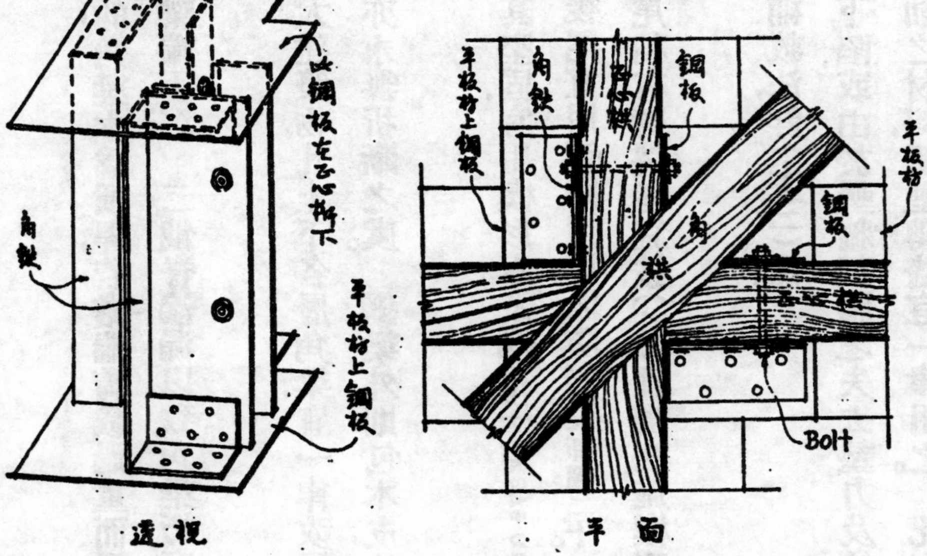


插圖十八

在轉角斗栱上因角栱之存在，須將鋼凳改作兩腿，由兩大角鐵合成，插圖十八，其上鋼板卽可與鋼角梁用螺絲聯絡之。

（八）**角梁毀壞**　其原因有二：一，屬於梁本身的，角梁本爲槓桿，若檐端荷載過重，而梁尾弱小，不足以維持其均衡，則梁端折斷，或梁尾破裂而梁端下沉；二，戧脊滲漏以致角梁朽腐。

對於角梁本身之堅固問題，其解決之途徑有三：

（甲）換用工字鋼梁。此法適用於大成殿及奎文閣兩大建築物，凡上下各層角梁宜一律改用鋼梁，後尾用鋼板螺絲，與內角柱取得緊切之聯絡。外端亦永無折斷之虞。鋼梁外則包木皮，使外表與原材無異，插圖十九。

（乙）換用新木角梁。老仔兩角梁俱改換新料。爲求其堅固，宜用楔形木及鋼揹子（keys and bolts）使兩梁合成單個複梁（compound beam），角梁後尾宜用鋼條箍實，以防劈裂，插圖二十。

（丙）就舊角梁加鋼揹子箍子。若角梁他部完好，惟後尾稍有劈裂者，宜按（乙）種辦法施楔形木，鋼揹子及箍子。

至於戧脊滲漏，往往爲角梁朽腐之主因，其滲漏之補救法，詳（十三）條。

（九）**磚牆傾斜**　或由於梁架走動，或由於基礎下陷，或由於壘牆灰膠之失去墊力及粘力，宜將牆拆下，用一·二白灰砂子膠壘砌，砂爲受壓不動之材料，新壘磚牆宜一律用之。北方

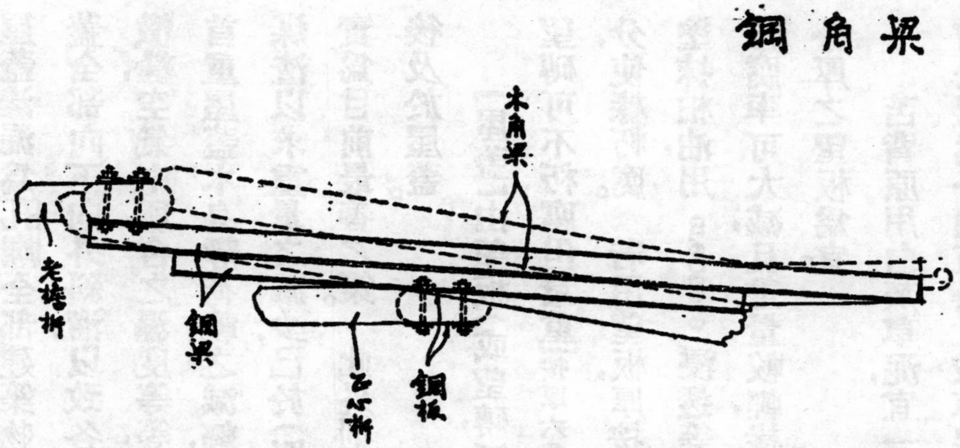


插圖十九

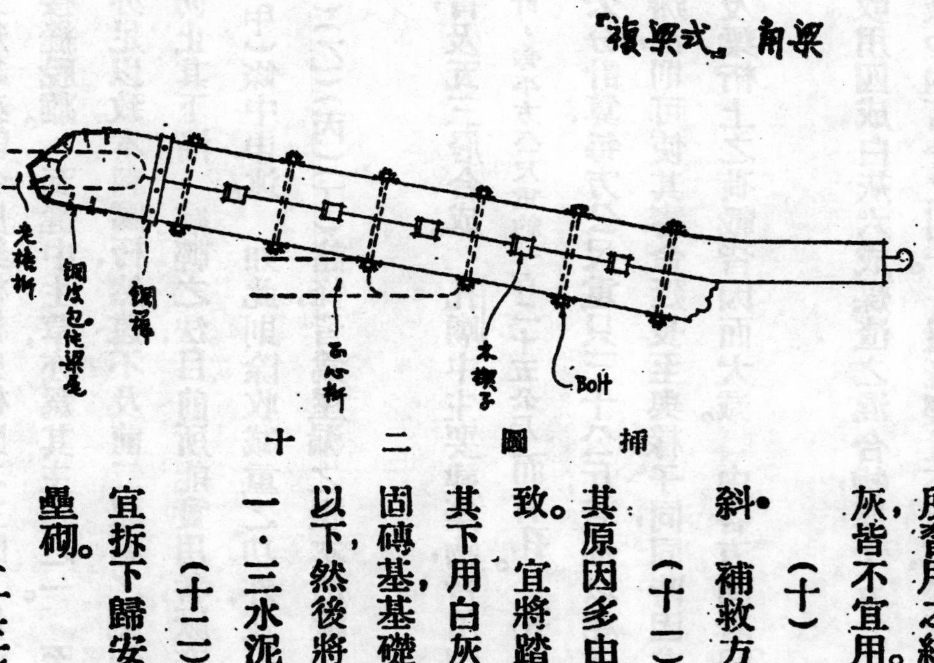


插圖二十

所習用之純白灰或黃泥白灰，皆不宜用。

（十）墻基或月台傾斜。補救方法與上條同。

（十一）踏道走動。其原因多由於基礎不固所致。宜將踏道全部拆下，在其下用白灰砂子膠壘砌堅固磚基，基礎須深至結冰線以下，然後將踏道石歸安，用一·三水泥砂子膠壘砌。

（十二）石欄杆走動。宜拆下歸安用水泥砂子膠壘砌。

（十三）屋蓋滲漏。

屋蓋滲漏爲孔廟全部建築物最大病象，亦卽各處梁桁椽望朽腐之主因。滲漏之原因，乃因屋蓋全部向下向外斜溜，以致各部接縫脫離。瓦縫中生草亦爲其主因之一。至於各瓦片間之微縫，空氣中所含之濕度等等，雖亦足以致木料腐朽，然遠不及前二原因之劇烈。其補救方法，首重屋蓋本身靜荷載之減輕，並防止其下溜。減輕之法目前所能實用者，厥在苫背改用白灰煤渣以求重量之減少，已於(四)(甲)條中申述。如此則除收減重之功外，並可防野草之蔓生，實爲目前最善之策。此外則(四)(乙)(丙)(丁)諸條皆爲屋漏之根本治療法。屋架不動，然後及於屋蓋。

「屋蓋」由望板(或望磚)，苫背及瓦三層合成。孔廟中主要建築物皆用望磚而不用望板，望磚可不朽腐，但量重(按厚六公分計，每平方公尺重約一百二十五公斤)而有孔。孔易吸收苫背中水分，使椽朽腐。若用望板，厚按四公分計算，每方公尺重只三十公斤，若加以相當之防腐處置，如塗抹柏油，用 creosote 浸透等等辦法，則可使其壽命延長至與椽子同，同時因其不存水分，椽子朽腐率可大減，且重量較輕，椽子及梁桁上之荷載皆因而大減。由各方面着眼，皆以換用四公分厚之望板爲宜。

苫背原用白灰草泥，宜一律改用四成白灰六成煤渣之混合物，厚十五公分，其重量平均每方公尺爲一四五公斤，較草泥灰減少約百分之四十。量既輕，且不生草，於屋漏之主因去其大半矣。

至於屋蓋上之琉璃瓦，若爲美觀計，可以重新燒釉，但爲堅固及經濟計，似可不必。按琉璃瓦胎，已爲半磁化之陶質，其去水性已遠在通常布瓦之上，雨水不易滲透瓦身，如有浸入，率由瓦縫漏入。且燒釉費頗昂，前次山東省政府預算大成殿一殿之燒釉費爲二萬六千餘元，奎文閣一萬零三百餘元，似可節省。

全部各殿挑頂之後，宜按損缺瓦件，照原樣補足，然後用白灰煤渣墁宼之。

屋蓋每兩坡相交處，如正脊，戧脊等處，皆宜用鉛板遮蓋，因脊部乃屋頂之弱點，最易爲雨水所侵也。

（十四）**磚墩門過木彎朽** 孔廟內計有磚墩門十三孔，或單座或三座並列。其破壞原因有二：一，地基移動，磚墩傾斜。二，門上過木彎朽。其補救之法，宜全部拆下，重砌地基，使基深入結冰線以下。磚墩改用白灰砂子膠壘砌。門上過木改用鐵筋混凝土，屋瓦用空心磚或白灰煤渣塡起墁宼。

（十五）**地面磚裂** 殿宇及甬道墁磚有裂者，宜一律換新磚。主要建築物中，可將磚起出，在灰土上鋪油紙油氈，再用白灰砂子鋪磚。甬道宜選破裂者補換新磚。

（十六）**油漆綵畫** 問題頗複雜，姑先定原則如左：

（甲）古綵畫之未破壞者，宜盡量保存。

（乙）油漆批蔴，在可能範圍內須極力避免。如有舊批蔴脫落，內部木料如係整料，卽將蔴起去，在木料上直接上油漆。如內部係包鑲，則設法先將箍子箍緊外批新蔴。

（丙）石柱上之油漆綵畫宜洗去。

（丁）新修殿宇之綵畫惡劣者宜重畫。

（十七）**裝修** 裝修如有損壞，宜按原形添補，散脫者宜修補。在可能範圍內，宜加角鐵以求堅牢。在可能範圍之內，裝修上之批蔴宜剷去，將油漆直施木料上。

（十八）**拉扯** 凡建築物內榫卯之受張力者，一律施用鋼板或鋼條「拉扯」。凡在可能範圍之內，視其情形之需要，宜在木材兩面夾安之用鋼捎穿通材之整厚，兩面用螺絲夾緊之。鐵釘之用宜極力避免，而代以螺絲。

# 第五章　各殿宇修葺概要表

## 一　大成殿

| 部分名稱 | 現狀 | 修葺方法 |
|---|---|---|
| 柱 | 內木柱外石柱。 | 不動，石柱頭上油漆洗去。 |
| 梁 | 木材大都完好，但多脫榫。其中一部有包鑲者，但非由碎料拼成。梁橫斷面幾成正方形。 | 梁用材過費，宜將兩旁斫削，以減輕梁本身重量，其斫削尺寸，經詳細計算後另定之。脫榫處宜將梁移正，用鐵皮釘牢。梁如有上下兩層合成者，加鋼梢楔木使成複梁。 |
| 額枋及平板枋 | 下檐及上檐額，大半彎朽，下檐北面尤甚，西面則尙完好。平板枋大致完好。 | 宜將全部或明間改用工字鋼梁，外包木皮；存木構之原形，收鋼梁之實力。各處鋼梁大小不同，約在三十至四十公分之間，計算後另定之。平板枋相接處宜利用柱頭科鋼凳下板釘牢。 |
| 斗栱 | 外檐斗栱，上下檐皆有向外傾出之勢。斗栱本身平身科大致完好；頭柱科及角科，有不勝任之現象。正心桁沿縱線脫離。上檐角斗壓陷平板枋內。 | 柱頭科及角科須用「鋼凳子」協助，以補救荷載之過於集中。或加大斗口，改換柏木坐斗。正心桁四週用軟鋼條箍住，則斗栱不能外傾。 |
| | 內檐斗栱在內金柱上安裝，並無後尾，故均向內向下傾。 | 宜用鐵條每攢拉起，釘在桁條之上。 |

| | | |
|---|---|---|
| 各架桁及枋 | 大致完好，但桁微有外傾之勢；枋子完好，但極大，橫斷面幾成正方形。 | 每架梁縫上宜用角鐵 angle 一條，連貫前後檐枋，將桁釘住。桁上面宜斫平，以增加與椽子之接觸面積。枋子宜減削兩側，以減輕本身靜荷載。 |
| 角梁 | 上檐下檐角梁共八道，外端均朽斷。後尾無不劈裂，下檐東北角仔角梁曾經加接處亦已破壞。東南角漏朽。上檐東南角梁向側傾斜。 | 宜全部換用工字鋼梁，外包木皮施綵畫，一如原形。其次策則全部換新松木梁，將老仔二角梁用鋼梢及楔木合為一複梁 (compound beam)，後尾易劈處加箍子。角梁上加蓋鉛皮以防漏。 |
| 椽 | 全部椽子上面與望磚接觸處皆朽，飛椽更朽不堪荷載。 | 宜全部換用新椽。檐步按原椽大小，換江西杉木，後尾加長，以增加與桁之接觸，並宜加鐵條，以繫椽尾，使不能向下溜或向上挑起。飛椽亦換新料，飛椽尾須用壓尾枋一條，用鋼梢釘在椽上。脊金各步椽子，在天花以上不露明者，一律改換 5×20 cm. 椽子，按三十公分中至中排列。新椽子木料一律須經過澈底之防腐處置。 |
| 望板 | 不露明處皆用望磚，磚收水分不易散發，致椽子朽腐。檐下露明處用望板，多朽。 | 一律換四公分厚美國松望板。以求減輕荷載。在安釘以前，木料須經過澈底之防腐調劑。 |
| 屋頂 | 漏甚，脊部多開裂。琉璃瓦釉多剝脫，仙人蹲獸有缺者。 | 宜全部揭頂。在望板上墁四成白灰六成煤渣之苫背，厚十公分，然後瓷瓦。揭下之瓦，凡有殘缺破碎者，均須用新瓦補充。舊瓦無上新釉之必要。新舊分布宜均勻混合，以免新舊區域分明。正脊及戧脊上，一律加蓋鉛皮一層每面蓋過望板約半公尺，然後墁苫背。下檐四週博脊內用空心磚壘砌。 |

| | | |
|---|---|---|
| 承椽枋 | 上檐兩山承椽枋尙完好。下檐四週承椽枋不勝博脊之重，致向下向內撐轉，並將其下栱枋板壓凸出。 | 現有枋上面宜斜斫，以增加與椽尾之接觸，改作椽椀之用，其下另加工字梁一道，以承其重量。工字梁向外一面加包木皮。上檐兩山作法同，或改用揹楔將椽枋及其下隨枋合成一複梁以承椽。 |
| 栱枋板博脊板 | 被承椽枋壓彎。 | 宜按間分爲三格，安七層或五層菲律濱木嵌板。 |
| 踏角木草架柱子 | 腐朽不堪。 | 完全改換新料。 |
| 山花板及博縫板 | 破裂腐朽不堪。 | 山花板改用美國松木板厚五公分，寬十五公分，企口垂直安裝，外面刻花如原樣。山花板下皮至博脊瓦上皮止，由板內釘鉛皮一層，蓋在博脊瓦上，以免縫中入水。博縫板改用美國松木板兩層，裏層長隨屋坡，厚二·五公分寬十五公分並排與外層釘牢。外層厚五公分寬十五公分，企口垂直安裝（插圖二十二）。一切木料先經澈底的防腐調劑後，外面再上油漆。 |
| 天花及天井 | 大致完好，稍有損壞。 | 損壞者照原樣補足。揭頂後天花若可不動最妙，如不得已須卸下時，須小心不得損壞原有色澤。 |
| 塑像及龕 | 大致完好。 | 不動。施工時須在龕上另蓋木板屋，以資保護。 |
| 地面磚 | 全部碎裂。 | 殿內及廊下宜全部換舖新澄泥磚磨磚對縫砌。磚下先用灰土打平，鋪油毡一層，再用四六白灰砂子膠鋪磚。 |

| | | |
|---|---|---|
| 月臺 | 圍牆方整，地面磚稍有碎裂。 | 地面磚之碎裂者宜用殿內或他處起出舊磚之完整者補換。 |
| | 欄杆移動。 | 宜卸下歸安，用一三水泥砂子膠壘砌。 |
| | 踏道移動，並有破裂。 | 宜卸下，另用一三白灰砂子膠築磚地基，深至地下一公尺。外面石作用一三水泥砂子膠壘砌。 |
| 綵畫 | 內檐綵畫尚完好外檐多損壞。 | 內檐仍舊，外檐宜重畫。 |
| 磚牆 | 大致完好。 | 牆身不動，原有灰皮剷下，另用水泥『史得可』(stucco)加紅土抹灰。 |
| 門窗 | 大致完好。 | 宜將原有批蔴剷淨，將邊框歸正，重新油漆。 |

## 二　奎文閣

| 部分名稱 | 現狀 | 修葺方法 |
|---|---|---|
| 下層柱 | 全部完好。 | 前檐石柱上油漆宜全部洗淨。 |
| 下檐額枋 | 明間彎下，其餘完好。西面北端額枋中彈。 | 明間換工字鋼梁。中彈額枋宜補，若損壞甚則換新料。 |
| 下檐斗栱 | 大致完好。 | 柱頭科宜加鋼凳子，以期永固。正心桁四週加鐵箍一道。 |
| 下檐椽子望板 | 大致尚完好。但椽尾與承椽枋間聯絡不足。 | 全部換新椽子，加長，使後尾緊放承椽枋上。換下椽子完好者移至上檐用。望板全換新料。 |

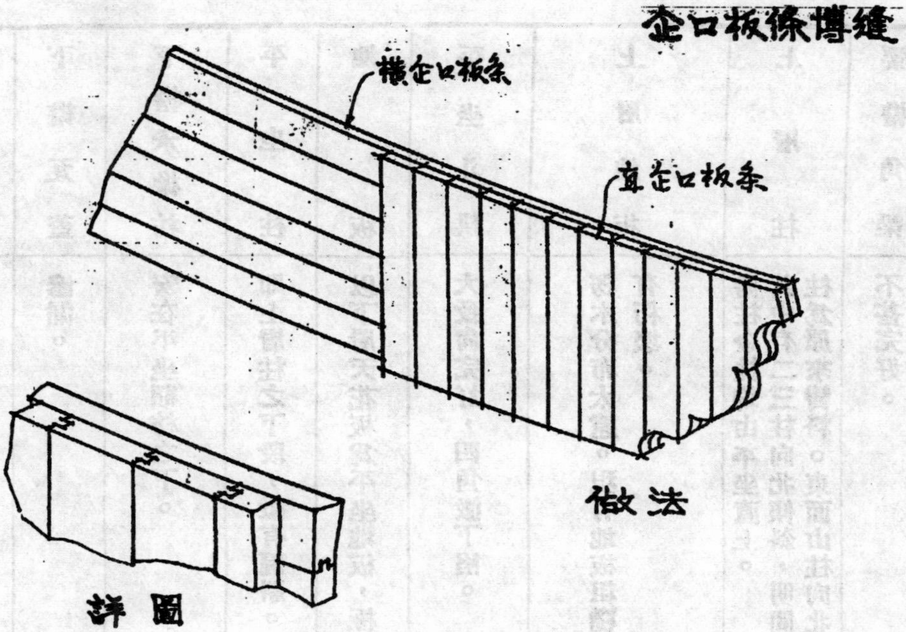
企口板條博縫
橫企口板条
直企口板条
做法
詳圖

插圖二十一

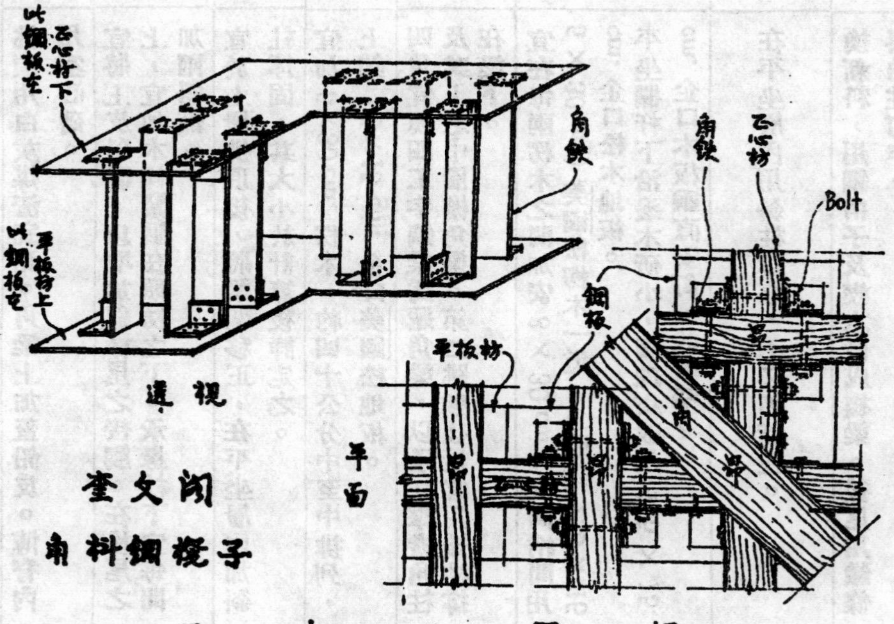
此鋼板在正心枋下
角鉄
此鋼板在平板枋上
透視
奎文阁
角科鋼楔子
正心枋
角鉄
Bolt
鋼板
平板枋
平面

插圖二十二

| | | |
|---|---|---|
| 下檐角梁 | 滲漏朽壞。 | 換用工字鋼梁，外包木皮。 |
| 下檐瓦蓋 | 滲漏。 | 挑頂用白灰煤渣宽瓦。角梁上加蓋鉛皮。博脊內用空心磚。 |
| 下檐承椽枋 | 安在平坐額枋之下。 | 宜將上皮斜斫，以增加與椽尾之接觸。在椽尾之上，宜加木條緊壓在額枋之下。承椽枋下宜每間加兩斜戧。 |
| 平坐柱 | 即上層柱之下段，微有偏斜。 | 宜於上層挑頂後，將梁架移正，在平坐層內加斜柱撑固，其大小於計算後詳定之。 |
| 地板 | 以下層天花板爲平坐地板，極不堅固。 | 宜加 5×30 cm. 楞木，約四十公分中至中排列，上鋪 1.5×15 cm. 企口美國松地板。 |
| 平坐斗栱 | 大致尚完好，四角微下陷。 | 四角宜換四工字鋼梁爲遞角梁，以承托擎檐角柱及其上之中層檐角梁。第二跳翹後尾宜用矮柱撑在梁下。 |
| 上層地板 | 楞木分布太遠。現有地板粗糙不平，且有朽壞。 | 宜在每兩楞木之間加安 8×30 cm.（次間梢間用 5×30 cm.）美國松楞木一道，上改鋪 2.5×15 cm. 企口松木地板。平坐欄杆下沿邊木斫小，滴珠板改用 2.5×15. cm. 企口木板垂直安釘，並改窄。 |
| 上層柱 | 檐柱金柱均由平坐直上。其中有二三柱向北傾斜，明間北面二金柱爲原來彎料。東面山柱向北偏。 | 在平坐層內用斜柱撑直，不必換新柱。 |
| 腰檐角梁 | 不甚完好。 | 換新料，用鋼梢子及楔木做成複梁。後尾用鐵條與角柱釘牢。 |

| | | |
|---|---|---|
| 腰檐額枋 | 明間下彎。 | 明間換工字鋼梁。 |
| 腰檐斗栱 | 大致完好。 | 正心桁四週加鐵箍一道。 |
| 腰檐椽子望板 | 朽漏甚多。 | 揭瓦換新料，椽尾須加長，安在承椽枋上。下檐椽子如有完好者，移在腰檐用。 |
| 腰檐承椽枋及博脊板 | 大半被壓撑彎。 | 宜將原枋上皮斜斫，以增加枋與椽尾間之接觸面積；承椽枋下宜加輔枋一道，以分擔荷載。 |
| 上檐額枋 | 多有彎朽，東西兩面尤甚。 | 宜全部換用工字鋼梁，外包木皮，做成原形。 |
| 上檐平板枋 | 相接處脫離，木料縮短所致。 | 宜利用斗栱鋼凳下鋼板以資聯絡。 |
| 上檐斗栱 | 大致尚完好，但全數向外傾。 | 柱頭科一律加『鋼凳子』，角科在兩面附角斗上加『鋼凳子』(插圖二十二)，東西兩山順扒梁下斗栱加『鋼凳子』。正心枋整週加鐵箍。 |
| 上層梁架 | 大致完好，東兩縫三步梁新換，無彩畫，西一縫大柁(四步梁)裂。大柁斷面成正方形。梁柱間脫榫。西山順扒梁及扒梁結構不合學理。 | 宜將大柁兩側斫削，以減輕靜荷載。北面雙步梁，尤嫌太大。大柁及雙步梁宜用鋼角替承托；鋼角替宜穿通內柱。下用鋼箍箍在柱上以免陷入木中，用大搯釘入梁內，外包木皮。北面穿插枋與內柱相接處亦加鋼角替，以資聯絡。二柁與單步梁層則用木角替。而用鋼條將二梁牽住。三步梁與三架梁，斷面尚合力學原則，可以不斫。兩山扒梁宜換工字鋼梁，如有必需，則使全身下降少許，使上皮直接托在採步金枋之下。外端加鋼凳子，直接放在平板枋上。 |

| | | |
|---|---|---|
| 上層桁枋 | 大致完好，脊桁新換。 | 金枋脊枋宜斫削兩旁，以減少靜荷載。在梁頭上宜加托角木，用鐵皮釘牢，以阻桁外滾。脊桁宜用叉手在前後撐實。 |
| 上層椽子飛椽及望板 | 全部朽壞特甚。 | 宜挑頂全部換新料。宜將桁上皮斜斫成平面，以增加桁與椽間之接觸面積。椽子宜直接釘在桁上，不宜用椽椀。上下架椽子宜相錯排列。每架梁縫宜用鋼椽子一道由前挑檐桁越脊桁直達後挑檐桁。一切椽望皆須經過澈底的防腐調劑。脊上加蓋鉛皮，然後宽瓦。 |
| 屋蓋 | 琉璃瓦釉多脫，野草叢生，滲漏殊甚。 | 挑頂後用四成白灰六成煤渣苫背宽瓦。舊瓦殘缺者添補新瓦。脫釉者不必掛新釉。腰檐下檐拔脊內用空心磚。 |
| 角梁 | 頗糟朽。 | 宜換工字鋼角梁，外包木皮。其後尾與工字鋼扒梁直接釘牢。角梁上加蓋鉛皮，然後宽瓦。 |
| 草架柱子踏脚木 | 頗朽。 | 換新料。 |
| 山花板博縫板 | 不整。 | 換企口板，如大成殿做法，改用企口木板條垂直安裝。山花板下端至博脊爲止，由裏面釘鉛皮，蓋過博脊。 |
| 樓梯 | 大致完好。但有脫榫傾斜處。 | 下一段上端因加地板，須加出一大步。下端原有最下級硯窩石擬加厚與一步同高。脫榫處須安正修理。 |
| 下層天花 | 大致完好。 | 除有撳處補修外，大致可不動。 |

| 部分名稱 | 現狀 | 修葺方法 |
|---|---|---|
| 綵畫油飾 | 外檐彩畫施在批蔴上，多脫落，下層內檐大致完好，上層內檐直畫在木上，多退色。梁架之一部有未施彩畫者。 | 宜將批蔴部分，全部剷下，將綵畫直接施在木上。油漆做法同，上層內檐，在可能範圍之內，宜將未施彩畫部分，倣舊補足。 |
| 門窗 | 大致完好，上層有數扇脫落。 | 宜全部加以整理，剷去批蔴，重新油漆，安裝玻璃。門與檻框間有縫處宜在檻框上添釘木條，以免漏風。 |
| 地面磚 | 內部有碎裂者，前廊碎裂甚。 | 碎裂者補換新磚。 |
| 台基踏道 | 台基方正，稍有剝脫，踏道傾斜。 | 台基大體不動，剜補破處。踏道拆下，重新壘砌磚基，另用水泥砂子膠安砌踏道。 |

## 三　欞星門

| 部分名稱 | 現狀 | 修葺方法 |
|---|---|---|
| 門扇 | 門扇鬆散。 | 就原門修整，楔緊各榫。 |
| 地磚 | 略有破碎不平。 | 添補新磚找平。 |
| 門外石欄 | 缺損五六處，間有歪斜。 | 照原式添補歸安。 |

## 四　聖時門

| 部分名稱 | 現狀 | 修葺方法 |
|---|---|---|

| | | |
|---|---|---|
| 瓦 | 漏。 | 挑頂重宽。 |
| 踏道 | 不正，磚石間有碎缺。 | 歸安添料重砌。 |

## 五 仰高門 快睹門

| 部分名稱 | 現狀 | 修葺方法 |
|---|---|---|
| 柱 | 柱身微裂，柱脚略朽。 | 修補。 |
| 梁 | 東門單步梁裂。 | 換，或加箍，均可。 |
| 椽 | 表面似尚完好。 | 酌換新椽，每縫梁上用鋼條一道。 |
| 牆 | 牆皮脫落。 | 剷去重抹。 |
| 瓦 | 漏，走獸間有殘缺。 | 添補新料，挑頂重宽。 |
| 大門 | 略有殘缺。 | 修補。 |
| 木欄杆 | 一部分損壞。 | 修補添換。 |
| 彩畫 | 不中程式，晦暗過甚。 | 重畫。 |

## 六 碧水橋

| 部分名稱 | 現　狀 | 修　葺　方　法 |
| --- | --- | --- |
| 石欄杆 | 大多走動，西橋之東欄杆落河內一段。 | 全部卸下歸安，用水泥砂膠重砌。 |
| 橋身石 | 走動不正。 | 歸安重砌。 |
| 橋面磚 | 不平整。 | 起出用反面重砌，如反面不平整則換鋪新磚。 |

## 七.弘道門

| 部分名稱 | 現　狀 | 修　葺　方　法 |
| --- | --- | --- |
| 梁 | 四角梁略朽。 | 如不能用即換新梁，或換鋼梁尤佳。 |
| 桁 | 脊桁及後簷桁處漏甚。 | 如已朽換新料。正心桁緊週加鐵箍。 |
| 椽 | 飛簷椽間有朽者。 | 酌換新椽。 |
| 瓦 | 漏，間有殘缺。 | 添補挑頂重宽。 |
| 階基 | 台基方正，踏道走動，條石有裂者。 | 拆下拼合歸安。 |
| 彩畫 | 惡劣不中程式。 | 改畫大點金。 |

## 八　弘道門東西掖門

| 部分名稱 | 現狀 | 修葺方法 |
|---|---|---|
| 牆 | 牆基下陷，牆脚破裂。 | 全部拆下重砌，過木換鋼骨水泥板，用白灰煤渣宽瓦。 |
| 過木 | 糟朽。 | |

## 九 大中門

| 部分名稱 | 現狀 | 修葺方法 |
|---|---|---|
| 柱 | 南面柱子壞兩根。 | 如不能修補換新料。 |
| 枋 | 額枋多朽，北面東次間枋榫已斷。 | 拆換新料。 |
| 椽 | 大多已朽，飛椽全壞。 | 全換新料，每縫梁上用鋼條一道。 |
| 望板 | 全朽。 | 拆換新料。 |
| 雀替 | 多朽脫。 | 照原式重補新雀替。 |
| 走馬板 | 一部朽壞。 | 拆換新料，用嵌板。 |
| 牆 | 東山牆外傾，已裂。 | 拆下重砌。 |
| | 西山牆受砲火。 | 修補。 |
| 瓦 | 漏甚，略有殘缺。 | 添補挑頂重宽。 |

| | | |
|---|---|---|
| 階基 | 台基傲外傾。 | 拆下重砌。 |
| | 踏道傾斜。 | 拆下重砌。 |
| 彩畫 | 已多損壞。 | 重畫大點金。 |

## 十　大中門東西掖門

| 部分名稱 | 現狀 | 修葺方法 |
|---|---|---|
| 過木 | 過木彎。 | 完全拆下重作，換鋼骨水泥過木板，磚牆用白灰 |
| 磚牆 | 磚墻陷裂。 | 砂子壘砌。 |

## 十一　東南角樓

| 部分名稱 | 現狀 | 修葺方法 |
|---|---|---|
| 梁 | 多處裂縫，不甚重要。 | 加鐵箍箍緊。 |
| 椽 | 略有朽壞。 | 酌換新料。 |
| 瓦 | 漏。 | 挑頂重宽。 |
| 牆 | 馬道上女牆圮毀。 | 用新磚重砌。 |

| 部分名稱 | 現狀 | 修葺方法 |
|---|---|---|
| 地磚 | 半皆碎缺。 | 酌換新磚。 |
| 裝修 | 樓門及馬道門均缺。 | 重新補做。 |

十二 同文門——新修完好無損，石柱紅油宜洗去。

十三 駐蹕

| 部分名稱 | 現狀 | 修葺方法 |
|---|---|---|
| 瓦 | 全漏。 | 全部挑頂重宽。 |
| 裝修 | 屏門裂一扇。 | 就原門修補。 |
| 階基月臺 | 走動不平兼有碎裂。 | 拆下歸安，酌換新料找平。 |

十四 院牆

| 部分名稱 | 現狀 | 修葺方法 |
|---|---|---|
| 瓦 | 南面缺瓦約一丈。 | 添補重宽。 |

十五 奎文閣東西掖門

| 部分名稱 | 現狀 | 修葺方法 |
|---|---|---|
| 柱 | 東門北面柱脚朽。 | 修補。 |
| | 東門南面西脚柱陷。 | 起回原高。 |
| 椽 | 檐椽飛椽多朽。 | 拆換新料，每縫梁下用鋼條一道。 |
| 桁枋墊板 | 西腰門東北角處漏甚。木料多朽。 | 拆換新料。 |
| 博縫板 | 博縫頭處多朽。 | 不能修補時，則換新料。 |
| 瓦 | 漏，略有殘缺。 | 挑頂添新料重宽。 |
| 牆 | 牆基磚略有碎缺。 | 拆下重砌。 |
| 階基 | 東門南面西角台基下陷。 | 拆去重砌。 |
| | 階條石間有碎裂走動。 | 酌量添補歸安。 |
| | 踏道傾斜走動。 | 完全拆去重砌。 |
| 地磚 | 半皆破裂不平。 | 添補新料，重砌找平。 |

## 十六 觀德門。毓粹門

| 部分名稱 | 現狀 | 修葺方法 |
|---|---|---|
| 椽 | 飛椽略朽，不甚重要。 | 酌換新椽，每縫梁上用鋼條一道。 |

| 部分名稱 | 現狀 | 修葺方法 |
| --- | --- | --- |
| 牆 | 罩肩多毀，牆身外傾。 | 拆下重砌。 |
| 瓦 | 略有殘缺，漏，吻太小。 | 挑頂添新料重宽。 |
| 裝修 | 門稍有殘缺。 | 修補。 |
| 階基 | 台基方正，階條石多殘裂。 | 酌換條石。 |
| | 踏步傾斜。 | 拆下歸安。 |
| 地磚 | 大多殘碎。 | 換鋪新磚。 |
| 石墁道 | 不平，間有缺裂。 | 起出找平，酌添新料。 |

## 十七　碑亭　捌玖拾　拾壹

| 部分名稱 | 現狀 | 修葺方法 |
| --- | --- | --- |
| 柱 | 各亭角柱大多皆下陷。 | 將牆拆去起回原高，牆下加油氈隔潮，如係木柱，柱身先上臭油兩遍，再用白灰砂子砌牆。 |
| 梁 | 各角梁皆朽脫。 | 梁尾用鐵箍箍緊，並用鐵皮釘在柱上，老仔二角梁之間用鋼鑞捎緊。如不堪再用者，即換新梁。 |
| 枋 | 下檐明間額枋及上檐額枋全數壓彎。 | 全換新料，斷面尺寸較原枋稍加大，在上檐額枋之下栱枋板內，用短柱撐在承椽方上。 |
| | 下檐承椽枋微向外傾斜，榫頭多朽，間有脫榫者。 | 歸安之後，接榫處用鐵條撥在柱上。 |
| | 昂尾托斗枋多彎朽。 | 拆換新料。 |

| | | |
|---|---|---|
| 斗栱 | 斗栱多走動，間有殘缺傾斜。 | 添補歸安，各榫口楔緊，酌以鐵皮輔之。 |
| | 梢間斗栱上之枋多彎曲朽壞。 | 拆換新料。 |
| 椽 | 椽半皆朽裂，近角之飛椽全朽。 | 椽酌留可用者，飛椽等全換新料。 |
| 望板望磚 | 磚身完好。望板全朽。 | 全數拆換新望板。 |
| 瓦 | 稍有殘缺漏。 | 挑頂添新料重寃。 |
| 牆 | 大體完好，壁肩脚略有殘缺。 | 抽補新磚，非必要可不必重砌。 |
| 地磚 | 大半或全數破碎。 | 全數換鋪新磚。 |
| 階石 | 間有走動。 | 歸安重砌。 |
| 彩畫 | 大體尚完好。 | 非必要可不必重畫。 |

## 十八 碑亭 壹柒 拾貳 拾叁

| 部分名稱 | 現狀 | 修葺方法 |
|---|---|---|
| 梁 | 角梁榫尾多朽脫。 | 同前碑亭條內。 |
| 枋 | 梁枋榫口半皆拔出。 | 歸安用鐵條釘緊。 |
| 椽 | 大半朽壞，飛椽全朽。 | 拆換新料。 |
| 望磚望板 | 磚大體尚完好，板已朽。 | 全拆去換新望板。 |

| | | |
|---|---|---|
| 瓦 | 稍有殘缺漏。 | 挑頂添補新料重宽。 |
| 牆 | 大致完好。 | 勾抹扦縫。 |
| 地磚 | 半皆破碎。 | 換鋪新磚。 |
| 階石 | 完好稍有不平。 | 歸安找平。 |

## 十九　大成門

| 部分名稱 | 現狀 | 修葺方法 |
|---|---|---|
| 梁 | 角梁略偏斜。 | 扶正加補成複梁，梁背上加蓋鉛皮。 |
| | 兩山梁架向外偏。 | 拆下重安，脫榫處用鐵皮釘固。 |
| 枋 | 東上金枋脫榫。 | 歸安，如已不能用，換新料。 |
| 桁 | 東次間脊桁彎裂。 | 拆換新料，脊桁上加蓋鉛皮。 |
| 斗栱 | 外傾。 | 歸安之後用鐵皮將梁尾釘緊，正心桁外用鐵條一道箍緊。 |
| 椽飛椽 | 大體完好。 | 酌量抽換，每縫梁上用鋼條一道。 |
| 瓦 | 瓦尚完整，走獸間有殘缺，濕脊及兩山較甚。 | 揭頂重宽，酌換望板。 |
| 地磚 | 墁地磚全碎。 | 換鋪新磚。 |

| 部分名稱 | 現狀 | 修葺方法 |
| --- | --- | --- |
| 階基 | 大體方正完好，只前面踏道傾斜。 | 拆下歸安。 |

## 二十　金聲門（玉振門及寢殿東西掖門同）

| 部分名稱 | 現狀 | 修葺方法 |
| --- | --- | --- |
| 柱 | 柱脚略有朽壞。 | 修補。 |
| 桁 | 檐桁外傾，間有朽者。 | 歸安，每縫用鋼椽子一道牽住，已朽者拆換新料。 |
| 椽 | 多朽折，飛椽全朽。 | 拆換新料。 |
| 屋頂 | 勾頭滴水多缺漏。 | 挑頂補充重宽。 |
| 地磚 | 半皆碎裂。 | 拆換新磚。 |

## 二十一　東廡

| 部分名稱 | 現狀 | 修葺方法 |
| --- | --- | --- |
| 梁 | 間有裂縫者，不甚重要。 | 用鐵箍箍住，防止裂縫加大。 |
| 桁 | 表面尚完整。 | 揭開後如有朽者，拆換新料，脊桁上加蓋鉛板。 |
| 椽 | 多朽，簷頭不齊。 | 全換新料，每縫梁上用鋼椽子一道釘在檁上。 |
| 階基 | 東廡台基外傾。 | 拆下重砌。 |
|  | 踏步傾斜不正。 | 拆下歸安。 |

| | | |
|---|---|---|
| 瓦 | 漏甚間有殘缺。 | 揭頂補足重宽。 |
| | 天溝處特漏。 | 上加蓋鉛皮重宽。 |
| 地磚 | 間有碎裂。 | 拆去酌換新磚。 |
| 裝修 | 稍有殘缺。 | 照原樣補做。 |

## 二十二　杏壇

| 部分名稱 | 現狀 | 修葺方法 |
|---|---|---|
| 柱 | 內四柱在批蔴上又批蔴。 | 剷去重新用狃蔴布批蔴並油漆。 |
| | 石柱與額枋頭油成一色。 | 刷去。 |
| 角梁 | 表面尚完整。 | 加備成複梁，梁尾再加鐵箍。 |
| 椽及望板 | 有已朽裂者。 | 酌換新椽望板。 |
| 瓦 | 間有走動者，東面博脊中彈。 | 挑頂添補新料重宽。 |
| 階基欄杆 | 階基欄杆全部傾斜。 | 完全拆去重砌。 |
| 彩畫 | 不中程式奇劣。 | 宜重畫合璽。 |

## 二十三　寢殿後院門

| 部分名稱 | 現狀 | 修葺方法 |
| --- | --- | --- |
| 過木 | 彎朽。 | 拆去換鋼骨水泥過木。 |

## 二十四　聖蹟殿

| 部分名稱 | 現狀 | 修葺方法 |
| --- | --- | --- |
| 梁 | 四角梁已朽。 | 全換新料用牆梢成複梁。 |
| 枋 | 北面額枋朽。 | 拆換新料。 |
| 桁 | 東西兩次間及明間之桁處漏甚。 | 如已朽拆，換新料。 |
| 斗栱 | 北面斗栱處漏甚，並向外傾斜。 | 拆下歸安，朽壞者換補新料，正心桁整週安鐵箍。 |
| 椽 | 椽皆朽，前後廊及東面尤甚，飛檐椽全朽。 | 朽壞者拆去換新料。 |
| 瓦 | 稍有殘缺，漏，北面尤甚。 | 挑頂添新料重宽。 |
| 階基 | 台基方正，踏道傾斜。磚石間有殘缺。 | 踏道拆下歸安，殘缺者酌換新料。 |
| 裝修 | 傾斜不正，大致尚完好。 | 將邊框歸正，重新油飾。 |
| | 聖蹟圖，玻璃粗劣。 | 宜換鋼架鑲厚玻璃。 |
| 碑罩 | 其餘各碑位置光線不佳。 | 拆下改換方向重砌。 |

## 二十五　聖蹟殿院門

| 部分名稱 | 現狀 | 修葺方法 |
|---|---|---|
| 過木 | 糟朽。 | 拆換鋼骨水泥過木。 |
| 瓦 | 漏，略有殘缺。 | 用白灰煤渣重宽。 |

## 二十六　聖蹟殿院牆

| 部分名稱 | 現狀 | 修葺方法 |
|---|---|---|
| 檐 | 瓦多缺裂漏甚。 | 拆換新料重宽。 |
| 牆 | 牆皮脫落，牆脚間有殘缺。 | 牆皮剷去重抹，牆脚抽換新磚。 |

## 二十七　燎所

| 部分名稱 | 現狀 | 修葺方法 |
|---|---|---|
| 門 | 過木彎。 | 換鋼骨水泥過木。 |
| 牆 | 瓦略有殘缺，漏。 | 揭去補足重宽。 |

## 二十八　啟聖門

| 部分名稱 | 現狀 | 修葺方法 |
| --- | --- | --- |
| 桁 | 東梢間桁條脫榫，桁條外端下陷。 | 拆下，已朽者換新料，未朽則歸安，于脫榫處用鐵皮牽牢。 |
| 椽 | 全朽，北面東角已朽斷。 | 椽子望板全部拆換新料，在每縫梁上用鋼條一道。 |
| 牆 | 羣肩脚磚多殘缺。 | 抽補新磚，西山牆拆去重砌。 |
| 瓦 | 殘缺甚多。 | 拆下補足重宽。 |
| 裝修 | 大門門簪，及走馬板處欄杆，間有走動脫榫。 | 歸安修補。 |
| 階基 | 台基方正，路道傾斜走動。 | 路道拆去重砌。 |
| 地磚 | 磚多碎裂。 | 拆換新磚。 |
| 彩畫 | 柱身博縫等處大多脫落。 | 非必要可不必重油。 |

## 二十九　啟聖殿東西碑廊

| 部分名稱 | 現狀 | 修葺方法 |
| --- | --- | --- |
| 屋頂 | 漏。椽朽。 | 挑頂酌換新料重宽。 |

## 三十 金絲堂

| 部分名稱 | 現狀 | 修葺方法 |
|---|---|---|
| 椽子望板 | 朽甚，北面西次間椽已朽斷。 | 全數拆換新料，每縫梁上用鋼條一道，望磚改用四公分望板。 |
| 牆 | 東山牆外傾。西山牆尚完好。 | 東山牆拆下重砌。 |
| 瓦 | 漏特甚。 | 挑頂重宽。 |
| 階基 | 階基尚好。 | 不動。 |
| | 月台稍斜不平。 | 換鋪新磚找平。 |
| | 踏道傾斜。 | 拆下歸安。 |
| 裝修 | 槅扇檻窗多歪斜不正。 | 就原門卸下修理。 |
| 彩畫 | 漏痕斑剝。 | 照原樣重畫。 |

## 三十一 樂器庫

| 部分名稱 | 現狀 | 修葺方法 |
|---|---|---|
| 柱 | 後檐柱頭半皆朽壞。 | 因後簷上有南北通長天溝，以致後檐柱頭，梁，枋等朽折。 |
| 梁 | 南半五架梁西端榫朽。 | 應全部拆去，添換新料重建，天溝填滿使水向外 |
| 枋 | 南半後檐枋全朽。 | 洩。重畫彩畫。 |

## 三十二 啟聖殿前三座門

| 部分名稱 | 現狀 | 修葺方法 |
| --- | --- | --- |
| 瓦過木 | 瓦漏，過木彎。 | 全部拆下重建，改用鋼骨水泥過木。 |

## 三十三 啟聖殿

| 部分名稱 | 現狀 | 修葺方法 |
| --- | --- | --- |
| 梁 | 西縫五架梁裂。 | 拆換新料。 |
| | 四角梁彎朽。 | 拆換新料，備成袱梁。 |
| | 順梁處漏茬。 | 如已朽拆換新料。 |
| 枋 | 當心間南面額枋朽。 | 拆換工字鋼梁，外包木皮。 |
| 斗栱 | 外傾。 | 拆下重安，在柱頭科上梁尾入柱處用鐵條牽牢。 |
| 椽 | 多朽。 | 全部換新料，在每縫梁上用鋼椽子一道。 |
| 牆 | 北面西稍牆外皮外傾。 | 拆下重砌。 |
| 瓦 | 漏。 | 挑頂重宽。 |
| 階基 | 台基北面中部外傾。 | 拆下重砌。 |
| | 月台外傾。踏道傾斜。 | 拆下重砌。 |

## 三十四 啟聖殿寢殿

| 部分名稱 | 現狀 | 修葺方法 |
|---|---|---|
| 梁 | 角梁全朽。 | 拆換新料。 |
| | 四角順梁處漏甚。 | 加已朽拆換新料。 |
| 桁 | 明間脊桁，後上金桁，前上金桁，均朽。 | 拆換新料。 |
| 椽 | 椽飛多朽。 | 全數拆換新料，每縫梁上用鋼條一道。 |
| 階基 | 東南傾斜。 | 拆下重砌。 |
| | 踏道傾斜。 | 拆下重砌。 |
| 地磚 | 不平，間有碎裂。 | 酌換新磚找平。 |

## 三十五 承聖門

| 部分名稱 | 現狀 | 修葺方法 |
|---|---|---|
| 柱 | 北面二角柱下沉。 | 起回原高，先將柱弔起，如係柱脚下腐，則用料補接，如係地基下沉，則在柱頂石下砌新基。 |
| 梁 | 北面西三步梁脫榫。 | 拆下重安，用鋼條將梁尾釘在柱上。 |
| 椽子望板 | 大多數已朽。 | 拆換新料，在每縫梁上用鋼條一道，釘在每縫梁上。換新望板。 |

| | | |
|---|---|---|
| 博縫板 | 朽裂位置不正。 | 拆換新料，用板兩層，內層順坡安，外層用企口板條垂直安釘。 |
| 山牆 | 墀肩脚處稍有殘壞。 | 抽換新磚。 |
| | 牆皮脫落。 | 剷下抹新灰。 |
| 墁地磚 | 大半殘壞。 | 重鋪新磚。 |
| 瓦 | 略有殘缺，漏。 | 挑頂添新料，用白灰煤渣苫背重宽。 |
| 階基 | 台基方正，磚石略有碎缺走動，踏步傾斜。 | 踏步拆下重砌，下加灰土地脚及磚基階石歸安扞縫。 |

## 三十六　詩禮堂

| 部分名稱 | 現狀 | 修葺方法 |
|---|---|---|
| 梁 | 東梢間外縫梁架南半雙步梁單步梁前傾。 | 復原之後，用鋼條包過柱身兩端，貼在梁側，用鋼卡子夾緊。 |
| | 東兩縫五架梁裂。 | 拆換新料。 |
| | 西一縫北單步梁裂。 | |
| 枋 | 東次間前後下金枋裂。 | 連同檁墊板俱換新料。 |
| | 西次間後下金枋裂。 | |

| | | |
|---|---|---|
| 瓜柱 | 西次間北下金瓜柱朽。 | 拆換新料。 |
| 椽子望板 | 大體尚好。 | 酌換新椽，每縫梁上用鋼椽子一道。換新望板。 |
| 博縫板 | 朽裂。 | 按承恩門博縫做。 |
| 瓦 | 漏，脊處尤甚。 | 挑頂重宽，脊上加蓋鉛板，用白灰煤渣苫背宽瓦。 |
| 牆 | 東山牆外傾。 | 拆下，用四六白灰砂子重砌。 |
| 地面磚 | 大半破裂。 | 換鋪新磚。 |
| 月台 | 台身偏斜，墁磚全裂。 | 拆去重砌，換鋪新磚。 |

## 三十七　禮器庫

| 部分名稱 | 現狀 | 修葺方法 |
|---|---|---|
| 梁架 | 大體方整。 | |
| 牆 | 北山牆外傾。<br>檻牆外傾。 | 拆下，用白灰砂子重砌。 |
| 瓦 | 漏，多脫裂。 | 挑頂添補新料，用白灰煤渣重宽。 |
| 階基 | 外傾。 | 拆下重砌。 |

## 三十八　詩禮堂後影壁（即魯壁）

| 部分名稱 | 現狀 | 修葺方法 |
|---|---|---|
| 瓦 | 漏。 | 拆去重砌，先掘至灰土上皮，然後用四六白灰壘磚。 |
| 須彌座 | 西南角毀。 | 須彌座照原樣補修。 |
| 牆 | 基陷，牆身中裂。 | |

## 三十九　孔宅故井

| 部分名稱 | 現狀 | 修葺方法 |
|---|---|---|
| 井欄 | 傾斜。 | 歸安重砌，如地基不堅固，須打灰土兩步，然後用白灰砂子壘基，上面石作用水泥砂子膠壘砌。 |
| 井誌 | | |

## 四十　井誌碑亭

| 部分名稱 | 現狀 | 修葺方法 |
|---|---|---|
| 仔角梁 | 大半已朽。 | 拆換新料，將老仔兩角梁合成一根梁。 |
| 瓦 | 漏甚。 | 挑頂重宽，如前法。 |
| 檐 | 北面柏樹壓檐部。 | 將檐縮短以避樹。 |

## 四十一 崇聖祠前三座門

| 部分名稱 | 現狀 | 修葺方法 |
|---|---|---|
| 屋頂 | 漏甚，過木彎朽。 | 全部拆下，改用白灰砂子壘牆墩，上用鋼骨水泥過木板。 |
| 牆 | 牆皮脫落。 | |
| 階基 | 下陷，磚石碎裂。 | |

## 四十二 崇聖祠

| 部分名稱 | 現狀 | 修葺方法 |
|---|---|---|
| 梁 | 北廊搭牽外傾。 | 拆下重安，用鐵皮釘牢。 |
| | 太平梁處漏特甚。 | 如已朽，換新料。 |
| 角梁 | 老仔角梁大都傾斜朽壞。 | 俱換新料做成複梁。 |
| 檁 | 脊部漏甚。 | 檁如已朽，換新料，上蓋鉛皮。 |
| 斗栱 | 北面斗栱外傾。 | 見北面搭牽條，正心桁加鐵條拉住。 |
| 椽望磚 | 椽飛多朽，磚身完好。 | 俱換新料，望板改四公分望板，在每縫梁上用鋼椽子一道。 |
| 瓦 | 漏。 | 挑頂用白灰煤渣重宽。 |

| | | |
|---|---|---|
| 墁磚 | 大致完好。 | 遇有缺裂，拆換新磚。 |
| 階基 | 東面中段，北面東段外傾。 | 拆下重砌。 |

四十三 家廟前三座門——與崇聖祠前三座門同。

四十四 家廟

| 部分名稱 | 現狀 | 修葺方法 |
|---|---|---|
| 柱 | 廊西端柱下陷。 | 起回原高，如係柱脚朽，則在柱上墊補，如係礎陷，則將礎歸安。 |
| 檁 | 南廊檐多彎朽。 | 拆換新料。 |
| 椽 | 大多已朽。 | 全換新料，每縫梁上用鋼條一道。 |
| 牆 | 後檐牆陷裂外傾，西墀頭前傾。 | 拆去重砌。 |
| 瓦 | 漏甚，間有碎裂。 | 挑頂添新料重宽。 |
| 月台 | 走動不平。 | 拆下重砌。 |
| 踏道 | | |
| 彩畫 | 剝落過甚。 | 重畫大點金彩畫。 |

## 四十五 孔子故宅門

| 部分名稱 | 現狀 | 修葺方法 |
|---|---|---|
| 柱 | 柱脚殘蝕。 | |
| 枋 | 前後金枋彎曲。 | |
| 檁 | 前後金檁彎曲。 | |
| 椽 | 略朽。 | 拆下重建，不能修補者一律換新料。重施油彩。 |
| 博縫板 | 朽裂。 | |
| 牆 | 牆脚磚殘缺，牆皮脫落。 | |
| 階條石 | 缺裂不平正。 | |
| 斗板磚 | 多已缺毀。 | |

## 四十六 孔子故宅 門贊碑 碑亭

| 部分名稱 | 現狀 | 修葺方法 |
|---|---|---|
| 梁 | 仔角梁多朽。 | |
| 椽 | 表面似尚完整。 | 拆下重建，如有殘朽，添換新料。 |
| 瓦 | 略有殘缺，漏甚。 | |

35688

| 部分名稱 | 現狀 | 修葺方法 |
|---|---|---|
| 牆 | 牆脚磚殘缺，牆皮脫落。 | |
| 階基 | 階石走動，地磚破碎。 | 拆下重建，如有殘朽，添換新料。 |
| 欄杆 | 走動，地栿朽裂。 | |
| 檐 | 北面柏樹壓檐上。 | 將柏樹縮短。 |

## 四十七　后土祠

| 部分名稱 | 現狀 | 修葺方法 |
|---|---|---|
| 柱 | 後檐柱頭朽。<br>前金柱脚朽。 | 全部拆下，添換新料重建。 |
| 檩 | 檐，脊，桁共約斷五根。 | |
| 椽 | 全朽。 | 重新油飾。 |
| 裝修 | 槅扇缺四，扇窗尙好。 | |

## 四十八　神庖北房

| 部分名稱 | 現狀 | 修葺方法 |
|---|---|---|
| 枋 | 東次間前檐枋檐墊板殘缺。 | 添補新料。 |

| | | |
|---|---|---|
| 椽 | 約朽五分之二。 | 拆換新料，每縫梁上用鋼條一道。 |
| 裝修 | 缺前格扇四扇，後門兩扇。 | 補做。 |
| 地磚 | 半皆碎裂。 | 拆換新磚。 |
| 牆 | 後封護簷牆東部基陷，牆身外傾，檐頭殘毀。 | 拆下重砌。 |
| 油飾 | 剝落晦暗。 | 重新另油。 |

## 四十九　神庵東房

| 部分名稱 | 現狀 | 修葺方法 |
|---|---|---|
| 柱 | 後檐柱頭朽斷。 | 全部拆下添換新料重建，每縫梁上用鋼條一道。 |
| 椽 | 約朽五分之三。 | |
| 牆 | 北山牆後檐牆基陷外傾已裂檻牆殘缺。 | |
| 瓦 | 漏。 | |
| 油飾 | 剝落晦暗。 | 重新油飾。 |

## 五十　神庵西房

| 部分名稱 | 現狀 | 修葺方法 |
| --- | --- | --- |
| 椽 | 約朽一半。 | 拆換新料。 |
| 裝修 | 缺板門兩扇。 | 補做。 |
| 瓦 | 漏。 | 挑頂重宽。 |
| 油飾 | 剝落晦暗。 | 重新另油。 |

## 五十一 神庵院門

| 部分名稱 | 現狀 | 修葺方法 |
| --- | --- | --- |
| 牆 | 基陷牆身外傾。 | 拆下添換新料重建。另油彩畫。 |
| 椽 | 半朽。 | |
| 瓦 | 漏甚。 | |
| 地磚 | 全碎。 | |

## 五十二 神廚北房

| 部分名稱 | 現狀 | 修葺方法 |
| --- | --- | --- |
| 瓦 | 漏，不大。 | 大體完好，挑頂重宽：酌換新椽，重新油飾。 |
| 裝修 | 缺後門一扇。 | |

五十三 神廚東房

| 部分名稱 | 現狀 | 修葺方法 |
| --- | --- | --- |
| 柱 | 角梁柱斷一根。<br>後檐柱二下陷。 | 拆下，添換新料重建。 |
| 梁 | 五架梁斷一根。<br>三架梁斷一根。 | 重新油飾。 |
| 椽 | 略朽。 | |

五十四 神廚西房

| 部分名稱 | 現狀 | 修葺方法 |
| --- | --- | --- |
| 柱 | 明間北後檐柱陷。 | 起回原高。 |
| 梁 | 三步梁斷一根。 | |
| 桁 | 檐桁斷一根，脊桁朽一根。 | 拆換新料。 |
| 椽 | 約朽一半。 | |
| 牆 | 檻牆角殘缺。 | 拆去添補新料重建。 |
| 油飾 | 晦暗過甚。 | 重新油飾。 |

# 第六章 施工說明書

## 第一節 拆舊

(一)安全　凡拆卸工程，無論其爲整個建築物或部分的拆卸，皆須力求對於鄰近部分之安全，務使鄰近部分只受最低限度的必須的震動。對於拆下部分，亦須極力避免毀壞，琉璃瓦及磚石固須避免破裂，而木材拔榫拔釘等等工作亦須謹愼以免損壞。至於有雕刻彩畫之部分，尤應加意保護之。

(二)分別舊料　凡拆下材料，監工人立卽鑑別其爲可用與否，分別放置然後再施行詳細驗查。凡可用之材，皆須存儲於安全位置，並加遮盖，俾不致受風雨潮濕或震動擊破。凡不堪再用之材，應卽運出工程地以外。

(三)原位　凡拆下材料須按其原來位置，逐件加以標誌，以便易於歸安。此項標誌除普通磚瓦而外，一切木料石料及雕磚，皆適用之。

爲合格。

## 第二節 木工

(一)選材 本工程所用木材均須年輪細密十分乾燥，無鬆節腐節裂縫，蟲蛀，彎撟，腐朽等弊者爲合格。

(二)爁烤 凡小木作木料之認爲不乾者及雕木作所用之一切木料，皆須爁烤。烤木房用磚砌成下爲地炕，封閉後將房內溫度升至華氏二百度，經過相當時間，將蒸氣放出一次，至將木材所含水分完全放出膠質乾盡爲止，然後取出晾乾使用。

(三)斗栱 零件如有損壞者，照原有式樣用上好紅松添補。但大成殿及奎文閣之柱頭科及角科，須另加鋼凳子，另見第六節。

其他各殿宇之柱頭科角科，凡經計明或經監工人認爲必要者，須用柏木做新坐斗斗口及頭翹或頭昂加大，與原式樣略有不同，另見詳圖。

(四)梁架 凡梁架傾斜者，將其上荷載及附近相接部分拆卸後，歸安原位。並須審查其傾斜原因，如係因柱子下陷或傾斜，則由柱子根本修理。如係梁身榫卯脫離，則酌量歸安或加角替或加鋼條拉扯。如係榫斷，則換新料或加角替承托。

梁橫斷面之近方形者，在可能範圍內宜將兩旁斫削。　其斫削尺度（A）對於卯頭之尺寸，絕對不能減，（B）斫削減後之柁梁對於其上之荷載力須有三倍以上之安全率；在最重荷載之下，梁中之彎墜度不得超過梁長之三百六十分之一。　斫削時無論在柱上或卸下，皆不得傷及粼接部分。

梁之由上下兩層合成者，宜使梁直再用鋼捎子(bolts)及楔形木(keys)（插圖十一）使成爲複梁。

新換角梁宜將老角梁及仔角梁用此法使成一複梁。

凡原有尺寸不勝其上荷載之梁或額枋有顯著之彎曲者，以換用工字鋼梁爲宜。

（五）柱　凡柱有下陷者，須將柱懸起。　先將柱身用夾板底槓及千斤抬起，然後檢查柱脚是否腐爛，柱基是否走動。　腐爛者在可能範圍下，宜剜補下段。　柱基走動者宜重砌新基。

凡柱身爲碎木包鑲者，如鐵箍鬆脫，在可能情形之下，宜換鋼條箍，其作法詳第六節。

凡柱身爲整料而現裂痕者，亦宜酌量情形，加鋼箍。

（六）檩枋　檩子之有須用換新料者，俱用美國紅松製作。　在可能情形之下，須略增加其深度，並將上面刨斜，使檩之斷面成形。　枋子之斷面成正方形者，一律斫削兩旁以減輕靜荷載。

（七）椽子　各殿宇須全部換新椽子，其舊椽之完好絕無朽腐者，可以留用。　若微有腐爛者，經刨削後宜在較小之殿宇上用。　凡添補椽子，露明處用江西產杉稿。　杉稿以兩端粗細平均，桿身筆直者爲合格。不露明椽子，一律改用 5×51 公分美國松，按三十或四十公分中至中排列，籍增荷重力而減輕本身靜荷載。椽子須用鐵釘釘牢，但每隔三椽須用螺絲梢子（bolt）一道。

（八）飛椽　用美國紅松木按照原有尺寸添補。椽尾長須爲露出部分之三倍。飛椽上卽釘望板。椽尾用釘釘牢。每隔三椽用螺絲梢子一道（插圖二十三。

（九）望板　凡殿宇之用望磚者，一律改用美國松木望板，大成殿及奎文閣所用，厚四公分（或一吋半），其他次大殿宇所用，厚二公分半（或一吋）。凡椽子飛椽望板在斫刨完畢後安釘以前，一律須經過澈底之防腐調治。

（十）角梁　凡角梁之微有腐朽者，除改用鋼梁者外，一律改用美國紅松木新料。並用梢子楔形木

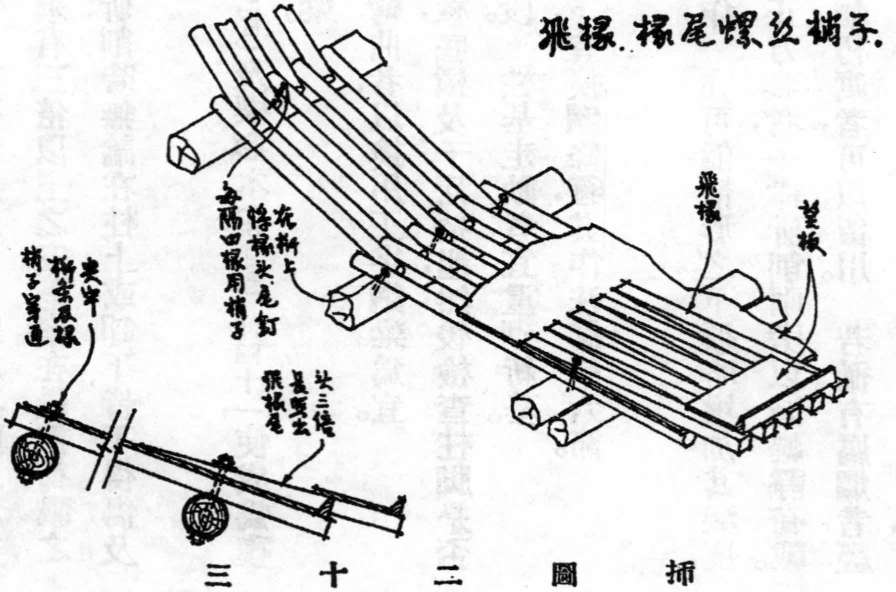


插圖二十三

(bolts & keys)使老仔兩角梁合成一複梁。角梁於安裝以前須經過澈底之防腐調治。

(十一)墊栱板及棋枋板　若須部分添補者，用美國紅松照原樣配作。　如須全部改換新料者，由下列二法中擇一用之：(A)改用七層或五層菲律賓木嵌板；(B)改用美國紅松板條企口拼釘。

(十二)博脊板　凡在博脊後與磚瓦接觸之博脊板，宜用四公分（卽一吋半）厚之美國松板企口安釘。　此項板條，須經過澈底之防腐調治。

(十三)天花　天花梁條如有彎曲下垂者，宜抽換校平。　天花板之須添補者，宜改用七層或五層嵌板，但嵌板須貼在二公分半(卽一吋)厚曾經燻製之底板上。

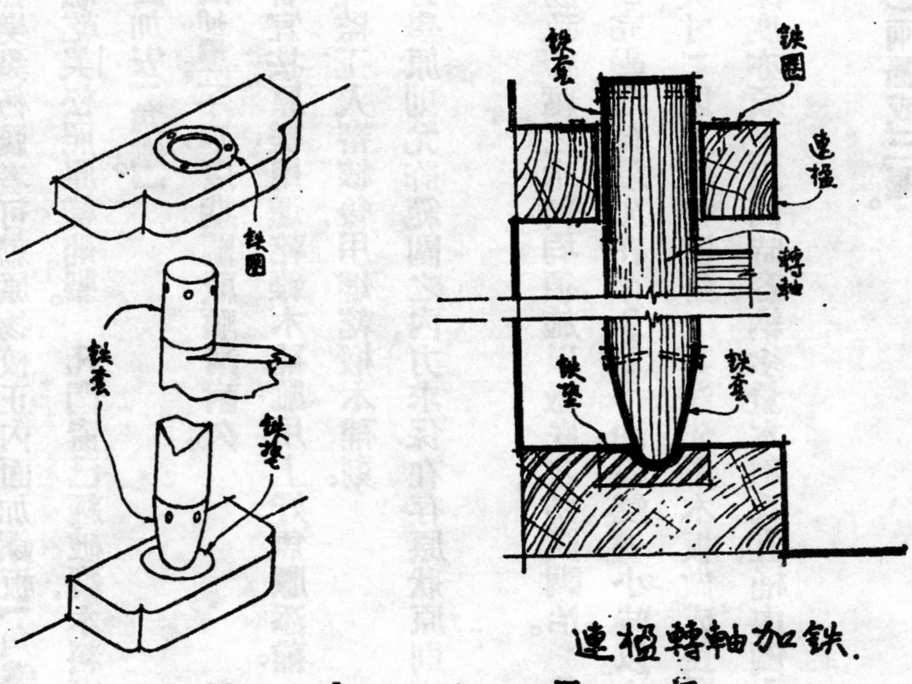

連楹轉軸加鉄

插圖二十四

（十四）門窗　凡門窗微有走動，但材料完好無劈裂朽腐者，可就原物校正，內面加鋼板「角鐵」用螺絲釘牢，重新油漆。　其有櫺格缺破者，用燻乾美松照原樣補製。　凡門窗已經破裂，木料腐朽者，用燻乾美國紅松照足原樣補製，並在內面加安「角鐵」。

門窗轉軸及連楹門枕皆應加鐵圈及鐵軸插圖二十四，以期關啟順滑耐久。

（十五）雕刻　凡原有雕木作之有小部缺損者，宜按原樣用燻乾雜木補雕，用上好魚膘添補。有大面積缺損，應倣其他現存部分製成圖樣，經監工人審核後用燻乾椴木補刻。

（十六）其他　未及備載木工部分，一律俱以力學原則允許範圍之內，力求保在存原狀原則之下修補之。

（十七）防腐　凡與磚瓦直接接觸或其地位易致朽腐之木料，均須施以澈底之防腐調治。　凡露明部分，不論其施油漆彩畫與否，於木料斫刨完畢之後，須先在 creosote 油內浸一小時以上，俟油性浸入木內至少半公分（十六分之三英寸）以上，然後安釘。　其法先用木板做成長桶，桶之長度須能容納被浸木料而有餘，其寬度深度亦須足以同時容納多量木料爲宜，桶內倒入 creosote 油，將斫刨完畢之木料隨時放入浸透。

凡不露明木料，可施塗煤黑臭油（coal-tar）兩遍或三遍。

# 第三節　屋頂

(一)揭頂　孔廟全部殿宇除最近數年内重修者外，一律挑頂重新宽瓦。

(二)橫條　望板之上每隔六十公分，（卽兩英呎）釘2 1/2×5公分（卽1"×2"）橫木一道，長同屋頂通長。釘完之後橫條及望板全部上臭油三遍。

(三)苫背　望板之上用四成白灰六成煤渣之混合物鋪苫背最薄處厚五公分，舉折處酌量加厚。所用煤渣須爲燒溶凝結之礦脂（clinker）不得含有多量之煤灰（ash）或未燒透之煤塊。過篩軋碎之後，用白灰拌勻使用。

全部屋頂苫背須用三層油氈條子，按每間分隔，以備伸縮。凡正脊戧脊或天溝部分俱用二公厘（或1/16"）厚之鉛板遮蓋，在每坡上須蓋過六十公分（或二呎）以上。然後在鉛板上墁苫背。

(四)瓦　各殿宇屋瓦無論其爲琉璃瓦布瓦，凡有缺損者，一律按照原樣添配新瓦。琉璃瓦之磁釉剝脫者不必重新掛釉。但所配新瓦須與舊瓦混勻鋪宽以免屋頂有新舊區域之分。

各下簷博脊内宜用空心磚，以減輕荷載。

(五)宽瓦　在苫背之上，用過篩特細白灰煤渣宽瓦。版瓦半露半壓，瓦底須灌滿灰渣敲實。

、筒瓦須先在版瓦壠上塑瓦胎，筒瓦內亦抹滿灰渣，然後壓緊敲實。瓦縫用純白灰蔴刀勾縫子。勾縫子亦可用臭油砂子，於臭油凝成半糊體狀態時勾縫。但此法宜用於綠瓦黃瓦用之不宜。

## 第四節　磚作

(一)牆基　凡磚牆如須全部拆下重建者，先須審查牆基深淺大小。如牆下無灰土地基者，須視牆之高度每高三公尺(或一丈)打四六灰土一步。其最下一步灰土下皮須在結冰線(即一公尺半或五英尺)以下。

凡各踏道下，如無磚基者，一律打灰土兩步，然後壘基如壘牆之制。

(二)壘牆　所有磚牆均用四六白灰砂子壘砌。凡露明磚均須磨光對縫，磚縫均須筆直方正。

凡壘牆磚縫中須灌滿灰漿，抹足墊灰，不得有隙罅嵌空等弊。灰縫寬以一公分爲度。

壘牆沙子須堅實尖利，勻淨色黃，所含泥土不得占過砂子十分之三。

(三)磚牆抹灰　凡新磚牆內皮及舊牆灰皮剝脫者，一律剷下抹新灰。先抹四六粗砂白灰一遍厚一公分半，次抹蔴刀灰一遍，厚一公分。其上先刷白灰漿一遍，再照原色刷漿兩遍。

凡磚牆外皮除完全無剝裂痕蹟者外，一律將原灰皮剷淨，先抹一三水泥沙子膠一遍，厚二公分，次抹一三水泥膠加紅土及少量白灰 stucco 一遍，厚一公分。

（四）墁地方磚　凡主要殿宇中如大成殿，奎文閣，大成門等處，一律換鋪新磚；此項新磚須為澄泥磚，大小與原物同，五面磨光墁鋪。墁磚之法，如舊磚之下原有灰土，則仍用舊灰土，若無灰土，則打一步。灰土之上，鋪二號油紙一層。其上再用四六白灰砂子墁磚。墁好之後，須表面水平，光滑，磚縫須正直。此項澄泥磚須邊角方整質地堅實者為合格。

（五）磚鋪甬路　凡甬路磚有單塊破裂者，宜起出補換新磚。如有多塊破裂，範圍廣大者，宜將破裂範圍內剔淨，視原來情形，或打灰土或將老土打實，然後用白灰砂子鋪墁如上一條所述。

## 第五節　石作

（一）石料　本工程所添用新石料，須用管鉤山魚子青石。此項石料須質地純淨無石隔石花及裂紋者為合格。使用石料時，須順石層紋安置。

（二）安砌　凡臺基踏道及其他石作部分，如有走動，須一律拆下歸安。其原來基礎不固者，須將舊基刨清掘至結冰線以下，將老土打實打四六灰土兩步，然後用一：三水泥砂膠壘砌磚基，至壘石分位；然後用一：三水泥砂膠砌石。安砌石作須將灰膠灌滿築實，不得空擺。

（三）添補 凡原有石料破裂不堪歸安者，一律用新料照原樣添補；其石面打琢之粗細程度及雕刻紋樣，一律照原物之粗細及紋樣配製之。

（四）色澤 孔廟內現存一切石作皆經數百年風雨，始得現有表面蒼潤之色澤，石作工人對之宜加意保護，絕不可磨琢見新或刷白漿。

## 第六節 鐵工

（一）原則 本工程內所用鋼鐵工程，一律以匡助木料之不足爲原則，故所施鋼鐵部分，其露明者，在可能情形之下，其外面一律宜加木皮，以求保存建築物原形。

（二）額枋 凡原有額枋之彎曲過甚者，如大成殿及奎文閣之上下層額枋，皆宜代以工字鋼梁。如能整週額枋代以鋼梁，是爲上策，不然亦宜將各明間額枋改用鋼梁。

（三）斗栱凳子 凡柱頭科及轉角科斗栱，皆將大量荷載全部集中於坐斗之上，以致角斗不勝，故宜改用鋼凳子。 柱頭科先將二層三層翹昂兩側剜去成槽，使槽底與頭翹（或頭昂）寬度同，以便容納角鐵。角鐵四道，互相夾木用捎子相聯，其上下俱用鋼板一塊，上塊釘在桃尖梁頭下，下塊釘在平板枋上，並可增加平板枋相接處之强力。

轉角科不能用角鐵四道，故用兩道，而每道用鋼板一塊隔栱相聯，其上下做法與柱頭科同。

(四)正心枋箍子　爲防止斗栱向外傾斜，故在正心枋外周加箍子一道。此項箍子須用厚五公釐寬十公分鋼板條；若爲節省計，可以每兩桁相接處用之，每端須長六十公分，共長一百二十公分，用二公分徑之螺絲釘牢。

(五)鋼椽　每梁架中線用一道，長通前後挑檐桁間，與每架桁相交，用鋼板一塊與各架桁相接。此項鋼椽純以阻止各桁向外斜傾爲主，不負屋頂重量。在較小之殿宇上，可代以五公釐厚五公分寬之鋼條。

(六)鋼角替　凡梁脫榫與柱分離處，可加鋼角替。如梁在柱之一面者，角替之一面用螺絲釘在柱上。如梁在柱兩面者，角替宜用一整長料穿通柱心。角替爲丁字形鋼，其上用螺絲釘在梁下。

(七)柱箍　在可能情形之下，凡木柱之加鐵箍而木縮箍鬆者，一律宜改用鋼條箍子，用螺絲釘牢，並須十分緊湊。

凡鋼梁或角替與木柱相交處，須在柱上加鋼箍子一道，以承鋼梁或角替，以免陷入木料內。

（八）門楹轉軸　木軸之上下端，一律加戴鐵帽鐵脚，連楹上加生鐵圈，門枕上加生鐵盤，以期轉動靈活，消磨減少（插圖二十四）。

（九）門窗角葉　將熟鐵片或鋼片角葉在門窗內面用螺絲釘牢，其厚薄長短臨時定之。

（十）陳列櫃　聖蹟殿內石刻宜改用鋼架玻璃櫃保護之。

（十一）拉扯　凡木料相接處之有張力致使兩部有脫離之傾向者，宜一律加用「拉扯」。此項「拉扯」tie-plate，均宜用鋼板條，其厚自三公釐至一公分，其寬自五公分至十五公分不等，一律用大螺絲釘牢，在可能情形之下，須在木料兩面夾用，用螺絲梢子夾緊。

## 第七節　油漆

（一）範圍　凡木料上塗油漆等保護物而不繪畫成花紋者，皆稱油漆。

（二）除舊　凡木料上舊有油漆，不論批蔴或直接施於木料上者，一律剷除乾淨，至露出木紋爲度，然後用25％鹼水洗刷淨盡。如木料係整料，剷剔時對於木面尤須小心，不得損壞絲毫。

（三）膩縫　木料剷剔淨盡，如有裂縫，須視其大小，用木條木塊或上好膩子塡補，用砂紙磨平。

（四）批蔴　凡木料如係由碎料拼鑲者，將鐵箍收緊之後，卽在木上批蔴。計批蔴二遍，灰布一遍，油灰一遍。 批蔴時須在木料上塗上等油一遍，然後抹血料油泥一遍，厚約八公厘，用梳順之上等白蔴絲平鋪一層，以氈錘蘸桐油敲砸，以完全將蔴絲砸入油泥內為度。 第二遍作法與第一遍同。 蔴批完後塗血泥一層，用上等粗蔴布包敷，用氈錘蘸桐油敲砸之，以完全砸入為度。表面再塗血料油泥一遍。 各部眞切找平。 乾後磨光。

(五)油漆 凡木料為整料者，即將油漆直接塗在木上，如係包鑲者，先批蔴，然後將油漆施於批蔴之上。

硃色油漆，須先在木料或批蔴上上清油一遍，然後上丹油二遍，然後上銀硃油二遍，最後上清油一遍。 每遍上完乾透，須用砂紙磨光，然後上第二遍。 銀硃油須用上等國產原料，不得用舶來品，上好後包工人須保證其永不退色變白。

黑色油漆須先在木料或批蔴上先上清油一遍，再塗黑墨油二遍，磨光後上清油一遍。 黑油須保證其永不退色變色。

本工程所用之油料，一律須用最上等國產原桶桐油熬製之，用三層細布濾過，然後方准使用。

## 第八節 彩畫

(一)保存 本工程彩畫凡外簷者須一律剷淨重畫,內檐則以盡量保持原形為原則。

(二)除舊 凡彩畫部分之施於批蔴上而蔴皮剝脫者須一律剷剔淨盡。如係直接施於木料上者,則保存不動。

(三)備底 剷剔之後,如木料係整料者,即按第七節(二)(三)兩條作法備底。將彩畫施於木料之上。如係拼鑲碎料,即按(四)條批蔴,將彩畫施於蔴泥之上。

(四)油色 本工程外簷彩畫一律改用油色。先在木料或蔴泥上施清油一遍,然後照定原彩畫樣式施用油畫。

油畫用料均用上等國產石色,不得用舶來品,並須保證其不變色退色。

(五)瀝粉貼金 按原彩畫形式用上等官粉膠油泥貼真金箔,表面壓光。

(六)塑像 各殿內塑像以保持原狀為原則,其有破損者依原樣補塑並施彩色,並須力求其與原狀相似。

(七)工匠 綵畫作工匠須用北平高等名師,如有手藝粗拙者,監工人得隨時撤換之,另換巧手。

## 第九節　鋼骨水泥

（一）部位　凡各院前三座或單埡花門上過木，一律改用鋼骨水泥板。

（二）成分　水泥砂石成分用一份水泥，兩份砂子，四份石子，以容積計算。

（三）木模　承受水泥之模盒用五公分厚白松板，其容積之大小，悉照詳圖製成，以鐵釘釘牢，用木柱撐實。

（四）鐵筋　鐵筋之位置及大小，均照詳圖。

（五）拌和　先將水泥砂石，乾時拌勻再加清水充分拌和，隨拌隨用。

（六）填打　混凝土甫經填入木板模盒之內，即用鐵鍤將鐵筋之四周及模盒之邊角插遍填滿。

（七）保潮　混凝土打好之後，上面即用蔴布袋遮蓋，勿令露陽，每日早晚淋水三次。

（八）溫度　打混凝土時天氣溫度須在華氏表五十度以上。　初春晚秋，雖日間天氣和暖，亦不得打混凝土。

（九）油漆水泥　水泥面上施油漆者，先用純水泥漿填補砂眼，俟孔廟全部工程完竣，水泥經過相當時間（一年或十個月以上）用硫酸亞鎔液 (solution of zinc sulphate) 先刷一次，完全乾燥後，再上油漆。

# 第七章 孔廟以外工程

## 第一節 顏廟

顏廟位於孔廟之東北，規模較孔廟甚小。民十九之役，曲阜被圍，中央軍據城以守，晉軍隱孔林爲砲兵陣地以攻。孔廟雖祇中數彈，顏廟則破壞殊甚。其中除復聖殿已於民國二十二年重修外，其他各殿宇率多破壞。此次勘察，對顏廟部分並未詳測，祇視察一週並擇要攝影。今孔廟既經計劃重修，顏廟近在咫尺，似不應置之不顧，謹將破壞情形及修葺大綱條列如左：

(一)復聖門　除普通因風雨年代之損蝕外，中彈數處，尤以正脊東端及南面明間額枋爲甚。宜挑頂添補新料，重新蓋頂。前後踏道走動者宜拆下重新歸安壘砌(圖版柒拾貳甲及乙)。

(二)博文門及約禮門　博文門脊中彈，約禮門尚完整。宜修葺屋蓋，勿使滲漏(圖版柒拾貳丙)。

(三)陋巷井亭　大致完好，欄牆石頂宜補足。

(四)克己門　北面明間額枋及斗栱缺，宜照原樣添補。北面西端樹枝壓屋上，宜鋸去。踏道走動，宜歸安圖版柒拾叁甲。

（五）復禮門　大致完好。

（六）歸仁門　大致完好。　宜補滲漏。　配補琉璃瓦件圖版柒拾叁乙。

（七）碑亭　大致完好。　東亭上檐東南角中彈，宜補換角梁。

（八）仰聖門　大致完好。

（九）復聖殿　民國二十二年新修圖版柒拾肆甲。

（十）復聖殿寢殿　屋頂及東山牆中彈數處。　否則大致完好。　宜修補圖版柒拾肆乙。

（十一）正殿東廡西廡　屋頂屋脊中彈數處。　宜挑頂換新料，重新換椽望宽瓦。

（十二）顏樂亭　大致完好。

（十三）退省堂　脊部中彈北面明間額枋缺，梁架一部分毀。　宜補換新料照原樣修葺圖版柒拾伍甲。

（十四）家廟　半座完全破毀，宜全部揭頂將東半部照原樣添配梁柱構架，重新壘牆蓋頂重建圖版柒拾伍乙。

（十五）神廚　中彈多處。　拆下完全重建。

（十六）杞國公殿　正脊及北面明間額枋斗栱中彈，宜照原樣修補。　此殿就形制推測，當屬元代遺構，爲曲阜最傑出之建築物，尤應加意保護圖版柒拾陸甲及乙。

（十七）杞國公殿寢殿 脊及山牆中彈數處，宜照原樣修葺。 此殿形制亦古，但較杞國公殿稍遲，當屬元末明初時期建築物圖版柒拾柒。

（十八）牆垣 顏廟牆垣中彈數十餘處，宜一律修補。

## 第二節 孔林

（一）建築物 孔林在曲阜縣城之北，建築物不甚多，大致亦尚完好，但亦宜同時修葺。 而四週牆垣之損壞者亦宜補修之。

（二）林木 曲阜孔氏定規林木不得斫伐，在消極方面固足防其盜失，但猶不如積極方面加以整理。 其中有直接損害他樹或建築物者，宜加以剪裁，且保護建築。 不然聽其自生自滅，不惟有碍觀瞻，且有如孔子故宅碑亭北面及顏廟克己門北面之兩株，已直壓屋蓋之上。 故孔林孔廟樹木宜派專員加以整理，伐枯補新，俾成茂林。

## 第三節　其他

(一)公路　由兗州車站至曲阜縣城現有公路一條，爲當地駐軍所築，但因未經精細測量，路基甚低，雨季不易行駛，汽車須將路基墊起，加添涵洞及一二處必需之橋梁，上鋪石碴路面，以便交通。

至於曲阜城內幹路及通孔林道路，亦宜同樣興築。

(二)旅舍　曲阜城中宜由地方或津浦鐵路局辦新式旅舍一處，一切設備不求華麗，但須清潔舒適。

交通及食宿既行便利，則中外遊人必日見增多，不惟與國人及外人以瞻仰聖地之機會，且地方繁榮亦受其利也。

# 附錄

## 大成門前碑亭各碑年代及撰書人名表

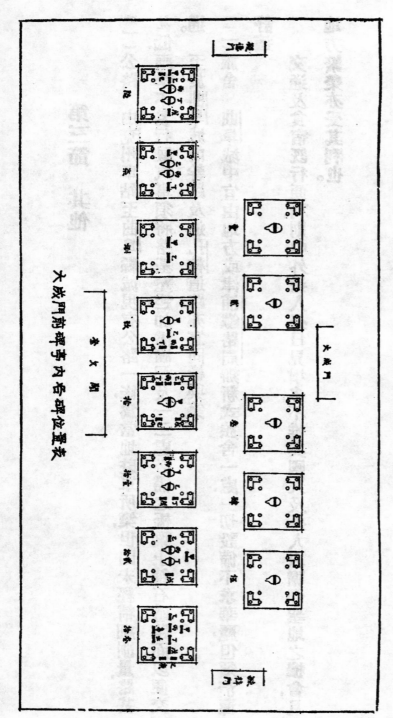

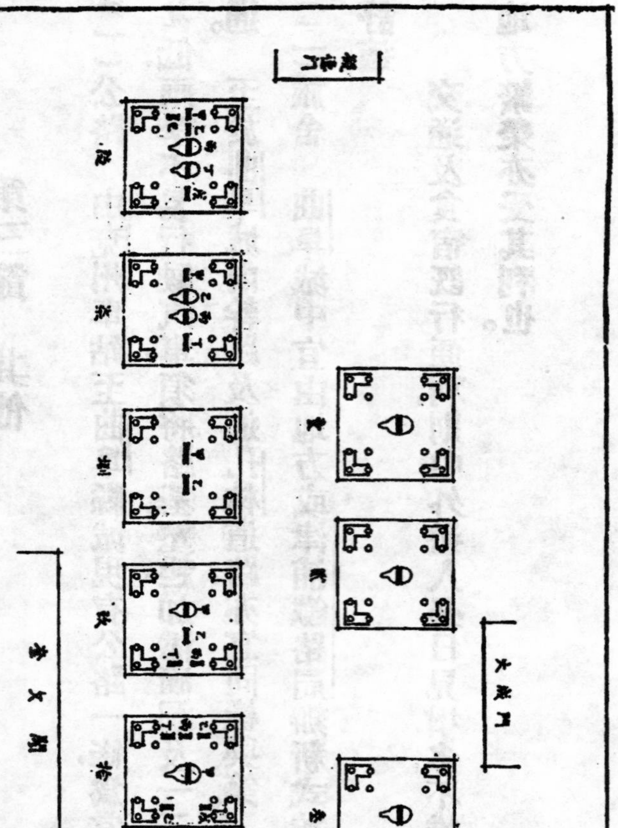


大成門前碑亭內各碑位置表



35712

| 亭號 | 碑號 | 文題 | 撰者或書者 | 年月日 |
|---|---|---|---|---|
| 壹 | | 敕建聖廟告成遣官致祭御製碑文 | | 雍正八年十二月十日 |
| 貳 | | 御製重修至聖先師孔子廟碑文 | | 康熙十二年 月 日 |
| 叁 | | 御製闕里至聖先師孔子廟碑文 | | 康熙二十五年春二月上丁日 |
| 肆 | | 御製修建闕里聖廟碑文 | | 雍正八年十二月十一日 |
| 伍 | | 御製躬詣闕里孔子廟庭碑文 | 御書 汪由敦篆額 | 乾隆十有三年春二月吉日 |
| 陸 | 甲 | 慈寧萬壽晉號遣官致祭碑文 | | 乾隆十七年正月十四日 |
| | 乙 | 正位中宮慈寧晉號遣官致祭碑文 | | 乾隆十五年十月三日 |
| | 丙 | 乂安海宇告功至聖遣官致祭碑文 | | 康熙二十一年三月十二日 |
| | 丁 | 纘建元儲景行至聖遣官致祭碑文 | | 康熙十五年二月七日 |
| | 戊 | 皇后神主升祔太廟禮成遣官致祭碑 | | 康熙五十八年仲春月祭日 |
| | 己 | 恭和聖製甲子冬至幸闕里詩 | 張鵬翮書 | 康熙四十九年孟夏月 |
| 柒 | 甲 | 茲膺曆圖之始遣官致祭碑文 | 孔繼涑書(碑陰有乾隆御筆題詩) | 雍正十三年十二月十五日 |
| | 乙 | 奉天明命紹纘丕基遣官致祭碑文 | | 康熙七年四月十五日 |
| | 丙 | 奉天明命紹纘丕基遣官致祭碑文 | | 順治八年四月七日 |
| | 丁 | 御製平定金川告成太學碑文 | 梁詩正書 | 乾隆十四年夏四月吉日 |

| | | | | |
|---|---|---|---|---|
| 捌 | 甲 | 魯孔夫子廟碑文 | 江夏李邕文　范陽張庭珪書 | 大唐開元七年十月十五日建 |
| | 乙 | 大唐贈泰師魯先聖孔宣尼碑 | 崔行功撰文　孫師範書 | |
| 玖 | 甲 | 大元重建至聖文宣王廟之碑 | 閻復撰　劉賡書　劉悳篆 | 大德六年 |
| | 乙 | 道統聖賢之贊 | 廬陵陳鳳梧贊　魯國望洋當篆 | 大明嘉靖二年夏四月 |
| | 丙 | 重修至聖廟碑記 | | 光緒二十四年九月 |
| | 丁 | 葺修宣聖廟寢殿並廟前金水河碑 | 廣安胡駿記並書 | |
| 拾 | 甲 | 大元敕修曲阜宣聖廟碑 | 歐陽玄撰　巙巙書　張起巖篆 | 至元五年二月吉日建 |
| | 乙 | 重修尼山祠廟記功碑 | 七十七代衍聖公德成囑宗人繁裕記　大興馮恕書丹 | 中元甲子第二年乙丑五月 |
| | 丙 | 重修聖蹟殿碑 | 侯官許作屏譔文　孔傳基敬書 | 嘉慶十有一年春二月吉日 |
| | 丁 | 葺修大成殿碑記 | | 嘉慶六年六月吉日 |
| | 戊 | 重修至聖廟碑記(前)<br>續修至聖廟碑記(後) | | 同治十一年四月吉旦<br>光緒二年五月吉旦 |
| | 己 | 五言律碑 | 陳詵敬題<br>陳世倌謹誌 | 康熙五十九年六月<br>雍正辛亥長至 |
| 拾壹 | 甲 | 大宋重修兗州文宣廟碑銘 | 呂蒙正撰　白崇矩書並篆額 | 太平興國八年十月十六日建 |
| | 乙 | 大金重修至聖文宣王廟之碑 | 黨懷英撰並書丹篆額 | |
| | 丙 | 大明重修宣聖廟記 | 劉珝書 | 弘治元年春三月吉日 |
| | 丁 | 皇帝御製聖贊 | 宋米芾篆書 | |

| | | | | |
|---|---|---|---|---|
| 拾貳 | 戊 | 敕修文宣王廟碑（前）<br>皇帝躬謁玄聖文宣廟以太牢致祭碑（後） | 河東裴瑀書 | 景德三年二月十六日<br>大中祥符元年 |
| | 甲 | 御製慈闈萬壽晉號遣官致祭碑文 | 曹秀先書 | 乾隆三十七年 |
| | 乙 | 御製乾隆週甲嘉慶紀元遣官致祭碑 | 孔憲增書 | 嘉慶元年三月 |
| | 丙 | 御祭五代王遣官致祭碑文 | | 雍正二年閏四月六日 |
| | 丁 | 冊封至聖先師五代王碑文 | | 雍正元年六月十二日 |
| | 戊 | 重建至聖先師孔子廟碑文 | 留保撰 | 雍正八年庚戌九秋 |
| 拾叁 | 甲 | 御製平定準噶爾告成太學碑文 | 御筆 | 乾隆二十年夏五月之吉 |
| | 乙 | 歎鳳吳會道出魯邦遣官致祭碑文 | | 乾隆十六年正月二十九日 |
| | 丙 | 遵徽敕尊慈寧晉號遣官致祭碑文 | | 乾隆十四年六月五日 |
| | 丁 | 雍正嗣位遣官致祭碑文 | | 雍正元年甲寅月祭日 |
| | 戊 | 歲逢庚戌仲秋遣官致祭碑文 | | 雍正八年八月二十七日 |
| | 己 | 感恩碑 | 孔傳鐸撰 | 雍正二年四月吉旦 |
| | 庚 | 大清欽設執事官題名碑 | | 乾隆十四年九月 |
| | 辛 | 御製六旬展慶遣官致祭碑文 | 孔繁灝書 | 嘉慶二十五年六月 |
| | 壬 | 御製纘基之始遣官致祭碑文 | 孔繁灝書 | 道光元年正月 |



35715

## 二 明弘治十七年尺與公尺比較表（按闕里志所載尺寸與實測尺寸比較）

| 殿宇 | 量法 | 闕里志載尺寸 | 實測尺寸（公尺） | 每明尺與公分之比 | 備註 |
|---|---|---|---|---|---|
| 大成殿 | 高 | 七丈八尺 | 二四・八〇公尺 | …… | 雍正八年改高七丈八尺六寸 |
| | 闊 | 十三丈五尺 | 四五・七八 | ……　…… | 闊十四丈二尺七寸 |
| | 深 | 八丈四尺 | 二四・八九 | …… | 深七丈九尺五寸 |
| 寢殿 | 高 | 六丈四尺 | 未量 | | |
| | 闊 | 九丈五尺 | 未量 | | |
| | 深 | 五丈 | 未量 | | |
| 大成門 | 高 | 二丈八尺 | 未量 | | |
| | 闊 | 六丈五尺 | 二四・六八 | 二六・三公分（?） | 疑雍正八年改建加面闊而未加進深 |
| | 深 | 三丈五尺 | 一一・一六 | 三一・九 | |
| 兩廡 | 高 | 二丈三尺 | 未量 | | |
| | 闊 | 五十五丈三尺 | 一七四・二四 | 三一・七 | |
| | 深 | 二丈五尺 | 八・〇〇 | 三一・三 | |

| | | | | | |
|---|---|---|---|---|---|
| 奎文閣 | 高 | 七丈四尺 | 二三·三五公尺 | 三一·六公分 | |
| | 闊 | 九丈(四尺?) | 三〇·一〇 | 二九·九(?) | 疑爲九丈四尺之誤如是則合三一·三公分 |
| | 深 | 五丈五尺 | 一七·六二 | 三一·二 | |
| 大中門 | 高 | 二丈四尺 | 未量 | | |
| | 闊 | 六丈四尺 | 二〇·四四 | 三一·三 | |
| | 深 | 二丈四尺 | 七·六三 | 三一·五 | |
| 弘道門 | 高 | 一丈七尺 | 未量 | | |
| | 闊 | 五丈四尺 | 一七·二八 | 三一·三 | |
| | 深 | 二丈八尺 | 九·〇四 | 三一·〇 | |
| 崇聖祠 | 高 | 三丈 | 未量 | | |
| | 闊 | 七丈二尺 | 二二·八九 | 三一·五 | |
| | 深 | 三丈六尺 | 一一·四九 | 三一·三 | |
| 詩禮堂 | 高 | 二丈八尺 | 未量 | | |
| | 闊 | 七丈五尺 | 二三·八八 | 三一·四 | |
| | 深 | 四丈二尺(?) | 一三·〇二 | 三一·二(?) | 疑爲四丈一尺之誤 |

| | | 明尺 | 公制 | 每明尺合 | 備考 |
|---|---|---|---|---|---|
| 啟聖殿 | 高 | 三丈 | 未量 | | |
| | 闊 | 七丈二尺 | 二二・九三公尺 | 三一・四公分 | |
| | 深 | 三丈六尺 | 一一・四七 | 三一・四 | |
| 金絲堂 | 高 | 二丈八尺 | 未量 | ⋮ | 雍正八年縮小重建 |
| | 闊 | 七丈五尺 | 二四・四〇 | ⋮ | |
| | 深 | 四丈二尺 | 一〇・七〇 | ⋮ | |
| 平均每明尺等於 | | 三一・三五公分 | | | |

## 三　曲阜孔子廟林修葺費概算　民國二十四年七月初估

第一款　修理孔子陵廟經費　九八八、〇六〇・〇〇圓

第一項　修理孔廟經費　七九七、〇六〇・〇〇圓

第二項　修理孔陵經費　四一、〇〇〇・〇〇圓

第三項　預備費　一〇〇、〇〇〇・〇〇圓

第四項　設計監工費（按兩年計算）　五〇、〇〇〇・〇〇圓

## 第二款　孔子陵廟以外建設修理各項工程概算　一九九、一〇〇・〇〇圓

第一項　修理孔廟至孔陵道路經費　一七、三〇〇・〇〇圓

第二項　修理顏廟經費　六七、八〇〇・〇〇圓

第三項　修理兗州至曲阜公路經費　八四、〇〇〇・〇〇圓

第四項　建設仰聖堂（旅舍）　三〇、〇〇〇・〇〇圓

**總計　一、二八七、一六〇・〇〇圓**

## 插圖索隱

## 本期勘誤表

| 頁 | 行 | 誤 | 正 |
|---|---|---|---|
| 四 | 一四 | 較詳的細 | 較詳細的 |
| 七 | 一 | 瞯熱甚濤 | 瞯執甚濤 |
| 一七 | 二 | 柱頭微有收分 | 柱身微有收分 |
| 二七 | 一 | 並無者何門窗 | 並無任何門窗 |
| 三三 | 一〇 | 正面明間 | 正面明間 |
| 七三 | 一三 | 先儒儒 | 先儒像， |
| 八四 | 二 | 雍五 | 雍正 |
| 一一四 | 一五 | 承條方上 | 承條枋上 |
| 一三一 | 一 | 四，扇窗倘好 | 四扇，窗倘好 |
| 一四〇 | 四 | 連楹門，枕 | 連楹門枕， |
| 圖版 | 壹 | 縮尺千分之一 | 縮尺千六百分之一 |
| 圖版叁拾肆 | | 乙　駐蹕正房 | 乙　駐蹕正房 |

## 本社社員 以入社先後為序

朱啟鈐　陶湘　孟錫珏　周貽春　袁同禮　華南圭
葉恭綽　陳垣　徐世章　郭葆昌　任鳳苞　瞿宣穎
張文孚　淘洙　劉南策　馬衡　梁思成　何遂
吳延清　宋麟徵　關祖章　葉公超　劉嗣春　金開藩
唐在復　馬世杰　張萬祿　林行規　溫德　翟孟生
孫壯　裘善元　吳其昌　趙深　林徽因　陳植
李慶芳　江紹杰　艾克　柏爾斯曼　彭濟羣　汪申
盧樹森　劉敦楨　瞿祖豫　梁啟雄　謝國楨　周作民
錢永銘　徐新六　葉揆初　翁初白　許寶騤　胡玉縉
張學良　莊俊　張學銘　胡筆江　黎重光　吳泰勳
錢馨如　任鴻雋　章元善　李四光　李濟　李書華
林志可　單士元　夏昌世　趙世暹　關頌聲　楊廷寶
鮑鼎　邵力工　劉儒林　劉致平　馬輝堂　宋華卿
趙雪訪

## 理事會

朱啟鈐　周貽春　葉恭綽　孟錫珏　袁同禮　周作民
錢永銘　徐新六　張文孚　李書華　關頌聲　李四光
李濟　任鴻雋　裘善元　章元善

## 職員

社長　朱啟鈐
法式主任　梁思成　助理　邵力工　劉致平
文獻主任　劉敦楨　編纂　瞿宣穎
研究生　莫宗江　陳仲篪　麥儼曾　陳明達　王璧文
會計　朱湘筠　庶務兼收掌　喬家鐸


# 中國營造學社彙刊　第六卷　第一期

定價壹圓　郵費國內八分 國外六角

中華民國二十四年九月出版

編輯兼發行者　中國營造學社　北平中山公園內　電話南局二五三六號

印刷者　京城印書局　北平和平門內北新華街　電話南局三五七〇號

製版者　故宮印刷所　北平神武門東北上門　電話東局一六九八號

寄售處　北平琉璃廠來薰閣
北平琉璃廠商務印書館
天津大公報代辦部
天津日租界旭街利亞書局
南京中央大學對過鍾山書局
上海福州路二七一號作者書社


35722

# BULLETIN OF THE SOCIETY FOR RESEARCH IN CHINESE ARCHITECTURE

Volume VI, Number 1.
September, 1935.

SPECIAL NUMBER

## The Architecture of the Temple of Confucius, Chü-fu, and Plans for Its Restoration

*—Liang Ssu-ch'eng.*

Published by the Society at Chung-shan Kung-yuan, Peiping. China.

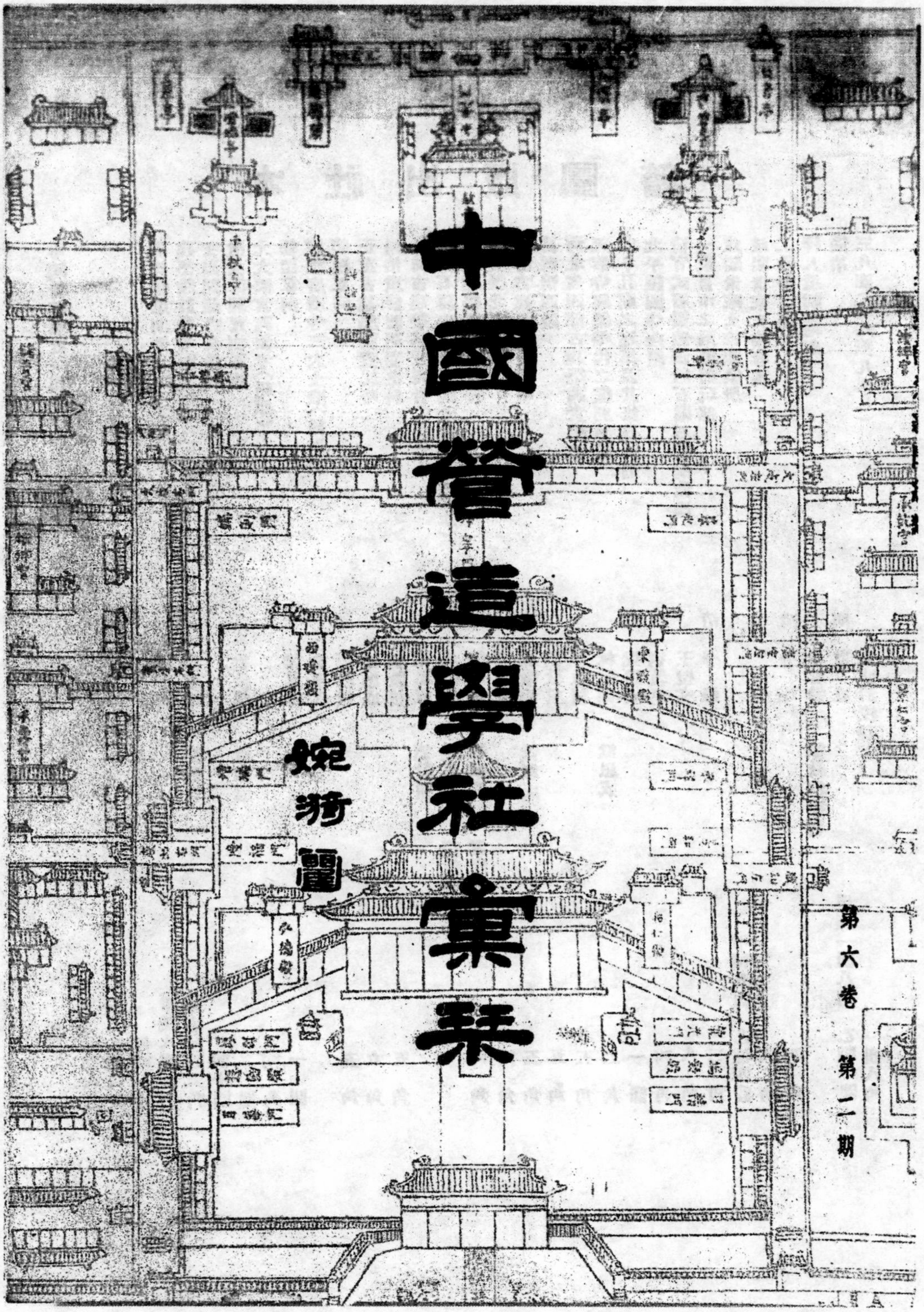

# 中國營造學社彙刊

婉游圖

第六卷 第二期

# 本社出版圖籍

| | | |
|---|---|---|
| 中國營造學社彙刊第一卷至第三卷（絕版） | | |
| 第四卷共四期（第二期絕版） | | 每期八角 |
| 第五卷共四期 | | 每期八角 |
| 第六卷第一、二期 | | 每期一圓 |
| 清式營造則例 | 梁思成 | 甲種八圓五角 |
| 建築設計參考圖集第一二三集 | 梁思成 劉致平 | 每集一圓六角 |
| 文淵閣藏書全景 | | 四十圓 |
| 清文淵閣實測圖說 | 劉敦楨 梁思成 | 二圓 |
| 元大都宮苑圖考（絕版） | | 四角 |
| 營造算例 | 梁思成 | 一圓 |
| 寶坻廣濟寺三大士殿（絕版） | 梁思成 | |
| 牌樓算例 | 劉敦楨 | 五角 |
| 正定古建築調查紀略 | 梁思成 | 六角 |
| 同治重修圓明園史料 | 劉敦楨 | 五角 |
| 大同古建築調查報告（絕版） | 梁思成 劉敦楨 | |
| 雲岡石窟中所表現的北魏建築（絕版） | 林徽因 梁思成 劉敦楨 | |
| 漢代建築式樣與裝飾 | 鮑鼎 劉敦楨 梁思成 | 四角 |
| 定興縣北齊石柱 | 劉敦楨 | 四角 |
| 晉汾古建築預查紀略 | 林徽因 梁思成 | 五角 |
| 易縣清西陵 | 劉敦楨 | 五角 |
| 河北省西部古建築調查紀略 | 劉敦楨 | 五角 |
| 天寧寺建築年代之鑑別問題 | 林徽因 梁思成 | 二角 |
| 曲阜孔廟之建築及其修葺計劃 | 梁思成 | 一圓 |
| 北平護國寺殘蹟 | 劉敦楨 | 四角 |
| 清官式石橋做法附石閘石涵洞做法 | 王璧文 | 八角 |
| 一家言中之居室器玩部 | 清 李漁 | 三角 |
| 岐陽世家文物圖像册 | | 甲種五圓 乙種四圓 |
| 岐陽世家文物考述 | | 八角 |
| 工段營造錄 | 清 李斗 | 四角 |
| 梓人遺制（絕版） | 朱啓鈐 劉敦楨校刊 | |
| 園冶 | 明 計成 | 甲種一圓八角 乙種一圓 |
| 三几圖（蝶几燕几匡几） | 朱啓鈐校刊 | 一圓八角 |

35726

# 中國營造學社彙刊第六卷第二期目錄

# 北平護國寺殘蹟目錄

圖版壹

甲 護國寺金剛殿

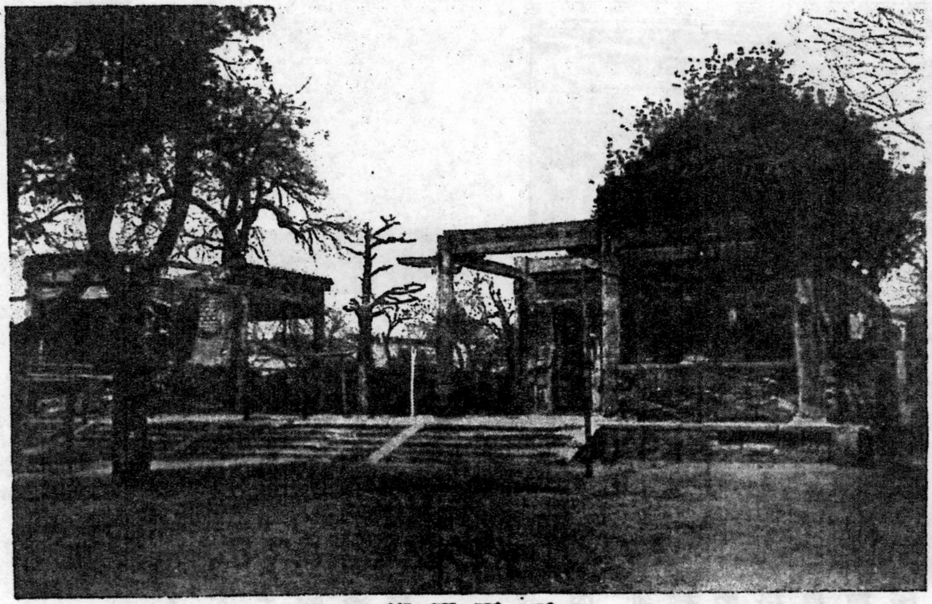

乙 天王殿

圖版貳

甲 延壽殿

丙 延壽殿槅扇萃版

乙 天王殿術替

# 圖版叁

甲　明成化八年碑

乙　趺部（其一）

丙　趺部（其二）

35731

圖版肆

甲 無量殿及廊房

乙 崇壽殿

圖版伍

甲 崇壽殿北面石陛

乙 崇壽殿斗栱

丙 崇壽殿菱花槅

# 圖版陸

甲 元皇慶元年及至正二十四年碑

乙 元至正十一年碑碑首

甲 千佛殿月臺角石(其一)

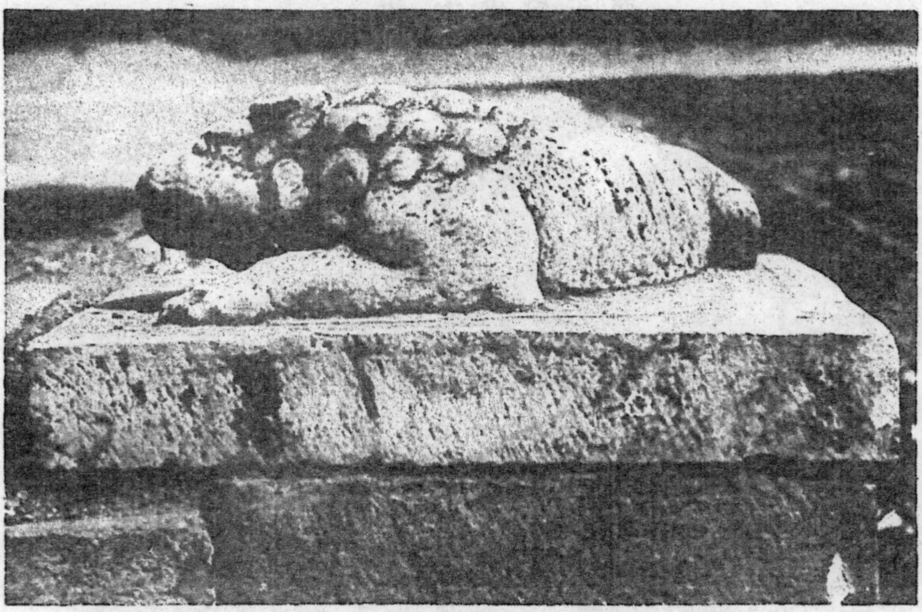

乙 千佛殿月臺角石(其二)

圖版捌

甲 千佛殿正面

乙 千佛殿背面

圖版玖

甲 千佛殿前簷牆

乙 千佛殿山牆

35737

圖版拾

甲 千佛殿壁龕殘蹟

乙 千佛殿柱礎

圖版拾壹

甲 千佛殿元至元二十一年碑

乙 垂花門前石獸

35739

圖版拾貳

甲 垂花門

乙 同詳部

圖版拾叁

甲　西舍利塔

乙　東舍利塔

圖版拾肆

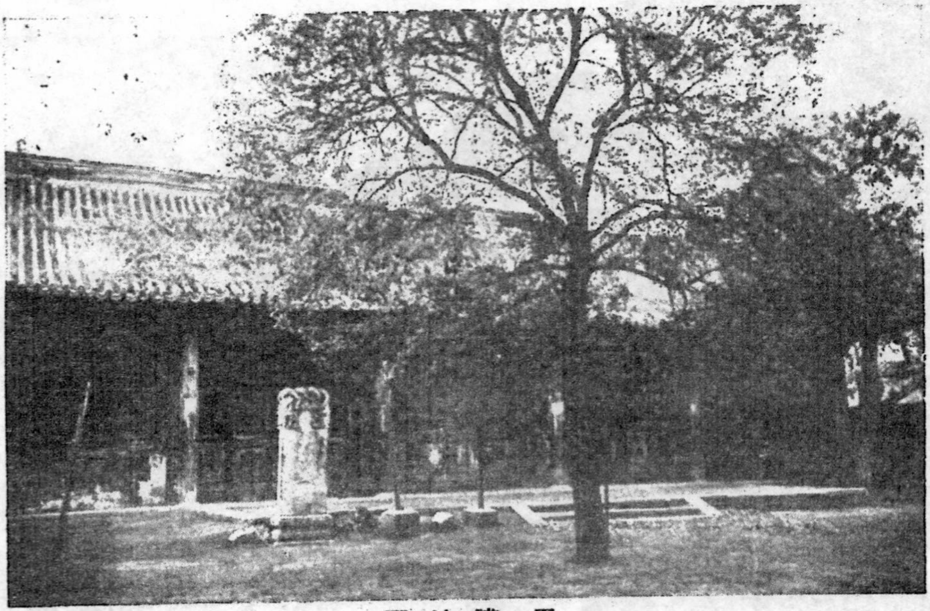

甲 護法殿

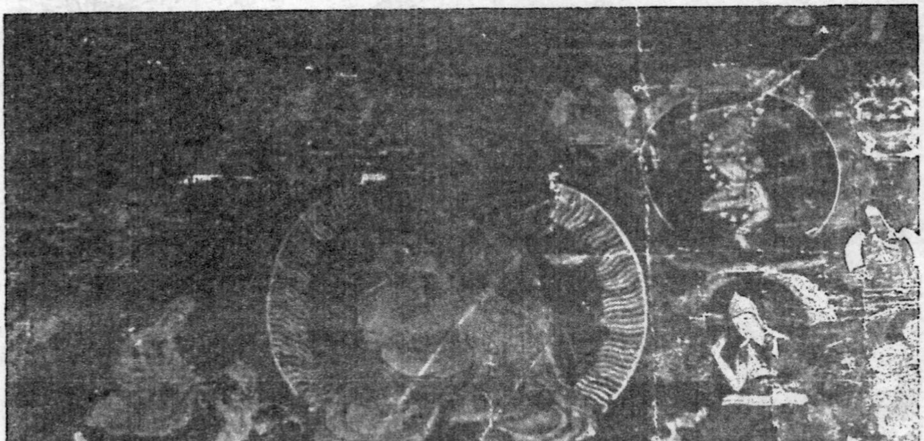

乙 護法殿壁畫

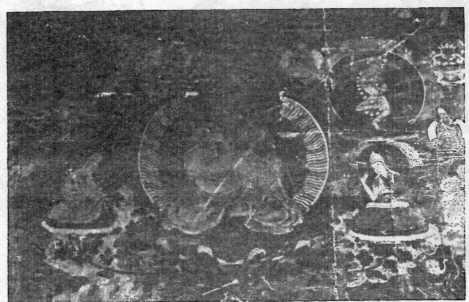

## 圖版拾伍

甲 功課殿

丙 自在觀音像

乙 護法殿姚廣孝像

35744

# 圖版拾陸

甲　北平妙應寺塔

（自支那建築轉載）

乙　五臺山塔院寺塔

（自支那建築轉載）

丙　奉天延壽寺塔

# 圖版拾柒

甲 曲阜孔廟漢孔彪碑

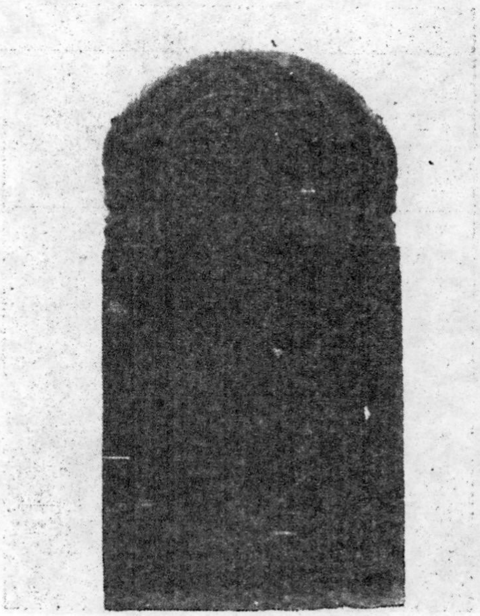

乙 晉張朗碑

丙 山東滋陽縣北魏賈使君碑

丁 南京梁始興忠武王碑

(均自支那建築轉載)

圖版拾捌

甲　河南登封縣北齊碑樓寺碑

乙　西安碑林唐大智禪師碑

(均自支那佛教史蹟)

# 圖版拾玖

甲 河北昌平縣大覺寺金碑

（自支那建築轉載）

乙 南京明孝陵聖德神功碑

丙 山東曲阜孔子墓碑

35748

圖版貳拾

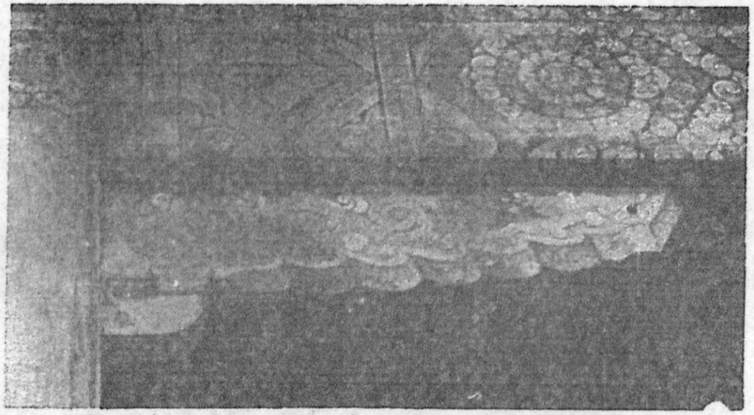

甲 河北昌平縣明長陵稜恩門雀替

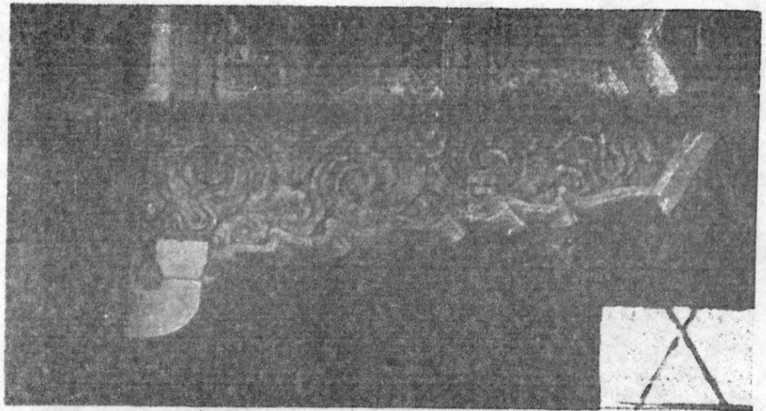

乙 北平天壇祈年門雀替

丙 北平故宮太和殿雀替

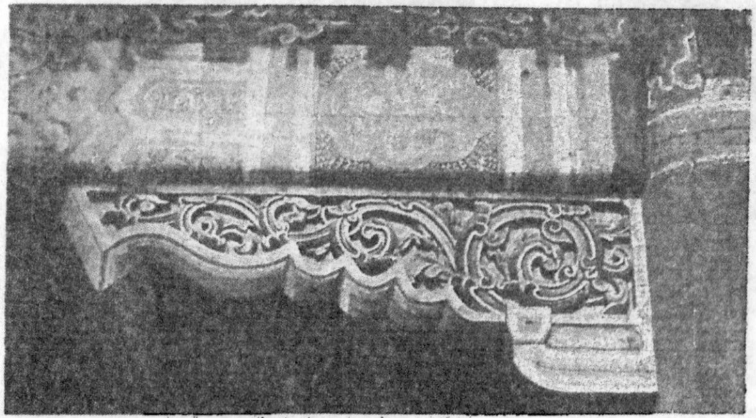

丁 北平故宮太和門雀替

# 北平護國寺殘蹟

劉敦楨

寺舊名崇國寺，在故都西四牌樓北，與妙應隆福諸寺，同以廟市著稱。往歲余僦居西城，休沐之暇，偶游此寺，自山門歷金剛天王延壽崇壽諸殿，均明清二代所建，了無足異，惟崇壽之北，有千佛殿殘壁，以木骨與土磚合砌，上施闌額至隅柱外垂直截割，頗類遼代遺構。歸而稽之志乘，謂寺創於元初，與是殿結構，未能符會，疑莫能釋。邇來數至寺中，周訪遺蹟，摩挲殘碑，裴回不能自已，因擇其與建築藝術有關者，偕陳明達邵力工莫宗江三君測繪攝影，勒為此篇，而寺之沿革與現狀，亦摘要著之篇首，以資參證。

## 略史



35749

寺之沿革，據日下舊聞考引燕雲錄，宋靖康二年，陳過庭使金，自眞定遣詣燕山崇國寺安泊，知崇國爲金初舊刹，惟金以前者，無可考矣。　金元之際，寺與憫忠寺同毀於兵事，定後，耶律楚材疏請僧善選住持憫忠，尋之崇國。見順帝至正二十四年危素所撰隆安選公傳戒碑注六，但其後善選之徒定演，另營寺大都，位於金城東北，稱崇國北寺，所以別於舊寺也。　北寺起原，據仁宗皇慶元年趙孟頫所撰佛性圓融崇教大師演公碑，及至正十一年大都崇國寺重新修建碑，僧定演者，燕三河人，七歲入崇國寺事善選爲師，嗣游五臺，還主上方寺，博觀海藏，兼習毗尼，適崇國虛席，迎爲住持，以講華嚴受知世祖，賜號佛性圓融崇教大師，至元二十一年前後，別賜地大都，與門人叶力興建，成大殿經閣丈室廊廡齋厨，僧舍百有餘楹，是爲此寺濫觴注二，注四。　但皇慶碑稱世祖賜地事在至元二十四年，至正碑則屬二十二年，此外千佛殿內，尙有至元二十一年公元一二八四年碑，載是年二月大都路僧錄司，劄付薊州遵化縣般若院莊田水磑，歸崇國北寺掌管注一，北寺之名，首見於此，視至正碑所載，尤早一歲。　豈其時頒賜頻繁，挾刹之數自般若院以次，無慮二十餘所注五，碑文各據一部，言之致未獲一致歟？　嗣仁宗皇慶延祐間，前後賜鈔三千餘錠，增建山門注四。　延祐二年公元一三一五年，中書省參政速安及子曲迷夫不花，復於千佛殿後，施建舍利塔注三。　順帝至正五年公元一三四五年，僧智學等又重修法堂雲堂祖師伽藍二堂，與厨庫僧房，侍者僚房五十餘間，及新建鐘樓，法堂東廊廡，南方丈等三十餘間，歷時六載，始告厥成注四。　元代建置可考者，約略如此。　至於千佛殿內，舊藏塑像二尊，傳爲元丞相脫脫夫妻，寺亦其捨宅所建，振生君城西訪古記已辨其妄注七，茲不復贅。

明代史蹟，據現存天順成化正德諸碑，明成祖永樂三年，有西僧桑渴巴辣者，中天竺人，隨貢使梯航至南京，永樂十四年，勅移此寺，授內監番語注九。　宣宗宣德間因舊更新，注十四年公元一四二九年，賜名大隆善寺注八。　英宗正統元年公元一四三六年，太監阮文等復興修後殿山門廊房方丈，四年改稱崇恩寺注九。　天順間寺一部傾頹注十。　憲宗成化七年公元一四七一年，命太監黃順工部侍郎蒯祥等大事興築，翌年工竣，授工匠張定住三十人爲文思院副使，事具成化八年碑注十，十一，十二及憲宗實錄注十三。　其時寺名復稱隆善，其下更綴以護國二字，護國之名蓋起於此。　惟成化十七年碑謂「昔爲招提煨燼」又似火災後予以修治者也注十四。　武宗正德七年，勅西番大慶法王淩戩巴勒丹與大覺法王扎什藏布居此寺注十五。　嘉靖九年，尙書李時等先後請撤少師姚廣孝太廟祀典，移其神主畫像於大興隆寺，十四年寺災，復移此注十六。　今寺後護法殿猶存廣孝木像與侍像二軀，惟畫像乾隆時已無可考注十七。　世俗不察，謂寺爲廣孝影堂，亦誤。

清康熙六十一年公元一七二一年，蒙古王公貝勒修繕此寺爲聖祖祝釐，見御製崇國寺碑注十八。　其後乾隆十二年，高宗行幸此寺，曾賦詩紀事注十九，但未聞修葺。　此外爐磬雲板題記有康熙二十二年，道光二十七年，同治五年數種，然清代修理紀錄見於碑碣者，唯康熙一度而已。

今每月逢七八日有廟市自山門內，夾道支棚爲攤，百貨雜陳，游人輻湊，至不能駐步，然紀載所示，明內城廟市，祇城隍廟一處而已，入清以後，東城隆福寺雖傳爲明燈市之遺，而此寺廟市，獨無可考，僅據日下舊聞考知乾隆時已有之矣注二十。

綜上所述，此寺自定演剏建以來，迄今六百五十餘年，經元皇慶延祐至正，及明宣德正統成化，與清康熙數度增修，蔚爲巨刹，然考元代諸碑，其時主要建築，僅大殿經閣鐘樓山門舍利塔法堂雲堂及伽藍祖師二堂，似較現寺規模插圖一不逮遠甚。又以遺物推之，明以前者，唯存千佛殿殘壁，與舍利塔及元碑數通，皆萃聚於殿之前後，其餘北部護法功課二殿，與南部崇壽延壽天王金剛諸殿，及鐘鼓二樓，廊廡雜屋，依式樣判斷，咸屬明清二代所建，而主要建築屬於明代者尤多，則現寺規模，決爲明宣德成化間增擴無疑矣。

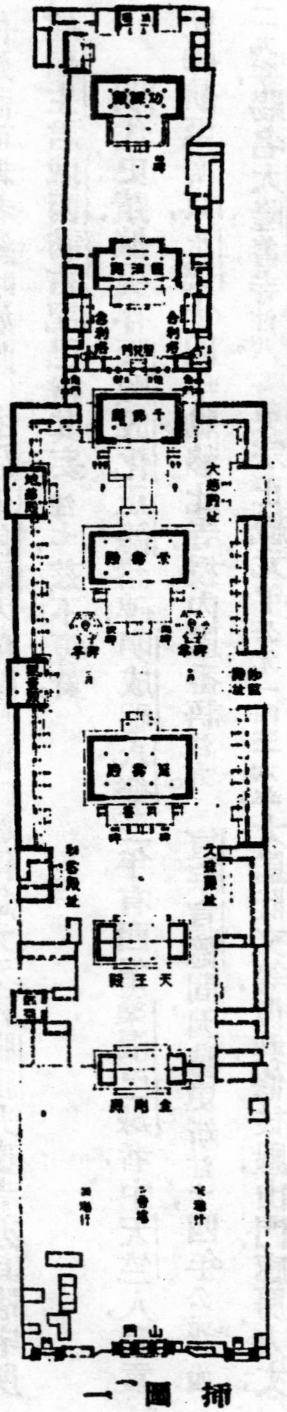


護國寺平面現狀圖

插圖一

## 現狀

寺最外山門三間，單簷歇山題大隆善護國寺，左右垣闢旁門各一。門內廣場中央有康熙末鐵製香爐一具。兩側舊有幡竿，今俱毀，唯餘夾桿石。

第二層金剛殿五間圖版壹甲內置金剛二似爲明塑？殿正面門窗皆壼門式，壁面裝障日版。外側梁枋，在梢間及山面大額枋下，復施小額枋一層，與殿門同一制度。其左右夾以短牆，設東西旁門。門內鐘樓全圮，僅存鼓樓。附近舊應有東西廊房，分列兩側，今悉改築若雜院矣插圖一。

第三層天王殿圖版壹乙祀四天王，摶塑之術，較前述金剛尤劣。殿東西五間，中央三間於額枋下，施雀替，無小額枋及槅扇，仍係門制。現屋頂大部頹毀，據梁架結構及殘存天花彩畫雀替圖版貳乙推測，殆明代所建？殿後舊有配殿，東曰文殊，西曰秘密，惟前者現已無存，後者亦依舊址改修，僅能辨其大概位置而已。

第四層延壽殿，前爲月臺，臺下列二碑，東碑題明正德七年建，西碑鐫藏文，再前置鐵香爐一具。殿木身面闊五間，進深顯四間，後附抱廈一間。現殿頂已失圖版貳甲自外窺之，內部塑像傾圮略盡，壁畫亦僅存西壁一部，俱非佳作。就斗栱結構，及霸王拳式樣，與羣板所彫三福雲推測，圖版貳丙次爲明代遺構。　又後抱厦之制，證以隆福智化碧雲諸寺，與此寺崇壽護國二殿無不如是，殆爲明代佛殿平面之一特徵。　殿東西兩側各有廊房十一間，前接文殊秘密二殿，後與伽藍無量二殿相通，自此向後，經大悲地藏二殿，折至千佛殿兩側，包中央諸殿於內 揷圖一。　核之臥佛隆福二寺，配列之法亦皆符合。　又據元虞集東嶽仁聖宮碑：

作大殿，作大門，……明年作東西廡。　東西廡之間，特起如殿者四，以奉其佐神之尊貴者。

知明北平諸寺於大殿左右配列廊房，與東西配殿互相銜接，實襲元代舊法，而元寺又胎息於唐宋廊院之制，無可疑也。　現伽藍大悲二殿遺制僅存，惟西側無量地藏二殿，距新修未久，尚完整 圖版肆甲。

第五層崇壽殿前庭置鐵鼎一，次井二，次六角碑亭二，分列左右 揷圖一。　東亭內藏明成化八年御製大隆善護國寺碑記，石面漶漫，存字無幾，惟西亭康熙六十一年碑，鐫滿漢蒙藏四體文字，猶清晰可辨。　月臺前復有成化八年二碑 圖版叁，形制奇特，另詳下文。　臺前及殿後各有陛石，所彫卷雲，純屬明人手法 圖版伍甲。　臺上崇壽殿 圖版肆乙 面闊五間，進深九檩，後附抱厦一間。　此殿之頂，亦摧夷過半，前後門窗，現以短垣封塞，未能入觀，據簷端斗栱觀之，其柱頭科所用單翹重昂，寬度均各相等 圖版伍乙，而平身科螞蚱頭向後挑起，壓於檩下，如智化寺萬佛閣之狀，確爲明中葉通行之方法。

第六層千佛殿，前構月臺，再前爲甬道，與崇壽殿後抱廈銜接。月臺東側三碑。前碑無字。後二碑圖版陸甲居東者爲元皇慶元年演公碑，趙孟頫撰書，石質堅密，保存甚佳。西爲至正二十四年危素撰書選公碑，下部裂爲三段，現以鐵錠絡之。月臺西側，復有四碑。前碑亦無字。後三碑居東者，爲至正十一年大都崇國寺重新修建碑圖版陸乙。中碑至正十四年立，內雜蒙語白話，爲自來治元代通俗文字者所重視。碑之背面，刻南北二寺庄田資產注五，除大都外，有香河寶坻永清平谷三河遵化諸縣及順州邠州檀州通州薊州杭州等處寺產，足窺當時此寺之盛狀。西碑明英宗天順二年立。

千佛殿俗稱土坯殿，爲寺內最古建築，惜闌額以上部分現已毀壞，祗賸殘壁一周，矗立風雨中，極可惋惜圖版捌。殿內西次間，存世祖至元二十一年碑一通圖版拾壹甲刻僧錄司劄付般若院地產執照，亦雜以蒙古白話，背面則鐫地產四至，頗稱詳盡注一。其餘壁內木骨結構與柱礎月臺角石等，另於下節論述。

殿之東西兩側，利用廊屋爲走道，繞至殿後，復有東西橫道，兩端各闢一門，通至寺外插圖一。道中央三門南向，中爲垂花門圖版拾貳甲乃寺之第七層。其前列石狻猊，依式樣判之，至遲亦爲明物圖版拾壹乙。門內東西二塔，皆喇嘛教式圖版拾叁，外部繞以短垣，似爲後代增築者？

第八層護法殿，據帝京景物略，殆卽明之景命殿注二十一？　殿前東西配殿各三間。　月臺西側一碑，文字大部摩滅，據銘刻知爲明嘉靖二十二年立。　殿面闊五間，單簷硬山頂，前闢走廊圖版拾肆甲，後附抱厦三間，其屋頂一部業已殘破。　內部在東西第二縫各構版壁，約厚五公分，壁面施蔴灰，繪曼荼羅，疑出明人手筆圖版拾肆乙？　其梁枋彩畫枋心以紅色爲地，飾錦文，而兩端旋子構圖亦與近世稍異，極類明末淸初所繪。　東梢間內藏姚廣孝木像圖版拾伍乙，與脇侍二尊，在明淸造象中尙非下乘。惟廣孝影堂與僧錄司，原在大興隆寺，嘉靖中寺災，移於此寺之後，而影堂位於司右注十六，像應庋藏於是，不知何時頹廢，遷於此殿也。

抱厦北有石座二，後座置石量器，形如椀，未諳何名。　次鐵爐一，題道光二十七年鑄。　其後稍東，有一碑，鐫藏文。　再次功課殿五間圖版拾伍甲，爲寺之第九層。　殿前抱厦三間，三面闢門窗，與殿本身均施懸山頂。　內祀無量壽佛，有康熙『寶蓮法地』匾額，嚴整如新。　殿前東側有雜屋數椽，頹敗不堪，西側則久夷爲平地矣。

第十層後樓三間，下層明間有喇嘛塔一基，塗白堊，俗傳帕布喇嘛之塔，未知確否？　西次間置銅質觀音像一尊圖版拾伍丙，無年代銘刻，傳出自土中。　像高一公尺六十六公分，曲右足，支右手膝上，尙存宋塑舊型。　其肩上縧帶糺纏，亦如其他元代造象。　惟兩臂僵直，毫無生氣，且左膝以下過於臃腫，與右腿凹曲，皆極不合理處。　證以下部衣帶卷結形狀，與明正德間所塑北平延福寺諸像一致，或爲元末明初作品，未可知也？ 樓之左右，尙存階臺石一部，與西側樓房連屬，疑舊爲轉角樓房，年久傾圮，僅餘西側一部，而中央三間，則爲最近重建者也。

寺之現狀，論者每以垂花門以北堂殿三重，自成一廓，遂謂寺爲二寺合併而成，然余考此寺遺物屬於明以前者，如千佛殿與舍利塔，皆分布於垂花門與橫道南北（挿圖一），則此部在元代決非二寺，無異明如觀火。 且門兩脇之牆，距舍利塔甚近，苟爲元至元延祐間舊狀，詎至偪促若是？此可依平面配置，決爲後代增建者也。 意者寺之前部，自山門至千佛殿，爲全寺主體，而垂花門以北，乃附屬堂殿與方丈僧房僧錄司之屬，其體制較卑，故於殿後，以橫道區隔南北，又於道之兩端各闢一門，俾內外交通，無虞混亂歟？

以上係寺之大概情狀，再次就遺蹟中比較重要者，另條敍述如次。

## 千佛殿

殿舊題「三仙千佛之殿」，見日下舊聞考引炙硯錄，千佛蓋其簡稱也。 殿前月臺，置鐵爐一，下部已毀。 臺東南西南二隅，復有角石各一，彫琢甚美。 東南者刻三獅一球（圖版柒甲乙），西南唯二獅，皆剔地起突，與營造法式所圖吻合。 又角石方六十七公分，高二十九公分，亦與法式規定

「每方一尺，厚四寸」略合。案角石之制，今定州曲陽一帶，尚隨處可以發見，惟曲陽爲元以來石工極盛之地，舊法傳流，不足爲異，若北平明清建築，則此制稀如星鳳，故疑爲元代遺物也。

殿面闊五間，進深顯三間，面闊進深，約爲五與二之比插圖二。內部之柱，因泥土封積，僅發現西第二縫前金柱柱礎一處，以意度之，殿之進深，超過十一公尺以上，在結構上各縫必有金柱，極爲明顯，但前後金柱是否對稱，無由懸擬，故圖中未爲一一增入也。柱礎覆盆上所彫壓地隱起華文，大部摩滅，僅西北隅一石保存稍佳圖版拾乙。觀其彫刻手法，與元成宗大德十年公元一三〇九年河北安平縣聖姑廟大體符合注二十二，疑其年代亦約略相同。

殿之大木結構，自闌額以上，摧毀無餘，今所知者，唯柱與闌額二者而已。柱徑四十六公分，至頂略有卷殺，但非梭柱。徑與柱高約爲一與十之比。

闌額斷面狹而高，其寬與高約爲一比二·二。然最足注意者，無如額之前端伸出隅柱外，垂直截去一事圖版玖甲。案此法發見於山西河北二省北部者，皆遼代遺物，整然自成一系統注

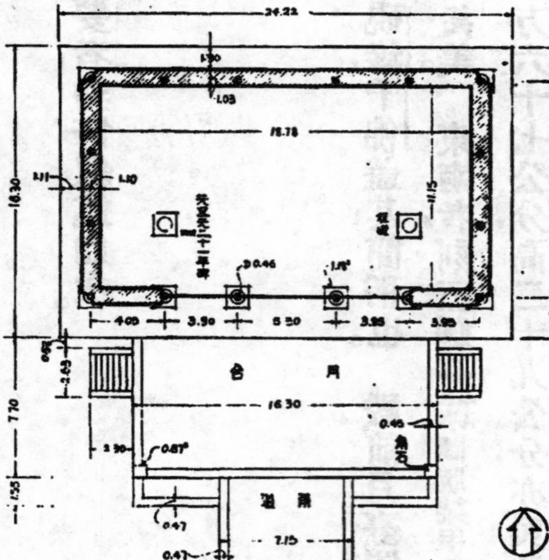


護國寺千佛殿平面圖

插圖二

二十三，其餘金元遺構，若大同善化寺三聖殿山門，正定陽和樓，安平聖姑廟，定興慈雲閣，曲陽北嶽廟，皆非此式，足爲此殿建築年代有力之佐證。

此殿屋頂雖已崩塌，但民國初年寺中尙保存角神一具，振生君城西訪古記曾著其事：

此寺建時，窮極工巧，窗櫺之紋，瓦當之式，均無同者。 如前殿之頂，與此殿之硬朗漢，皆匠人炫巧處。 凡寺宇殿外簷角，例以一木瓶承之：獨此殿外東南角，作一木偶，爲壯士形，騎馬式，兩手叉腰，以負簷角，俗呼爲硬朗漢。 殿圮墮地，今尙收存注二十四。

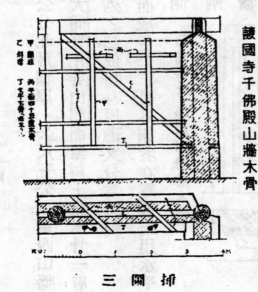

振生君此文所紀，係根據寺喇嘛王星垣所云，其事宜可徵信。 今以實物證之，河北省易縣開元寺毘盧殿，建於遼末天祚帝乾統五年，其外簷東南角，有角神跪於平盤斗上，見拙著河北省西部古建築調查紀略；而本刊第五卷第四期，梁思成林徽因二先生論述之北平天寧寺塔，在角梁下，亦有同樣結構，均與營造法式所載符合，可爲建築年代之又一證明。 惜王君物故多時，詢諸寺中喇嘛，無知此像者，殆遺失久矣。

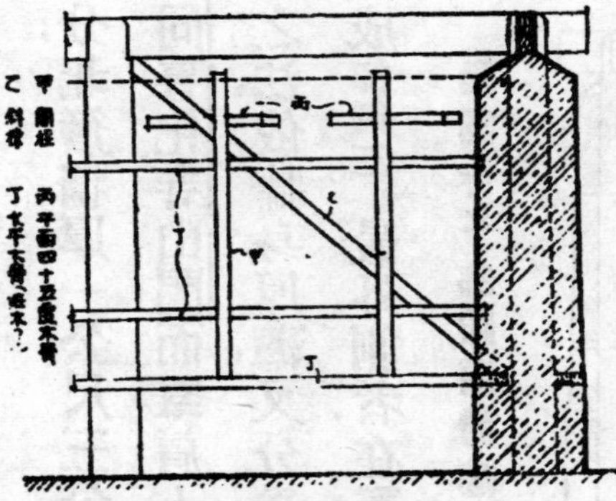

護國寺千佛殿山牆木骨

插圖三

殿之平面，除正面明次三間裝槅扇外，正面梢間及其餘三面，皆以牆壁包圍。 牆之結構，下爲磚砌之羣肩，高八十公分，惟厚度則略有區別。卽南簷牆厚九十六公分北簷牆厚一公尺三三公分；東西山牆增至一公尺又十一公分。此種山牆增厚之法曾見於大同善化寺山門而羣肩上施木骨一層其上再以木骨與土磚合砌，亦復相同。但此殿木骨配列之法依牆身厚薄又分爲二種。

（一）兩側山牆圖版玖乙與後簷牆由四種木骨組合而成插圖三。最外側者在羣肩上用水平木骨數層厚六公分寬十二公分裝於牆之外側，殆卽營造法式所云之絍木？次爲斜撐，支於兩柱間。再次爲貫通內外之木骨，在平面上與牆面略成四十五度之角度。此外尚有間柱，支於闌額內側。最後，復於牆之內側施絍木數層，與外側同。

（二）正面簷牆在西梢間者保存完整，惟東梢間之牆圖版玖甲外部業已剝落，是否羣肩上亦有水平木骨數層，無由查驗。據現狀言，牆內僅有貫通內外之木骨，無斜撐與間柱插圖四，其故莫辨。又此項木骨在平面上各層互相參錯，方向相反，極堪注目。

護國寺千佛殿前檐牆木骨

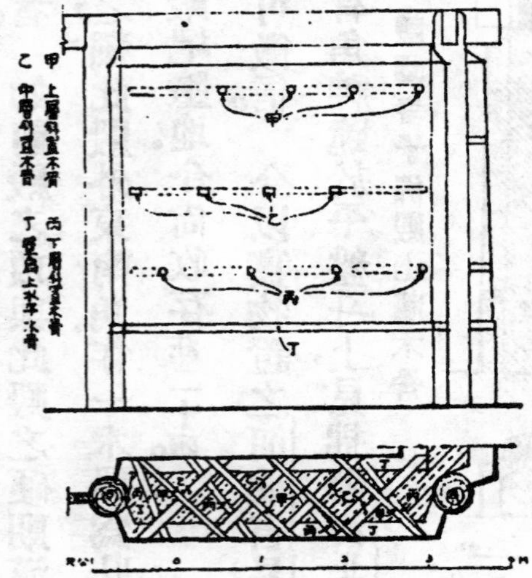


插圖四

案我國磚牆進展之順序，由版築進爲日光乾燥之土磚，再改爲純粹陶製之磚牆，其事殆無可疑。

惟國內幅員廣闊，造牆之法，依地理氣候，不一其式：如河北山西二省北部，以產硝鹽著稱，苟爲版築與土磚之牆，不足阻鹼質之上昇，而純粹磚牆，又非一般物力所能措辦，故民間建築，每於牽肩上施木骨或稻草一層，其上再構土磚，版築，與空斗磚牆。 此三者內土磚與版築之牆，無論對於垂直，水平，或其他任何外力，均甚脆弱，故累砌土磚時，每輔以木骨，增其强度。 據本社調查之古建築證之，其法實爲遼金元以來通行之方法注二十五；第大同諸例所示，僅能窺其表面，而此殿因殘敗之故，反足知其內部情狀，亦治斯學者引爲深幸者也。

牆內側，舊有壁龕，安設無數小佛像，故有千佛殿之名。 今龕佛雖亡，而牆之表面，猶有縱橫木版痕迹，及淺綠色之背光，依稀可辨圖版拾甲。

殿之年代，在文獻上無確實紀錄，僅據元皇慶至正諸碑，知定演所營之寺，有大殿經閣丈室，廊廡百有餘楹而已。 然以千佛殿式樣衡之，決非經閣及丈室，亦非延祐後增建之山門鐘樓及其他附屬建築，以愚意揣度，捨大殿外，殆難其選。 惟可疑者，大殿建於元世祖至元間，而此殿闌額，純屬遼式，無由吻合。 豈定演營寺之前，其地原有一寺，此殿乃舊寺所遺？ 抑其時大木架構，利用遼代舊物，自他處移此，而柱礎牆壁等，爲定演所構耶？ 此二說中，前說與皇慶碑「化塊礫爲寶坊，幻蒿萊爲金界」注二，抵觸不合，似難成立，惟後說在建築上數見不鮮，且不悖文獻與遺物所示之佐證，疑與事實較爲接近，願以質之讀者。

## 舍利塔

垂花門北有磚砌喇嘛塔二分峙東西圖版拾叁。西塔上部於十三天下正面施石額署「舍利塔」三字。東塔無題記世俗因之遂呼爲配塔。然民國二十年夏北平研究院史學研究會發現東塔北牆下有元延祐二年公元一三一五年碑題通奉大夫湖廣等處行中書省參政速安及子中奉大夫曲迷夫不花建塔原由有「願以一塔入八萬四千塔一切塔入此一塔」等語注三與是塔蘊藏無數小塔之事實適相符應則東塔固爲速安父子所建略無疑義。且帝京景物略謂寺有舍利塔二注二十二足證明時無配塔之稱世俗謬言不足信也。

就形體言二塔俱分上中下三部挿圖五六。下部爲臺座中爲塔肚上爲塔脖子及十三天寶珠等。其結構詳狀如次。

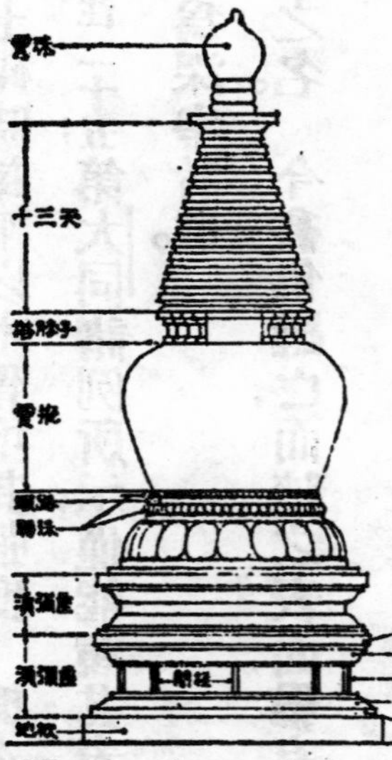

護國寺西舍利塔

挿圖五

西塔挿圖五臺座在平面上係圓形。最下爲地栿栿上重疊須彌座二組每組皆由下枋下梟下線路束腰上線路上梟上枋七層構成。所異者下組束腰較高且施間柱爲上組所無。

中部於臺座上，施線路二道。次爲蓮瓣。再次，用線路與聯珠各二層，互相間隔，而下層者較巨，殆卽清式金剛圈之權輿？再上爲塔肚，其高較直徑約殺三分之一，當係覆鉢之變體？清代匠工呼爲寶瓶，距原意遠矣。

上部直接位於塔肚上者爲塔脖子，外觀略如須彌座，但無上梟下梟。在平面上，此部係十字折角形，每角向內遞收二折，疑卽清康熙三十年重修北海白塔冊中所稱之「四出軒」？其上十三天與相輪同一性質。再上施大圓盤一，小圓盤三，至頂冠以寶珠。

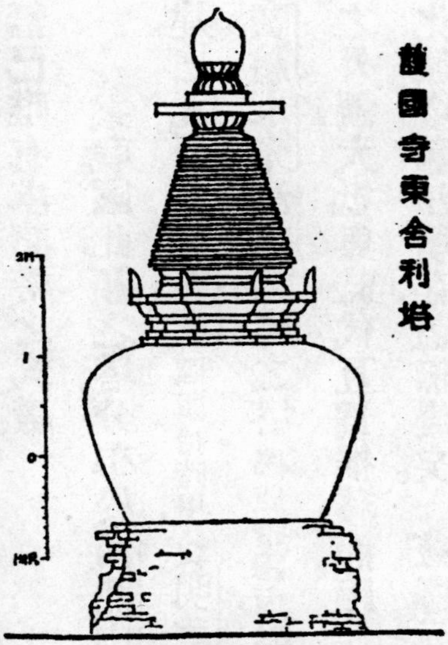

護國寺東舍利塔

插圖六

東塔式樣與西塔大體一致，惟塔之比例，較爲肥碩耳插圖六。數載前其臺座及塔肚下之蓮瓣俱崩毀，故塔之下部，無由窺其原狀。就上部觀之，其塔脖子在平面上，僅向內收進一折，而上線路之上，復增上梟一層，比例均視西塔粗健。又上枋兩端所施裝飾，卽營造法式佛道帳之山華蕉葉，用於轉角處者注二十六，其式又見於敦煌第一百十七窟壁畫，及雲岡中部第二窟支提四隅之小塔注二十七，與山東神通寺四門塔等，而其輪廓，尤與希臘殿堂上 Acroterion 極相類似，故疑由希臘經波斯，健陀羅，於南北朝時傳入我國，受固有藝術之陶冶，細部花紋，漸趨華化也。塔脖子上施線路四層。上爲十三天。再上爲石製仰蓮及大小圓盤各一層。　盤上彫仰伏蓮瓣，中列聯珠，最上爲寶頂，亦石質。

東西二塔之式樣，如前所述，雖大體一致，而東塔比例較爲雄健，是否此二者成於同時或同一匠工之手，殊令人懷疑。　然延祐二年碑未言所建之塔爲一爲二，則此事決難以臆測定之。無已，唯有求諸塔之式樣。

案我國此類之塔，分布於河北山西熱河遼寧諸省者，實較他處爲多：如元世祖至元八年重建之北平妙應寺塔圖版拾陸甲及明萬曆七年五臺山塔院寺塔圖版拾陸乙，清崇德二年瀋陽延壽廣慈永光法輪諸寺之塔圖版拾陸丙與順治八年北平北海永安寺塔，皆其最著者也。　以上諸塔之外觀，大抵與時代互爲推移，而距元愈遠者，其差違亦愈甚：至清乾隆間西黃寺班禪喇嘛清淨化城塔，舊法所存，蓋無幾矣。　茲擇元明二代及清初之例，依結構順序，自下而上，比較如次。

(一)臺座：　元代喇嘛塔臺座，不論平面爲圓形，抑十字折角形，俱以須彌座二層構成。明以後此部比例漸高，但五臺山塔院寺塔尚爲二層。　清初則多數改爲一層，其下另以階臺一層或二層承之。

(二)蓮瓣：　臺座之上，元塔概施蓮瓣一層，其上爲小線道數層，或線道內夾以聯珠。　明塔尚偶用之。　清初受蒙古喇嘛塔之影響，改爲比例粗巨之金剛圈三層，無蓮瓣。

(三)塔肚：　元明塔肚之比例較肥矮。　其正面亦無眼光門及佛像。

(四)塔脖子。清以前者面闊較大。入清後，其面闊較十三天之下徑尤小。

(五)十三天。元明比例均較肥碩，至清此部特別縮小，幾如鐸柄形狀。

(六)圓盤。元代小塔用石，大塔用銅盤垂流蘇鈴鐸，自成一式。明五臺山塔猶如是。清初易爲天盤地盤二層。

(七)塔頂。今所知者元明用寶珠與小銅塔二種，清初改爲日月火焰。

今以此寺二塔與上述諸例對較，則東塔形體最與妙應寺白塔類似，而元延祐二年碑復植於塔側，其爲速安父子所營，殆無可疑。惟西塔比例較高瘦，其細部結構亦較輕快，似其年代亦較東塔稍晚？惟文獻上毫無證據，仍難決定，僅據帝京景物略，知明時寺有舍利塔二基，其落成時期至遲亦在明中葉以前也。

此外應附帶敘述者，卽東塔於民國二十一年春夏之間，下部崩塌，發現塔內藏有無數小塔（插圖七）。其大小，據著者所見，大抵高五公分，徑四公分者居多。塔作深褐色，內雜石灰少許，未經窯火，中藏藏經一條，以桑皮紙書之。塔下部作不規則之圓形，上緣稍突出，周圍彫壺門式花紋。其上緣施俯蓮與聯珠各一列。再上塔身用圓錐體或方錐體，殊不一律，然表面均刻水平線四五層，逐漸收進，若梯級形狀，極類印度

護國寺東舍利塔中所藏小塔

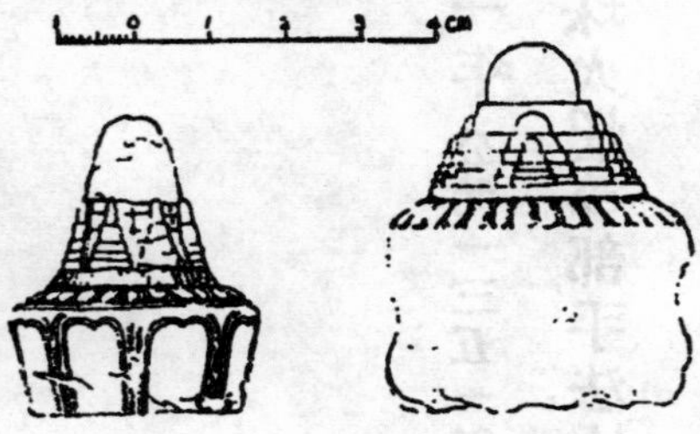


插圖七

婆羅門敎之塔。又表面浮刻梯級式小塔，附於塔身上至顚置饅首形寶頂插圖七。據文獻及近日發現之證物，此類小塔可自遼與西夏經 Kharakhoto, Khadalik, 追溯至公元九世紀印度遺物，惟所涉範圍過於廣泛，當於古建築調查報告專刊內與喇嘛塔流傳中國之經過及其式樣之變遷，另為文論之。

## 透龍碑

碑額題大元重修崇國寺碑，在千佛殿月臺西側，建於元順帝至正十一年公元一三五一年，在元碑中時代較晚，然碑首透彫異於常制，俗有透龍碑之稱圖版陸乙；此外寶珠火焰等部手法，均足代表元代碑碣之特徵，故為介紹如次。

考漢代碑首形狀有圭首與圓首二種。圓首者沿外緣彫圓線糾結，稱為「暈」圖版拾柒甲。暈者捲結之謂，後世碑首盤龍，卽自此演變而成。據今日所知，東漢熹平六年公元一七七年費鳳碑，於「暈」之兩端琢龍首下垂，為碑首用龍最早之例注二十八。其後復有建安間樊敏高頤二碑注二十九及晉永康元年張朗碑圖版拾柒乙。惟其時暈身仍如常狀；洎北魏神龜二年公元五一九年兗州賈使君碑，乃易為龍形圖版拾柒丙，故盤龍之制，至六朝始正式成立，殆可徵信。顧梁普通三年公元五五二年始興王蕭憺碑圖版拾柒丁，雖時代稍後，而暈身尚交結若繩狀，足徵其時江左猶爲過渡時期，其後歷北齊北周，體制漸備圖版拾捌甲。降至初唐，蔚爲巨觀，如大唐三藏聖教序碑，大智禪師碑圖版拾捌乙及少林寺太宗御書碑，雄健瑰麗，幾躋完美之域，可謂前無古人矣。宋遼以後，舊型雖存，而細部手法，漸趨衰落，至元末其流弊尤甚，本文所述，卽其一例。

自唐以來，碑首外鐫盤龍，內爲圭首形之題額，幾成一般通則，惟宋遼以後，碑首比例，高低廣狹，不得其當，致影響碑身全體之比例圖版拾玖甲。元末諸例，碑首每過於高瘦，於是內部題額處亦隨之成細長形狀，實爲最大缺點圖版陸。龍之形體，與唐代諸碑異者，亦有數端。

（一）自宋金迄於元初，龍身視唐稍爲瘦削，然無元末諸碑之甚。且自遼以來，龍身愈小，其蟠結糾纏之狀，亦愈趨複雜圖版陸甲乙拾玖甲，唐碑雄偉氣概，至此喪失殆盡矣。至於此碑龍身透彫，徒悅俗人之目，無關宏旨。

（二）龍之前足，舊制旁題額直下，與全身呼應，最爲生動動目圖版拾捌，而足之形狀，以愈簡勁者愈佳。元初之碑，如正定重修大龍興寺功德碑，猶保存舊形，此碑則前足過短，且爲尾所掩蔽，致全體姿勢陷於板滯圖版陸乙。

（三）龍之後足，合捧寶珠，始見於北齊天保八年公元五五七年碑樓寺碑圖版拾捌甲。唐代偶代以佛像，然用寶珠火焰者最多。遼宋以來，大都因襲其制。洎元北平瀋陽諸碑，其火焰未附於寶珠周圍，而在其上部；且火焰特別肥大，不與寶珠調和，最不足取，此碑其明證也圖版陸甲乙。

## 明成化年碑

碑植於延壽殿月臺前，東西各一。下無龜趺，代以長方形之臺，臺下琢圭角承之。臺面彫毬文，下垂圖版叁甲，如北平普通獅座情狀。其上左右各刻一獅，中爲須彌座圖版叁乙丙，座之圭角，與清代習見者稍異。座上復有二獅，承托碑身，爲碑碣中罕覯之例。

碑首輪廓上左右三面，俱用直線，至轉角處用弧線連接之圖版叁甲。其詳細手法，先隨輪廓刻邊框一道，內爲二龍昂首相向，中置寶珠，龍尾上翹，繞至珠上，而珠下題額，改爲長方形，視明以前者，大相徑庭。又其龍雲彫刻淺而且平，亦爲明代石刻之特徵。

案明代碑首輪廓，如南京孝陵聖德神功碑，雖與此碑一致，但其時尚無邊框，且龍首下垂，拊於碑側，猶未盡忘舊時矩矱，可爲過渡時代最重要之例圖版拾玖乙。迨昌平長陵碑，始於邊框內配置雙龍，於是北齊以來流傳九百餘年之式樣，至此發生極大變動。其後景獻諸陵及曲阜孔廟孔林諸碑圖版拾玖丙，因襲相承，煽爲風尚，遂至內部構圖爲邊框所拘束，陷於千篇一律，而描線纖弱，與彫刻手法之庸俗，方諸元碑墮落程度，殆無軒輊之別也。

## 垂花門

千佛殿後，有單間垂花門一座，結構簡潔洗鍊，與北平常見者稍異（圖版拾貳甲）。此門在平面上，前部二中柱與兩側界牆之中線一致，其後復有後簷柱二承載後部屋頂。依現存梁架觀之，似其屋頂，前爲清水脊後爲抱厦（?）卽清式之拘連搭垂花門。然其細部手法與清式異者計有數端：

（一）前後簷額枋上施平板枋一層，其寬與垂蓮柱相等，非清式所有（圖版拾貳甲）。

（二）後部平板枋上僅置一斗三升交蔴葉四攢，較清式疏朗。

（三）蔴葉抱頭梁，蔴葉穿插枋，及簷額枋等斷面均比較高狹，與清式異（圖版拾貳甲）。

（四）角背所刻卷草（圖版拾貳乙）純係明式。清代用此者，僅順治間所建內閣諸建築而已。

（五）楣子雀替，垂蓮柱所彫花紋（圖版拾貳乙），甚粗健。

（六）門左右兩側之牆，自冰盤沿以上部分顯係後代所增。冰盤沿以下者，比例低而且厚，不類清世所建（圖版拾貳甲）。

依上列各項，疑此門爲明代遺構。

## 延壽殿菱花槅

延壽殿正面，現以短牆封閉，致各間槅扇檻窗無由窺其全豹，然就上部露出部分觀之，其花紋玲瓏秀麗，爲平市古建築中不易多得之精品（圖版伍丙）。

菱花槅之構圖，係於等邊六角形內，搭配菱花，雖與毬文菱花合配者同一原則，但其紋樣秀逸，不落常套（插圖八），且檽子皆以小支條攢鬭，所餘空眼較大，亦爲構成外觀美麗之一因素。此項手法，與明智化寺萬佛閣大體類似，足窺其時尚無木板挖彫之法。

## 天王殿雀替

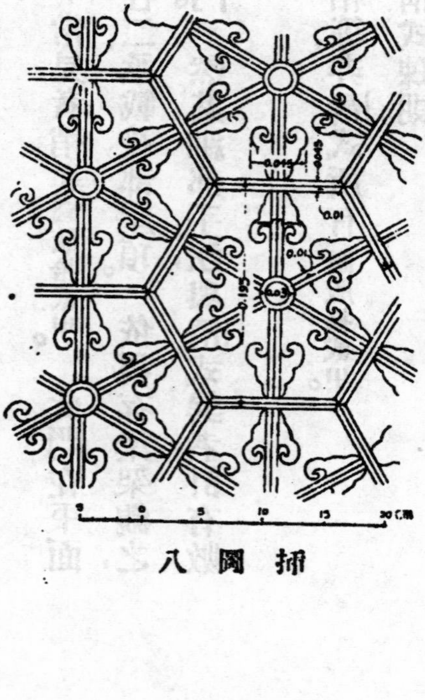

護國寺延壽殿菱花格實測圖

插圖八

此殿中央三間，在簷柱上施雀替數具圖版貳乙。其前端斜線，不如清式之長；底部彫曲線五段，亦略近水平形狀，與清代通用者稍異其制。

案雀替之起原，據本社近歲調查之古建築，似由替木演變而成。其最早者，當推雲岡中部第八洞前室東側之浮彫，於櫨斗上施替木一層，承受闌額插圖九，在結構上與左右橫出之泥道栱令栱同一用意。次爲北宋正定龍興寺轉輪藏殿上簷之角替插圖九，前端卷殺，尚存栱形，殆距脫離替木之形狀，爲期未久，惟其後端下部增出小塊，疑後世雀替下之栱子十八斗，實淵源於此，乃雀替演變中最重要之證物。較此再晚則有金初所建大同善化寺三聖殿插圖十，及河南安陽天寧寺正殿二處角替，其前端彫曲線數段，已非替木形制，但後端尙如龍興寺之例。至元正定陽和樓，前端曲線益趨複雜，遂至全體輪廓若鳥翼舒展，最爲美觀，而明清二代式樣，卽自此演變而成。如昌平明長陵稜恩門雀替前端斜線，雖已增長，但其底部曲線七段，除第一段外，其餘略成水平形狀，且每段長度約略相等，可謂尙存陽和樓餘意者也圖版貳拾甲。本殿雀替，大體與前例類似，唯底部曲線減爲五段，殆爲明中葉或中葉稍前所建，毫無疑義。自此以後，雀替之式樣，復略有變遷；卽明嘉靖中所建天壇祈年門，其前端斜線，逐漸加大，最堪注目圖版貳拾乙。洎清康熙三十六年所建之太和殿，此傾向更爲顯著；

插圖九

同時底部曲線近前端之二段，亦較明代諸例稍長。（圖版貳拾丙。）至清末光緒十五年重建之太和門，前端益臻肥碩，成爲極端之例（圖版貳拾丁，）此爲明清二代雀替輪廓相差最甚之一點也。吾輩苟以北魏以來諸例，互相比較，則其進展之順序，似可別爲三期。即北宋以前，未脫替木形狀者，爲第一期；金元爲第二期；明清爲第三期；惜前二期，尚嫌證物不足，僅能爲極簡略之推論耳。至於雀替之長，據此殿所示，在明中葉已與建築物之面闊成正比例，而雀替後端之栱子十八斗，明代亦已用之，第此部施三福雲及其他裝飾，是否爲明中葉以前所有，尚難斷定。以上係就正定龍興寺以來之系統，略加申論，其餘變例甚多，恕不俱及。

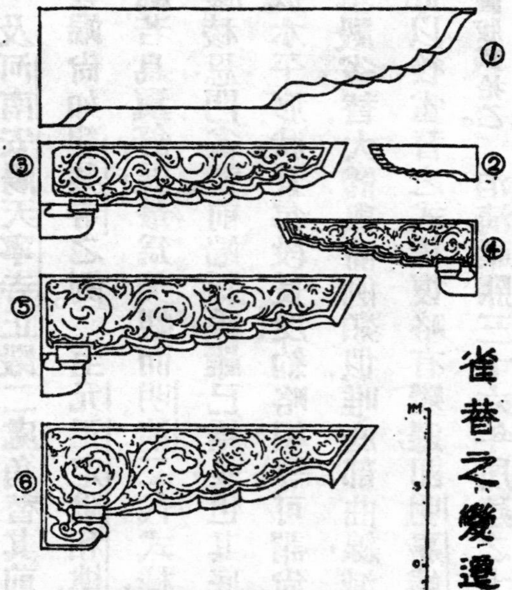

挿圖十　雀替之變遷

①金大同善化寺三聖殿　②元正定陽和樓　③明長陵祾恩門　④明北平隆福寺天王殿　⑤明天壇祈年門　⑥清故宮太和殿　⑦清故宮太和門

雀替內所彫花文，工者極難多得。據今日所知，當推明長陵祾恩門爲最佳，天壇祈年門次之（圖版貳拾甲乙，）其餘或散漫，或纖弱，或生硬，其弊不一，即以此殿論，亦嫌構圖過於瑣碎。

注一　皇帝聖旨裏，總制院照得大都路薊州遵化縣般若院壹所，元係先生占住二百三十七處數內寺院，欽奉聖旨回付依舊爲寺。今爲無僧住持，有本院官桑哥，玉都實經曆奏大都遵化縣般若院是先生每根底回將來的院子，如今與崇國寺交差和尙每住呵，怎生奉聖旨，那般者，欽此。除外使院合下仰照驗據般若院并所屬莊田水磑等物，欽依聖旨處分事意，委僧修理住持施行。須議劄付者：　右給付崇國寺准此，　照會崇國寺。

至元二十一年二月十九日　衆官印押

皇帝聖旨裏，宣授大都路都僧錄司承奉總統所劄付，該二月十五日大殿內總制院官桑哥相公，對崇國講主省會本所官正宗弘教大師，屬薊州的般若院係二百三十七處數內回付到院子，見無主人，您總統每將那院子便分付與大都崇國寺家教做下院者，奉此。總所合下仰照驗依奉桑哥相公鈞旨處分事理，將般若院交付崇國寺永遠爲主施行。奉此，使司除已行下薊州僧正司依上交付外，所有崇國寺收把執照合行出給者：　右付崇國寺收執，准此執照事。　至元二十一年二月二十七日　衆官印押

崇國北寺地產圖：大都路薊州遵化縣豐稔鄉蘇家莊般若院常住，應有房舍莊田水磑磨等物花名下項，東至附馬寨廟西水渠爲界，南至河南山頭爲界，西至田知事墳爲界，北至鳴山爲界，內上下水磑二盤。石家莊莊子一處，東至自己河爲界，南至分水嶺爲界，西至神樹分水嶺爲界，北至答安分水嶺爲界，東欅子河水磑一盤，內贍磑地二十畝，隔城口水磑一盤，內贍磑地約二十餘畝。　大元至元二十一年月日三剛等立石。

特賜佛性圓融崇教華嚴傳戒大師演吉祥

注二　皇慶元年趙孟頫撰書大元大崇國寺佛性圓融崇教大師演公碑：「師名定演，俗姓王氏，世爲燕三河人。在孕，母便絕葷肉，能言，祖母教之佛經，應聲成誦。七歲入大崇國寺，事隆安和尙爲弟子。……及隆安順世，遺命

必以師補其處法兄總統清慧寂照大師志公探其道熟，付之麈尾，囑以傳明之任。……師計不得已，遁去三遊五臺山，還居上方寺，博觀海藏，兼習毗尼。屬崇國復虛席，衆泣而告之，師始從其請。日講華嚴經，訓釋孜孜，曾無廢歇。世祖皇帝聞而嘉之，賜號佛性圓融崇教大師。至元二十四年，別賜地大都，乃與門人叶力興建，化瓦礫爲寶坊，幻蒿萊爲金界，作大殿以像三聖，樹高閣以庋藏經，丈室廊廡，齋廚僧舍，悉皆完美，故崇國有南北寺焉。』

注三　國立北平研究院院務彙報第四卷第三期，姚彤章先生記護國寺舍利塔中之藏塔，載延祐二年通奉大夫湖廣等處行中書省參政速安並男中奉大夫曲迷夫不花建塔記：『速安參政公具佛知見，在日，嘗謂其子曰，吾卜崇國重地，建舍利塔，爲諸有情大作佛事，竟弗諧，賚志而逝。其子肯堂肯構，不食先君願言，捐貲僝工，涓吉就事，累甎成塔，安奉舍利。』

注四　至正十一年皇元大都崇國寺重新修建碑：『京都有寺曰崇國，前至元乙酉，世祖皇帝所賜地，傳戒大德沙門定演所開刱，凡爲佛殿經閣雲堂方丈香積僧寮僦屋等百有餘楹。勅賜薊州遵化縣般若院爲挾剎，資以水磑磨田產有加。皇慶延祐間，仁宗皇帝剌口室剌皇后賜鈔三千餘定，貿易民地，別建三門。壽元皇太后復賜鈔五百定而經營焉，寺之倫序，十完六七。……無何歲月幾更，漸致頽弊，且鐘樓廊廡等屋，尙焉闕如。至正乙酉，適方丈虛席，寺衆會謀曰：寺之房宇久故，將不可支吾矣，況未備尤多，非力量人莫克有爲，孤峰學公，法派之嫡；其器局拔羣，宜敦勉焉。乃閻辭三請致之。既署事，講演之餘，相厥緩急，捐己衣資，於疎漏口脩者，曰法堂，雲堂，祖師伽藍二堂，廚庫，僧房，侍者僦賃等房，計間五十餘；於新刱建者，鐘樓，法堂東廊廡，南方丈等，計間亦三十餘，皆爲之甃砌圬墁，丹堊髹漆，輪焉奐焉，咸爲一新。』

注五　至正十四年碑陰，刻南北崇國寺庄田貲產內載所轄之寺，自香河縣隆安寺以下，無慮二十餘所、

注六　至正二十四年危素撰書大崇國寺空明圓證大法師隆安選公特賜澄慧禪師傳戒碑略：『善選師姓劉氏，世居香河會仙鄉馬家里，生於金大定十五年四月，稍長，出家於里中隆安寺。……聞燕京永慶寺正法藏大師通清涼國師義疏，迺造習焉。……我師伐金，師轉徙平灤軍中，僅得還燕，閔忠崇國二寺已俱爲兵毀，丞相雅克圖等奉朝命徙各寺人匠、中書令耶律楚材署疏請主閔忠寺尋之崇國寺。』

注七　見陳宗蕃燕都叢考第二編一百五十頁及一百五十一頁。

注八　光緒順天府志十六：『明宣德己酉賜名大隆善寺。』

注九　天順二年敕賜崇國寺碑：『西天大剌麻梵名桑渴巴辣，迺中天竺國之人，則嘗言其自幼出家，遊五天竺，參習秘密最上一乘，以抵西番烏思藏國，遇我皇明冊封圓融妙慧淨覺弘濟輔國光範衍教灌頂廣善西天佛子大國師光無隱上師，宣傳聖化，在彼藏中迎葛哩麻大寶法王，則於彼時禮無隱上師爲師，傾心歸服，執事左右，已而同葛哩麻統諸番邦進貢方物，來我中原，不啻數萬千里，梯山航海，遠到南京，朝觀太宗皇帝，獲蒙見喜，賞賜勞來之甚，命居西天寺，恒給光祿飲饌，及任隨方演教自在修行，即永樂三年也。其後駕幸北京，越十一年被召而來，居崇恩寺，尋奉聖旨，內府番經廠教授內臣千餘員，習學番語，眞實名經諸品，梵音讚獄，以及內外壇場。……正統元年伏蒙御用監太監阮文等同其仍將崇恩後殿興修莊嚴，敕度佛母色相，與蓋山門廊房方丈，皆備，至四年間欽蒙勅賜還做崇恩之額。』

注十　成化八年碑：『朕自登大寶以來，奉天敬佛，無不誠心，近聞禁城西隅有佛剎曰大隆善寺，宣德年間奉佛敬僧，將香殿口座數十餘間修蓋佛殿僧房，於天順年間傾頹，朕念佛地乃出帑金募財結緣，以成勝事，命

太監二員黄順覃勤諸率監督內官杜堅等十三員及侍郎等官蒯祥等各色巧匠千數餘人，自成化七年九月初八日興工，次年十一月初二日畢工。」

注十一　成化八年樂助善緣之記：「大明成化七年皇帝自出金帛做工市材，重建大隆善寺，加額曰護國，於是內侍太監等臣欽惟皇上至善深仁發乎聖心，不勝欣躍，亦各樂助私財，共成勝事。」

注十二　成化八年碑：「大明成化七年，皇帝重新修建大隆善護國寺，欽承聖母皇太后助賜金帛及中宮並各宮皇妃，下至女官宮人等亦各樂助銀幣等物。」

注十三　憲宗實錄：「成化八年七月修隆善寺畢工，命工匠張定住等三十人為文思院副史，寫碑官尚寶司少卿任道遜為本司卿，司丞程洛為少卿。」

注十四　成化十七年勅建大隆善護國寺看誦欽頒大乘諸部藏經碑文：「昔為招提，燬燼大興工役，經營金碧交輝，轉祗洹於東土，丹青絢彩，移兜率於下方。」

注十五　日下舊聞考卷五十三：「正德壬申敕西番大慶法王凌戩巴勒丹大覺法王札什藏布等居此。」

注十六　畿輔通志：「明成祖欲為姚少師建第，少師固辭，居慶壽寺，後更名大興隆寺。」

明史卷一百四十五姚廣孝傳：「嘉靖九年……尚書李時偕大學士張璁桂蕚等議，請移祀大興隆寺，太常春秋致祭，詔曰可。」

日下舊聞考卷四十三引明嘉靖祀典：「嘉靖九年右春坊右中允廖道南奏太廟功臣配享，永樂以來附以姚廣孝，今大興隆寺有廣孝影堂像，削髮披緇，不可上比聖祖開國功臣之例。」

又引明典彙：「十四年四月大興隆寺災，御史諸演……請改僧錄司於大隆善寺，並遷姚廣孝牌位。」

又卷五十三引帝京景物略：「大隆善護國寺，都人呼崇國寺……後僧祿司司右姚少師影堂，少師佐成祖爲靖難首勳，侑享太廟。嘉靖九年，移祀大興隆寺。俄寺災，移此。木主題推忠報國協謀宣力文臣特進榮祿大夫上柱國榮國公姚廣孝。像露頂袈裟趺坐。上有偈，署獨庵老人題。獨庵，少師號也。」

注十七　日下舊聞考卷五十三：『姚廣孝畫像無考』。

注十八　康熙六十一年御製崇國寺碑文：『禁城西安門外乾隅，有崇國寺，元大德時所建。至明正德間，命大慶法王居之，爲西僧香火地，迄今二百餘載。康熙六十年，恭諸蒙古汗王貝勒貝子公台吉他布囊等，請掖寺祝釐，朕未兪允。復合詞陳奏，謂茲寺爲前代名刹，規模具存，纂葺之工，減於營構，堅懇興修。朕重違其誠，勉從所請。於是蕃族庀材，匠氏並力，經始落成，曾不踰歲：蓋棟宇仍舊，而舟艧增煥矣』。

注十九　乾隆御製詩見日下舊聞考卷五十三。

注二十　日下舊聞考卷五十三：『每月逢七八兩日有廟市』。

注廿一　日下舊聞考卷五十三引帝京景物略：『中殿三，旁殿八，最後殿，殿旁塔二，曰佛舍利塔。』

注廿二　本刊五卷第四期河北省西部古建築調查紀略圖版拾玖(乙)。

注廿三　本刊第四卷第三四期合刊本大同古建築調查報告第一百五十五，一百五十六兩頁。

注廿四　陳宗蕃燕都叢考第二編一百四十七頁

注廿五　希參閱本刊第四卷第三四期合刊本大同古建築調查報告九十九，一百，一百二十四，一百三十二頁。

注廿六　營造法式卷九佛道帳，及卷三十二山華蕉葉佛道帳圖。

注廿七　本刊第四卷第三四期合刊本雲岡石窟中所表現的北魏建築插圖第十六，十八，十九，三十八。

注廿八　見隸釋卷五，及隸續卷九。

注廿九　見隸釋卷十一，及金石苑卷一。

# 清文淵閣實測圖說

劉敦楨
梁思成

清高宗繼康雍之後，承平日久，物力豐裕，有清一代，推爲全盛，洎乎中季，刻意右文，所修四庫全書，自開館纂修，至第一部告成，前後歷時九載，規模之巨，與乎卷帙之豐，亘古以來，未嘗有也。其庋藏四庫之建築，則於開館翌年，卽乾隆三十九年六月，命杭州織造寅著查勘寧波天一閣房屋書架制度，以備營繕。　是年十月，命營文淵閣於大內文華殿之北；同時復於圓明園北路營建文源閣，俱以天一爲範，然其工程，似經始於乾隆四十年夏至四十一年春季落成。　其後又於奉天熱河等處，續建文溯文津文匯文宗文瀾五閣，咸以文淵爲圭臬，故諸閣建築，在舊式書庫中，截然自成一系統。　然考文淵閣之名，實始於明。　據沈叔埏文淵閣表記，洪武時，閣在奉天門之東。成祖北遷，營閣於左順門東南，仍位於宮城巽隅，遵舊制也。　其時藏書以外，兼爲內閣治事之所，

# 圖版壹

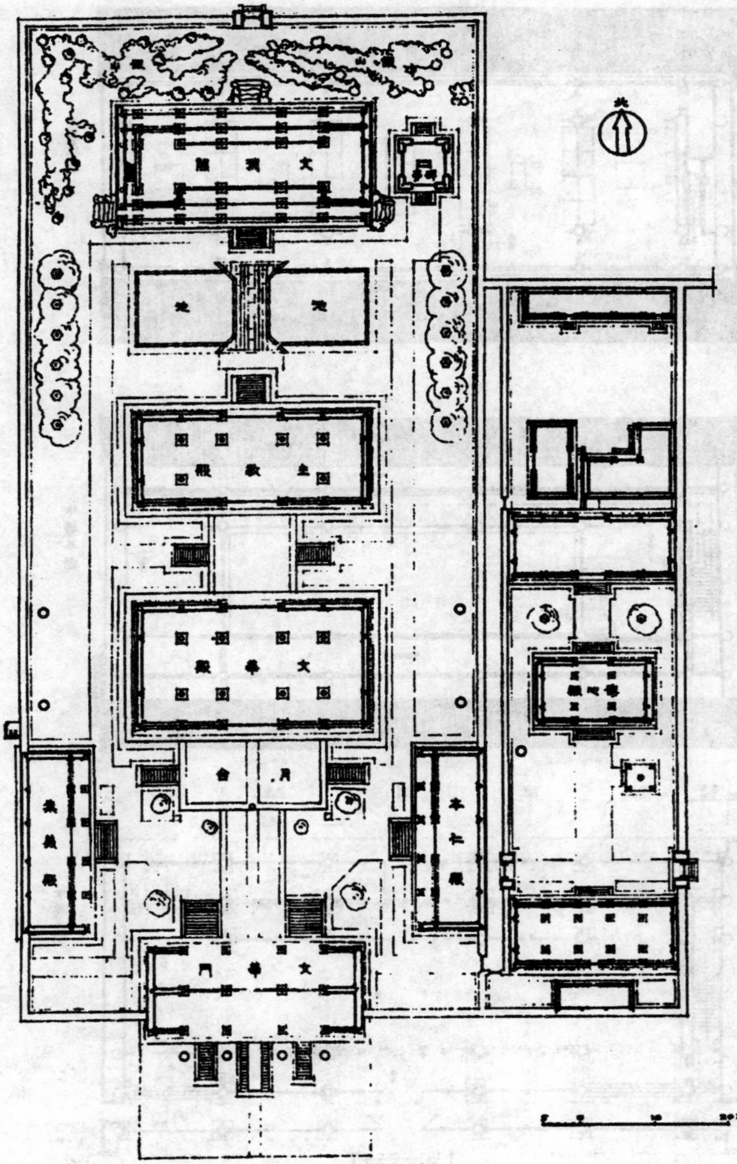


北平故宮文華殿文淵閣傳心殿平面圖

中國營造學社廿四年九月實測十月製圖

35779

# 圖版貳

北平故宮文淵閣實測圖

中國營造學社廿四年九月實測十月製圖

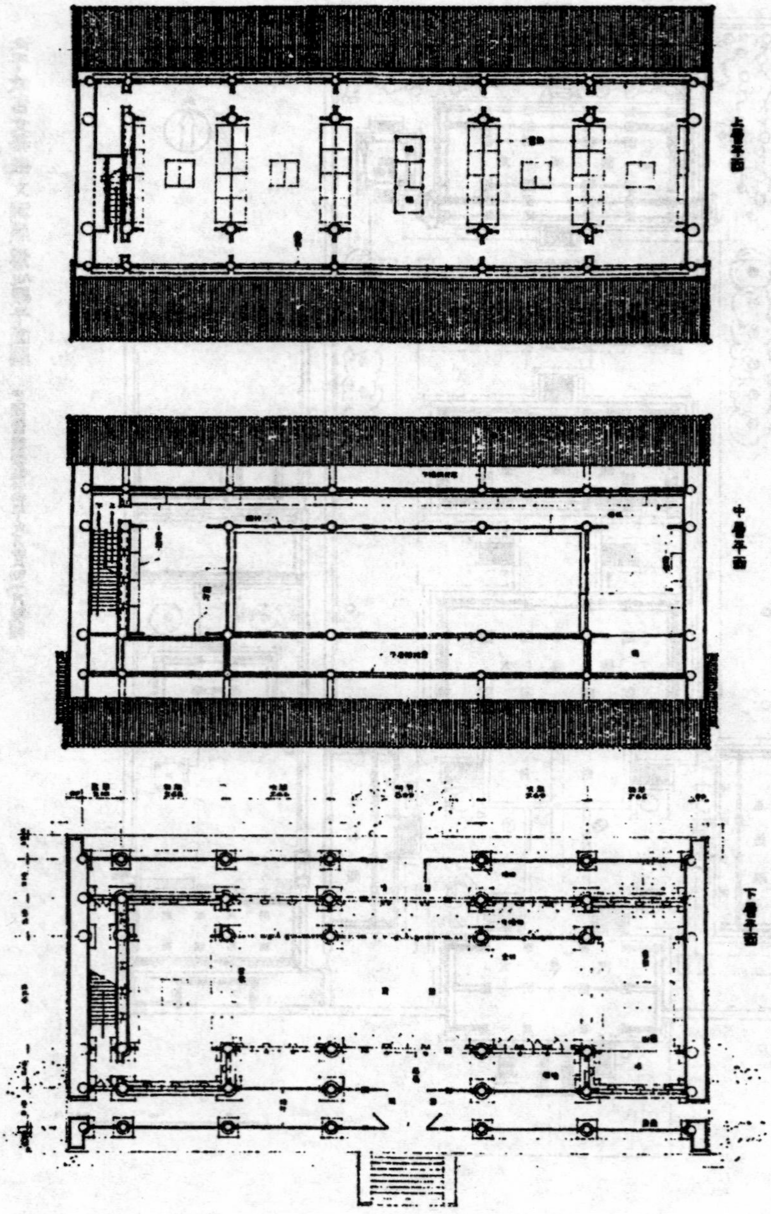

# 北平故宮文淵閣實測圖

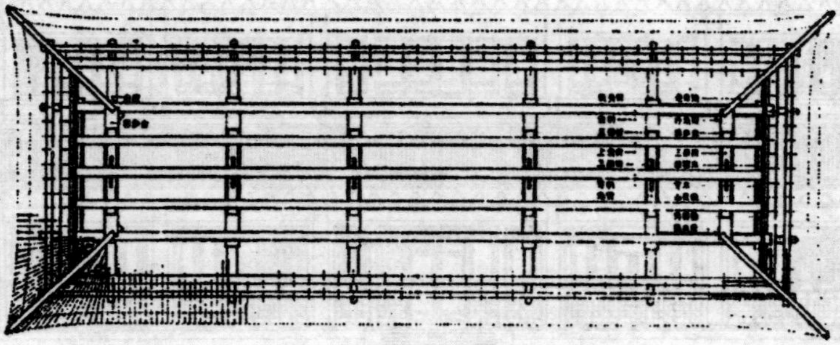

屋頂梁架平面
俯視

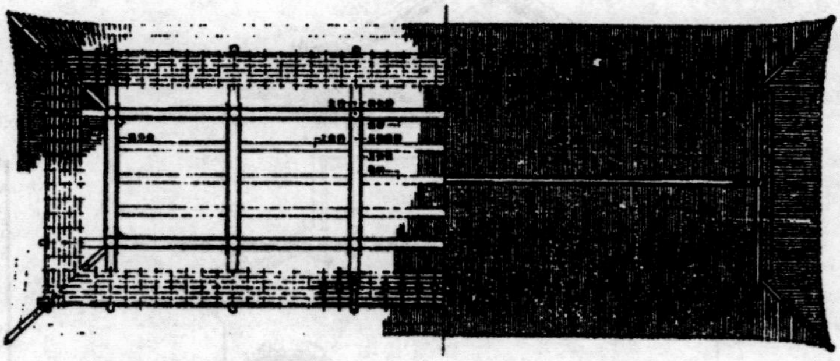

屋頂梁架平面
仰視

屋頂平面

圖版肆

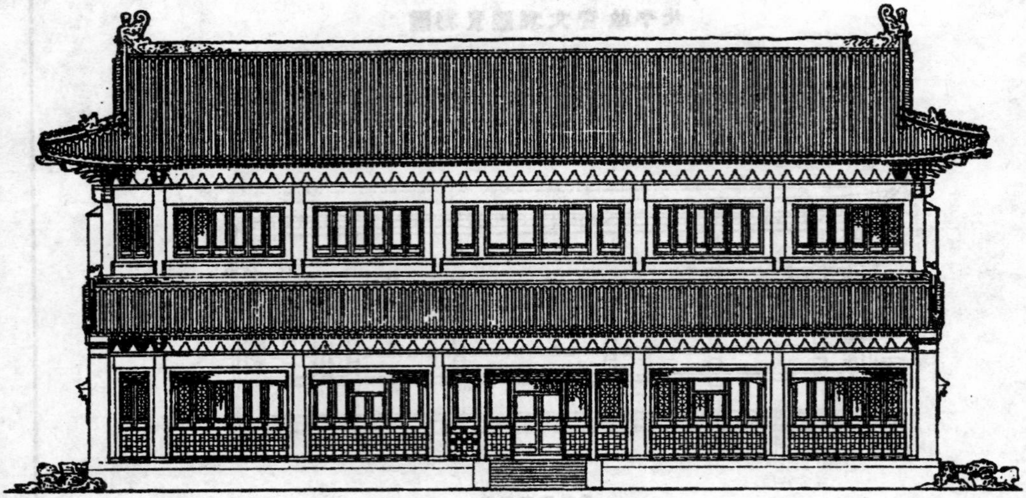

正面立面

北平故宮文淵閣實測圖

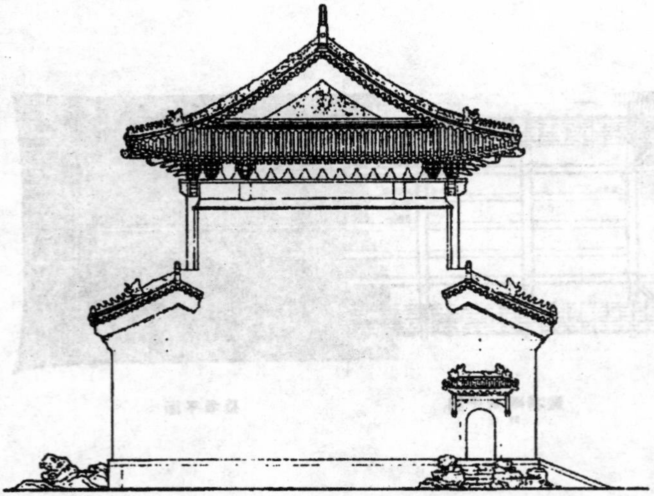

西面立面

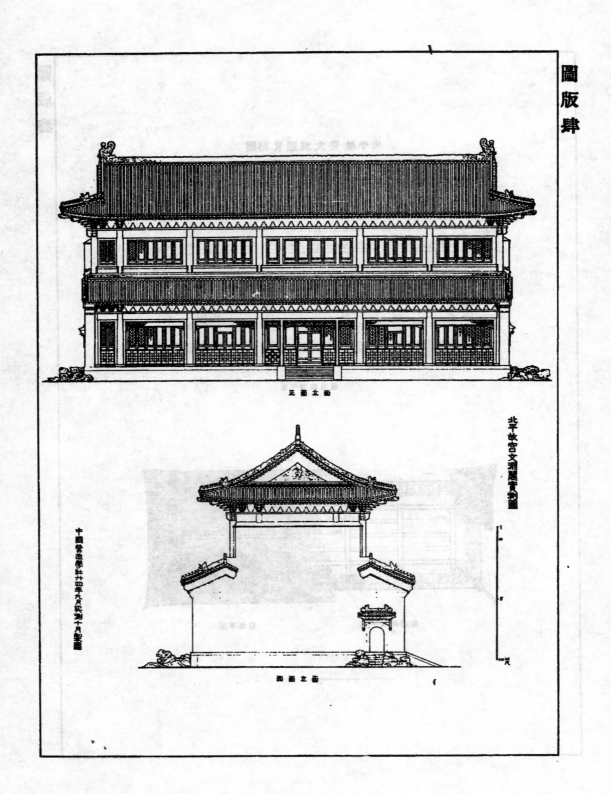

中國營造學社廿四年九月實測十月製圖

圖版伍

北平故宮文淵閣實測圖

中國營造學社廿四年九月實測十月製圖

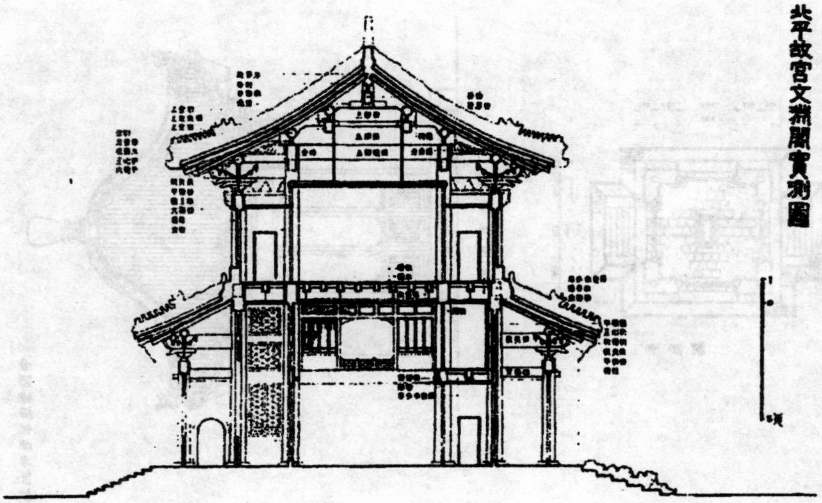

橫斷面

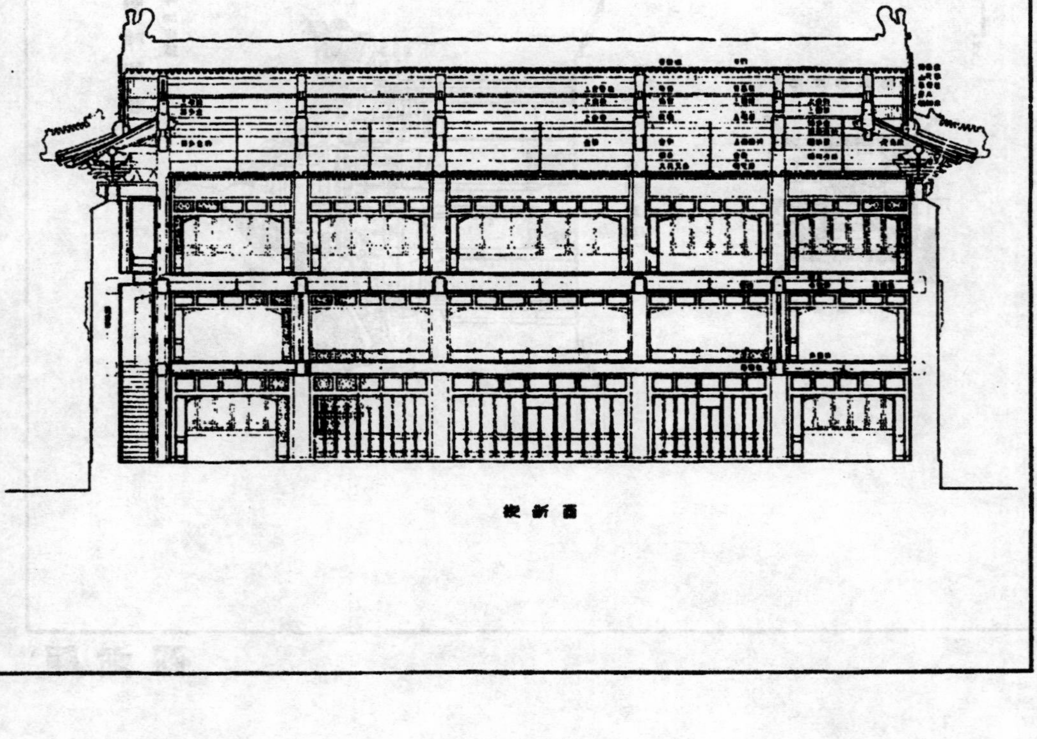

縱斷面

# 北平故宮文淵閣碑亭實測圖

中國營造學社廿四年九月實測十月製圖

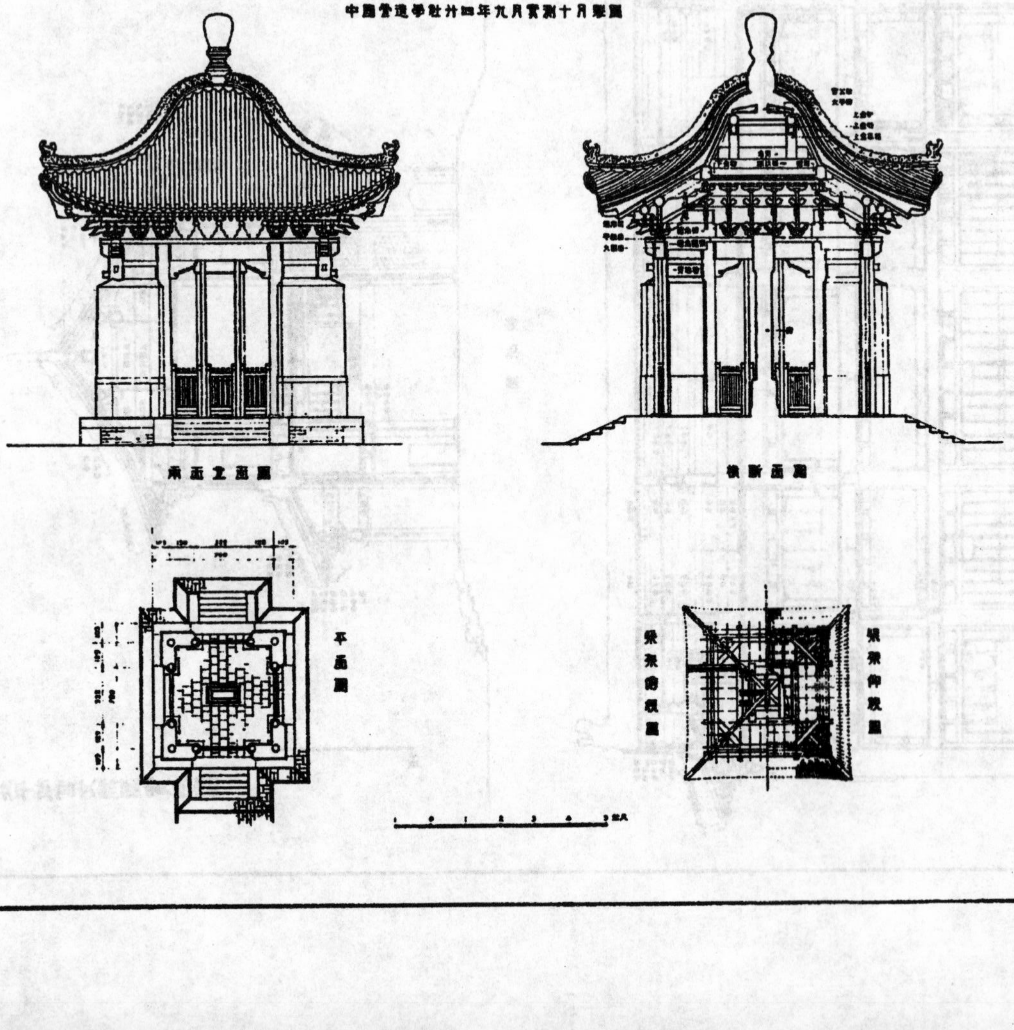

圖版柒

甲 文淵閣前之池

乙 同下簷明間

圖版捌

乙 前廊內部

甲 廊牆

圖版玖

甲 內部隔扇

乙 中層欄杆及燕翅版

丙 前廊天花仰視

圖版拾

甲 上簷斗栱

乙 上簷正脊

丙 上簷垂脊

圖版拾壹

甲 上簷山花

乙 碑亭正面

35790

圖版拾貳

甲 碑亭翼角

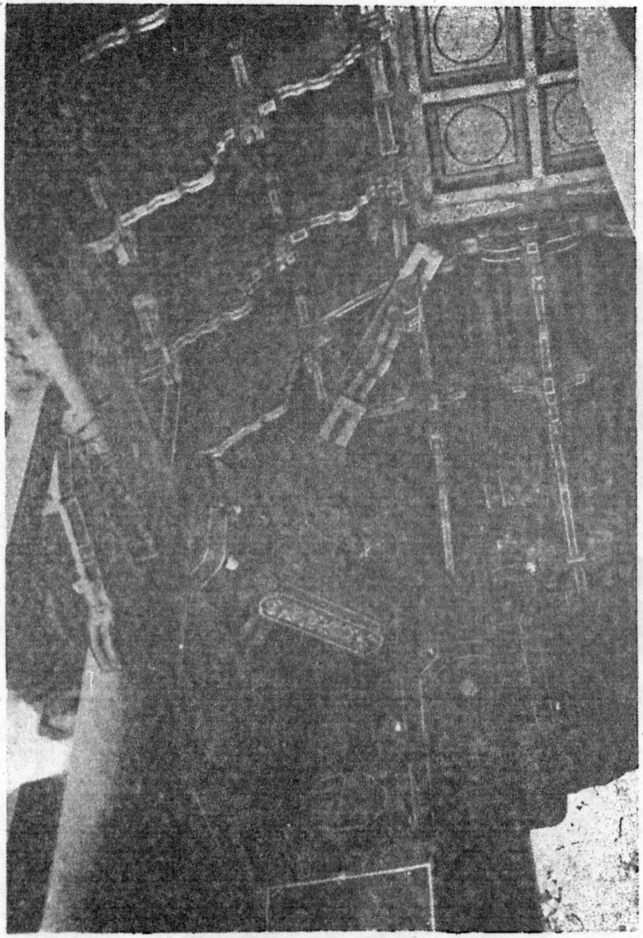

乙 碑亭內部結構

圖版拾叁

甲 碑亭天花仰視

乙 碑亭碑座詳部

圖版拾肆

甲 碑亭寶頂及戧

乙 戧脊詳部

易世以後，故迹湮沒，雖不能質言其地，然要在文華殿以南。且明爲磚城十間，至嘉靖中，棄東半五間，裝爲小樓，視清之六間重簷，迥不相侔，則高宗之營此閣，僅能謂爲名義上復興而已。茲篇所述，以乾隆所建文淵閣及其附屬碑亭爲限，清以前者悉從省略。

## 平面配置

平面配置，分全體平面與閣本身平面二項。

(甲)就全體言，閣在宮城東偏，自文華門起，以丹垣包文華主敬諸殿及此閣於內，自成一區。其配列順序（圖版壹），最南端爲文華門，門內御道如砥，經月臺至文華殿。殿東西五楹，南北十一檁，上覆單簷歇山，與武英殿同制。左右配殿，東曰本仁，西曰集義，胥五間單簷，前設走廊，民國四年，移熱河古物陳列於此，乃改窗於廊外，稍異舊觀，然本文圖版壹所示，仍爲改造前情狀也。文華殿後，復有御道北通主敬殿，殿制略如文華而進深稍小。今御道上覆廊屋，聯前後二殿，若工字形，與春明夢餘錄所載明文華殿若合符節，則民四改作，亦可謂爲恢復舊規矣。主敬殿山牆兩側，翼以鐵欄，其後復有磚牆，區隔南北，均民國後所增。再北，甃石爲長方形之池，池中央跨石梁，外繞白石欄干，與經常習見者稍異其式（圖版柒甲）。池北文淵閣聳然秀出。其東爲高宗御製文淵閣記碑亭。再北隙地疊石爲假山，疑與閣前之池同導源於天一閣而予以變通者。山後琉璃門北向，其東復有一門，舊有閣臣直廬數間在門外稍東今悉頹廢。

案明文華殿與武英殿東西遙對，如隋東京文成武安二殿，位於外朝之左右。其地初爲東宮講讀之所，永樂以降春秋經筵，亦舉行於前殿而日講則在殿後穿堂。李闖亂後，諸殿被燬。清康熙二十三年重建文華與東西後配殿各五楹其時武英見存，一切規橅，殆依明制爲之？惟據故宮文獻館乾隆十五年北京京城圖主敬殿後，又有平房十五間，負北牆南向與劉若愚酌中志所載不合，當爲清代改築非原狀也。洎四庫開館翌年詔營文淵閣於文華之北，乃撤北牆及平房不足更益以馬廄之一部，故其外廓成長方形圖版壹，視武英一區進深尤巨。自是以後，中祕藏書庋於經筵之後，在事務上實較明文淵閣通集庫遠居宮城東南者更臻便利，不能不謂爲清代改進之一端也。

(乙)閣本身平面東西六間，採用偶數，極爲奇特圖版貳。據乾隆三十九年一諭，其制係倣明范欽所建天一閣，而范氏當時則據易大衍鄭注『天一生水地六成之』之義，演此畸形建築。今依現狀論之，其東部五間以明間面闊爲最巨，次梢諸間較之稍狹，一如普通建築之原則，惟於西側另附樓梯一間，足成六成之數耳。然後者面闊不足梢間二分之一，顯居附屬地位，故此閣仍以東部明間爲主體，使其中線與前部文華主敬二殿一致圖版壹。

在叙述各層平面以前，應略言四庫全書之數量與建築物之關係。案是書共計七萬九千三十卷分裝三萬六千册，納為六千七百五十二函，再益以四庫全書總目四庫全書考證及圖書集成諸書，視范氏所藏，軼出一倍以上，故閣之外觀雖如天一閣採用重簷，而內部結構復利用下簷地位，增為上中下三層，不能不謂與書量有關也。至於各書之排列，下層中央三間置總目考證及圖書集成，左右梢間置四庫經部，而以史部庋之中層，子部集部庋之上層。書架之數，除中層外，其餘各室胥於左右壁各列四具，中央復置方架一圖版貳足徵工事開始前對於全書數量與書架尺寸，及其排列方法，曾經縝密之考慮，而建築物之面積高度殆亦取決於是。

閣面闊三三公尺，進深一四·七七公尺。二者之比，約為五比二·二圖版貳。然其餘諸閣因時損益，不盡符合，如瀋陽文溯閣較此略小，即其一例。

閣下層平面前後闢走廊，裝欄干一列，雖皆一致，但其局部施設則略有出入。如前廊明次三間槅扇裝於金柱之間，而於外側通柱另施木欄，與廊之兩端各設劵門，均非後廊所有圖版貳。此殆因前廊為當陽正面，出入頻繁，不得不留較大之面積，而槅扇退後，可使廣廳上部採取光線較多，亦不失為一因歟？

下層內部於次間左右，利用書架為間壁，使中央三間形如廣廳，乃此閣特徵之一圖版貳。同時此部天頂等於中下二層之高度圖版伍，就此例言，亦與廳之面積恰能相稱。廳中央設寳座，



35795

卽昔日經筵賜茶處。座後自東徂西，裝槅扇，盡明次三間圖版貳。自槅扇後經左右旁門，繞至東西梢間。東梢間於南窗下，置榻，西間則於西壁南端，闢小門，自此至盡間，經樓梯，可達中層。其餘書架配列與前後窗位置，二室悉皆一律。又盡間除前述小門外，南北均設槅扇與前後廊相通，見圖版貳下層平面圖。

中層僅有東西梢間及走廊圖版貳：其中央三間，洞然空朗，卽廣廳上部也圖版伍。走廊位於後部通柱與金柱之間：其北側裝版壁，列書架，南側則沿金柱施欄楯，下臨廣廳圖版貳，伍。但東西梢間，因書架位置，以槅扇與欄干合用，手法略異圖版貳，伍。東梢間之南，設榻一如下層。西間此處未鋪樓板，僅沿前金柱裝欄干，未諳何故圖版貳？按此層位於腰簷內，北側無窗，而南窗自下層走廊上部所採光線，又極微弱，致室內較下層尤暗，乃其缺點。

上層平面，在南北二面各闢走道。道之外側，全部開窗。道以內者，依柱之位置，分爲五間圖版貳。各間平面配置與書架排列，如出一臼，惟明間中央書架之前後，各置御榻，爲他室所無耳。

## 外觀

閣外觀分上下二層圖版肆。下層於臺基上，建走廊，腰簷上施欄窗一列，在原則上，固與天一閣無異，然其全體比例，與大木結構，下逮彩畫彫飾，無不易爲清官式做法，致二者之間，孰創孰因，幾難辨析，而屋頂改硬山爲歇山，尤爲相差最甚之一點也。

下層臺基以城磚代斗板，上加階條石，毫無彫飾。其上木欄以欞子搭配，內飾工字海棠諸花，其意匠與槅扇燈籠框同一系統，惟欄干過高，致比例單薄，且失去材料特性，爲足惜耳（圖版柒乙）。額枋之下，易雀替爲倒掛楣子，而明間面闊大者，其間復增間柱二處，顯係參用大木小式做法。平板枋上所施單翹單昂斗栱，斗口僅寬二寸五分，似嫌稍小，而平身科排列之數，明間增至十攢，在清式中亦爲罕覯，殆可謂爲最叢密之例矣（圖版柒乙）。其上腰簷兩端至廊牆處，依大式硬山作，法砌墀頭及排山博縫，博縫上端向下彎出若抱厦博縫之狀（圖版捌甲），其法曾見工程做法九檁樓房一章，然俱係裝飾性質，大木結構非如是也。

上層於腰簷博脊上露出坎牆少許（圖版肆），牆上各間均裝檻窗，而簷端於單翹重昂上，覆以歇山頂，無下層雜用大木小式之弊。屋頂獸吻走獸，咸如常狀，惟正脊垂脊戧脊等，在羣色條以上浮彫波濤龍雲，上緣任其起伏不平，未施扣脊瓦，疑其用意與厭勝有關（圖版拾乙，丙）。

東西二面，因下層無走廊，故山牆直達上層額枋之下（圖版肆）。牆之輪廓，隨結構情狀，上部向內收進，無絲毫虛飾，而牆面用青磚水磨，尤擅樸素之美。唯南端以白石券門與綠琉璃門罩，使外觀略具變化而已。上部山花結帶之下，用水紋襯托，殆亦緣厭勝之故？

外部色彩以寒色爲主，亦爲此閣重要特徵。案清代宮殿柱與門窗俱髹朱漆，殆爲不易之原則，此閣則改柱爲沉綠色，槅扇檻窗爲褐黑色，而額枋蘇畫及簷椽楣子欄干等使用白色之處甚多，尤非常例，所有故在清宮中其色彩比較沉靜而無火氣。茲依名件表列如後：

柱：　柱身沉綠色。柱頭上下緣道均青白金三色，中繪波濤龍雲，以紅色爲地。

額枋：　外簷額枋採用蘇畫原則，但改包袱輪廓爲廻文，甚特別（圖版柒乙）。廻文以波文構成，外加金線。袱內於青地上，繪龍馬負圖，中央置金亭，下以波濤承托，諸間悉皆一律。惟袱外兩側藻頭及枋底，俱用紅地，前者描繪圖書，後者以流雲點綴，均以白色爲主。　枋兩端施青綠箍頭。

平板枋：　平板枋與額枋連屬，故其中部亦隨額枋用青色爲地，上繪流雲。　兩端褐地，繪龍雲。

穿插枋：　前後廊之穿插枋，於青綠箍頭內滿塗紅地，兩側繪圖書，底飾流雲（圖版捌乙）。

桃尖梁：　紅地遍飾彩雲（圖版捌乙）。

斗栱：　上下簷斗栱均青綠相間，外加金白緣道，如清式常例。

挑簷桁：　兩端青綠箍頭。　次繪龍雲，下以波文承托。　再次藻頭於紅地上，繪圖書。中央包袱以卷雲爲輪廓，繪龍雲波濤如前。

墊栱板　紅地青白花，外施綠緣道。

蓋斗板　紅色。

望板　褐黑色。

簷椽，飛簷椽　下皮白色，兩側褐黑色與望板相連。　簷椽頭於綠地上繪紅蝙蝠，外施金邊。　飛簷椽頭綠地金卍字。

連簷瓦口　紅色。

天花　前後廊係徹明造，一切椽望與外簷同。　惟前廊通柱與金柱之間，施天花三間（圖版玖丙），其支條塗綠色，外加金邊。　轂轤金色，燕尾青白色。　天花板用青地金邊，岔角繪金荷白藕，圓光青白地，描繪波濤及金荷綠葉，頗別緻。　閣內平頂裱褙用白榜紙。

槅扇，檻窗　外部槅扇檻窗簾架均褐黑色，絲環金色，惟附屬抱框間柱仍為沈綠色，與簷柱通柱一致。　內部槅扇構圖用燈籠框而羣板及絲環板飾以廻文（圖版玖甲），表面髹蠟，仿柟木三色，深淺相間。

欄干楣子　外簷額枋下楣子及下部欄干，胥於綠色牖子內，加白花。　內部楣子，欄干，雁翅板（圖版玖乙），俱髹蠟。

匾額　青地紅邊，外加金緣道，中題文淵閣滿漢合璧金字。

**屋頂**　屋面琉璃瓦，上下二層皆綠邊黑心。脊及獸吻，走獸，博縫，門罩等，亦綠色，但脊上波濤外緣，加白線，龍用紫色。

**山花**　博縫板紅色。山花於紅地上飾金結帶。

**山牆，廊牆**　澄泥磚水磨，呈青灰色。

## 結構

閣之梁架結構，大體以工程做法所載九檁硬山樓房爲標準，惟利用下簷地位，增設暗層，與簷端施斗栱，及屋頂易爲歇山數事，非是書所有耳。茲摘要介紹於後：

此閣架構在平面上六間七縫，每縫用六柱（圖版貳）。最外側者爲前後簷柱，其上端施額枋與平板枋，再上以單翹單昂斗栱，承載腰簷重量（圖版伍）。簷柱與通柱之間，則施穿插枋以資聯絡，而斗栱上承托正心桁與挑簷桁之桃尖梁，內端亦插入通柱內。

簷柱之內，每縫均有前後通柱及前後金柱。通柱僅至上簷平板枋爲止，金柱則延至五架梁下，支載屋頂重量（圖版伍）。同時各層樓板荷重，亦由承重大柁與單步承重梁，集中於金柱及通柱，故此二者在結構上所處地位最爲重要。茲將內部梁柱搭配情狀，分層敘述如次。

中層明次三間，係下層廣廳之上部，故金柱之間空無所有。惟東西梢間，則於前後金柱間，施承重大柁，其上配列東西向之楞木，再上鋪樓板（圖版伍），與清式樓房原則完全一致。金柱與通柱之間，亦依前法施單步承重梁及楞木樓板，第前部中央三間因下層槅扇退後之故，悉皆略去（圖版伍），而西梢間之前部，無楞木樓板（圖版貳），皆與後側異。

上層各間除樓口外全部施楞木與樓板。楞木之配列，取東西向，與柁梁取南北向，悉如中層。但各縫金柱間所施間枋高度與承重大柁相等（圖版伍），殆因聯絡各縫之架構，及外觀上需要，不得不爾。各縫通柱之間，則於樓板外側，施博脊枋一層，其下緊貼承椽枋，以受簷椽（圖版伍）。

此閣柁梁楞木，如前所述，其配列法雖無不妥，但因用材施工，不得其當，致年久樓板下陷，成爲結構上重大之缺點。據民國二十一年箸者等調查，其上層明間楞木之中點，較兩端下垂約三公分，而承重大柁竟下垂八公分餘。然其時書籍適移藏庫房，荷重減輕幾逾半數，否則彎曲度尚不止此。案此閣楞木斷面近於方形，極不合力學原理，其中央復置集中荷重之書架，以致發生上述結果。至其承重大柁斷面積根本卽嫌不足，重以數木拼合，外加少數鐵箍，工作異常草率，而柁之兩端接榫過狹，復無雀替或間柱承托其下，宜其誘致下垂之危險。設非徹底修繕，恐難再供庋藏圖書之用矣。

屋頂梁架，在前後通柱上，施東西向之額枋與平板枋，其上以單翹重栱及桃尖梁承受簷端荷重，惟桃尖梁之下，無穿插枋與下簷稍異圖版伍。金柱之上，則施五架梁及五架隨梁各一層。梁兩端各置下金桁及墊板下爲下金枋，高度與隨梁枋相等，再下復置一枋，均非常例所有。五架梁上，施柁墩，載三架梁。梁兩端置上金桁與上金枋，中央更施角背及脊瓜柱，承托脊檁脊枋圖版伍。其步架寬度以簷步爲最闊，金步脊步均約減五分之一，顯與工程做法各步相等之規定不符。而屋頂舉架，簷步用五舉，金步六舉，脊步七·五舉，亦較普通官式建築用五舉，七舉，九舉加平水者稍低圖版伍。

以上僅就中央明次三間及西梢間之屋架而言，其在西盡間者，承受歇山重量之三架梁與採步金梁，胥直接置於西第三縫（卽西梢間與西盡間之間）之金柱上，省去扒梁，而其下採步金枋下，復施一枋，亦不經見圖版伍。東部因無盡間，故採步金梁及採步金枋，皆位於東梢間之上，下承東西向之順扒梁與順桃尖梁，內端插入金柱內，外端載於外簷斗栱上圖版叁伍。然順扒梁之外端，與斗栱未發生直接關係，在結構上實無意義。

閣內以紙平頂代天花藻井。其中下二層俱與承重大柁之底同一高度。惟上層平頂以鐵條吊於上金桁，較五架隨梁之底，尙低一公尺。前後走道平頂，較室內更低圖版伍。

山牆厚一公尺九公分。爲防止潮濕侵入計，牆之內部，復裝護牆版一層。其在西梢間與西盡間間之壁體，在上層兩側，均裝木版，其間空無所有圖版伍，但中下二層是否如是，抑改爲磚牆，尙待查驗。

## 碑亭

亭方形，位於文淵閣之東，與閣同在東西中線上圖版壹。下部臺基爲地勢所限，僅南北二面，各設踏步一處圖版陸。亭每面分爲三間，唯中央一間施柵欄，餘甃以磚。內樹豐碑，正面刻乾隆三十九年高宗御製文淵閣記，背面刻文淵閣賜宴御製詩。碑座碑頟，鐫壓地隱起廻文，頗古雅可喜圖版拾叁乙。

亭僅單層，其外觀自斗栱以下，悉如淸官式做法，但亭頂改四角攢尖爲盝頂式，及翼角反翹特甚，均非北平習見之式樣圖版拾壹乙。案此類屋頂，盛行於川秦湘鄂諸省，而翼角反翹，亦爲南方建築之特徵，則亭之此部，模倣南式，毫無疑義。惟南方翼角結構，僅子角梁反曲，此則老角梁與飛簷椽背，呈反曲之狀圖版拾貳甲，殆緣匠工不諳南式之故也。亭頂覆黃色琉璃瓦。戧脊式樣，在羣色條上浮彫卷草，至前端飾異獸一，極奇特圖版拾肆甲乙。

亭之斗栱，在簷端施五彩單翹單昂，惟昂與內側枰桿，未以一木製作，故枰桿性質，僅如斜撐支於下金枋之下，無槓桿作用圖版陸。其上梁架，爲外觀所限制，致將下金桁略去，而以下金枋承載簷椽與內部天花圖版陸。枋之重量除一部分分配於枰桿外，兩端則載於角梁後尾上。角梁之下，以平面四十五度遞角梁二層與遞角隨梁一層承之圖版拾貳乙。其在下金枋以上者，施南北向扒梁二道。梁上置爪柱四，載上金桁及上金枋。上金桁中央南北復施太平梁及雷公柱，承托寶頂圖版陸。

內外簷彩畫俱用墨線大點金，唯天花圓光改廻文圖案，且以紅色爲地，稍異常法圖版拾叁甲。

## 結論

綜上所述此閣之特徵，可約爲五項。

(一)清文淵閣之名雖襲明代之舊，然地點位於文華殿之北，與明代異。

(二)閣之平面大體以天一閣爲法，但內部配置則以書量與實用爲標準，利用下簷地位，加設暗層，又於明間三間另闢廣廳，非一一墨守范氏舊規也。

(三)爲調和環境計，屋頂改硬山爲歇山，覆琉璃瓦。

(四)大木架構最堪注意者，卽斗栱異常叢密，與步架之非均等，及屋頂坡度之改低，皆不符工程做法所載，足供參考。

（五）爲厭勝故，色彩以寒色爲主。

## 跋

文淵閣建築年代，高宗御製文淵文源二記俱未敘述，惟記末題乾隆三十九年孟冬中澣御筆，距寅著查勘寧波天一閣之命不逾四月，竊嘗引以爲惑。劉君敦楨據高宗御製詩，疑是閣工事經始於乾隆四十年夏至四十一年春季落成，而論者又以文淵文源二記不符，疑莫能定。余按高宗實錄，曾載乾隆三十九年六月二十五日乙未查勘天一閣上諭，末附寅著覆奏概略，其文如左：

丁未諭軍機大臣等：浙江寧波府范懋柱家所進之書最多，因加恩賞給古今圖書集成一部，以示嘉獎。聞其家藏書處曰天一閣，純用甎甃，不畏火燭，自前明相傳至今，並無損壞。其法甚精，著傳諭寅著親往該處，看其房間製造之法若何？是否專用甎石，不用木植？並其書架款式若何？詳細詢察，燙成準樣，開明丈尺呈覽。寅著未至其家之前，可豫邀范懋柱與之相見，告以奉旨，因聞其家藏書房屋書架造作甚佳，留傳經久，今辦四庫全書，卷帙浩繁，欲倣其藏書之法，以垂久遠，故令我親自看明具樣呈覽，爾可同我前往指說。如此明白宣諭，使其曉然，勿稍驚異，方爲妥協。將此傳諭知之，仍著即行覆奏。尋奏：天一閣在范氏宅東，坐北向南。左右甎甃爲垣。前後簷上下俱設牕門。其梁柱俱用松杉等木。共六間。西偏一間安設樓梯。東偏一間，以近牆壁恐受濕氣，並不貯書。惟居中三間排列大櫥十口，內六櫥前後有門，兩面貯書，取其透風，後列中櫥二口小櫥二口，又西一間排列中櫥十二口。櫥下各置英石一塊，以收潮濕。閣前甃池。其東北隅又爲曲池。傳聞甃池之始，土中隱有字形如天一二字，因悟天一生水之義，卽以名閣。閣用六間，取地六成之之義，是以高下深廣及書櫥數目尺寸，俱含六數。特繪圖具奏。得旨覽。

實錄所附寅著奏摺，雖無年月，以當時交通情狀與繪圖盪樣時日計之，其覆奏抵京，殆在是歲八九月之交，益以選地錫名，幾經籌畫，故十月十五日乙未始有建閣之命。實錄亦著其事：

乙未命建文淵閣於文華殿後。御製文淵閣記曰，國家荷天庥，承佑命，重熙累洽，同軌同文，所謂禮樂百年而後興，此其時也。而禮樂之興，必藉崇儒重道，以會其條貫。儒與道匪文莫闡，故予蒐四庫之書，非徒博右文之名，蓋如張子所云，爲天地立心，爲生民立道，爲往聖繼絕學，爲萬世開太平，胥於是乎繫。乃下明詔，敕岳牧，訪名山，搜秘簡，並出天祿之舊藏，以及世家之獨弆，於是浩如淵海，委若邱山，而總名之曰四庫全書。蓋於古今數千年，宇宙數萬里，其間所有之書，雖夥都不出四庫之目也。乃掄大臣，俾總司。命翰林，使分校。雖督繼晷之勤，仍予十年之暇。夫不勤則玩日愒時，有所不免，而不予之暇則又恐欲速而或失之疏略，魯魚亥豕，因是而生。語有之，凡事豫則立。書之成雖尙需時日，而貯書之所，則不可不宿構。宮禁之中，不得其地，爰於文華殿後，建文淵閣以待之。文淵閣之名，始於勝朝，今則無其處，而內閣大學士之兼殿閣銜者，尙存其名。茲以貯書所爲名，實適相副。而文華殿居其前，乃歲時經筵講學所必臨，於此枕經葄史，鏡己牖民，後世子孫，奉爲家法，則予所以繼繩祖考覺世之殷心，化育民物返古之深意，庶在是乎。閣之制，一如范氏天一閣，而其詳則見於御園文淵閣之記。

前載文淵閣記及實錄年月，核之現存碑記，悉皆符合，則此記或預撰於建閣之始，非閣成而後爲之也。惟有司鳩工庀材，絕非咄嗟所能措辦，而燕地苦寒，實際工程，必俶始於翌歲解冰以後，故乾隆四十一年二月，高宗題文淵閣詩，謂「肇功始作夏，斷手逮今春」，而春仲經筵詩注，亦有「文淵閣爲貯四庫全書之所，今始落成」之語也。

題文淵閣：每歲講筵舉，研精引席珍，文淵宜後峙，主敬恰中陳，（齋有殿名主敬在文華殿之後其後隙地新建文淵閣）四庫庋藏待，層樓恰構新，肇功始作夏，斷手逮今春，經史子集富，圖書禮樂彬，寧惟資汲古，端以勵修身，巍煥觀誠美，經營愧亦頻，綸扉相對處，頗覺叶名循。（國朝大學士兼銜三殿三閣有文淵閣之名而無閣之實今新建於文華殿後且與內閣相近適當其地）

春仲經筵：經年講席一躬臨，龍袖儒臣耆盍簪，（經筵講官滿漢各八員進講侍班服領袖袍以別於衆此舊例也）日麗風和春藹吉，周書魯語義抽尋，（是日進講論語百姓足君孰與不足書經君子所其無逸）撫民時切不足志，勅已惟懷無逸心，後閣文淵新慶洽，（殿後度地建文淵閣爲貯四庫全書）

（之所今始落成）俾觀合有共慶吟。

綜上所述，此閣於乾隆三十九年六月末，詔祭勘天一閣制度，十月中旬降諭興建，至四十一年春季始告厥成，證以同年六月頒定文淵閣官制，其前後關係，亦恰能銜接。惟閣位於文華殿後，拓地不廣，僅容一棟，而前庭後垣，鑿池疊山，局促已甚，不若文源處御苑之內，地曠景幽，亭橋曲沼，得自由配列，觀文淵閣記「宮禁之中不得其地，爰於文華殿後建文淵閣」，足徵其時固不洽高宗之意也。顧文源燬於刦火，今日蔓草荒烟，斷垣殘砌，依雷氏舊圖雖可識其大凡，而木構物蕩然無存，獨文淵一閣易世以來，猶巍然峙於故宮內，且此閣實爲刱建初型，當時諸閣準繩，悉折衷於是，故言四庫建築者，應以文淵爲主體，其餘文溯文津，取證不易，概未闌入，亦以免本末倒置之譏也。閣之結構經實測結果，自大木間架下及裝修彩畫，凡與清官式建築異者，無不詳記以供參考，惜其奏銷圖冊，求之內務府舊檔與內閣黃冊，俱未發見，致術語一部，幾經審度，未得其當，姑代以習用之語，留竢後證耳。　建國廿四年十月紫江朱啟鈐識。

# 清官式石閘及石涵洞做法目錄

圖版壹

## 石階部分名稱圖(臺北圖)

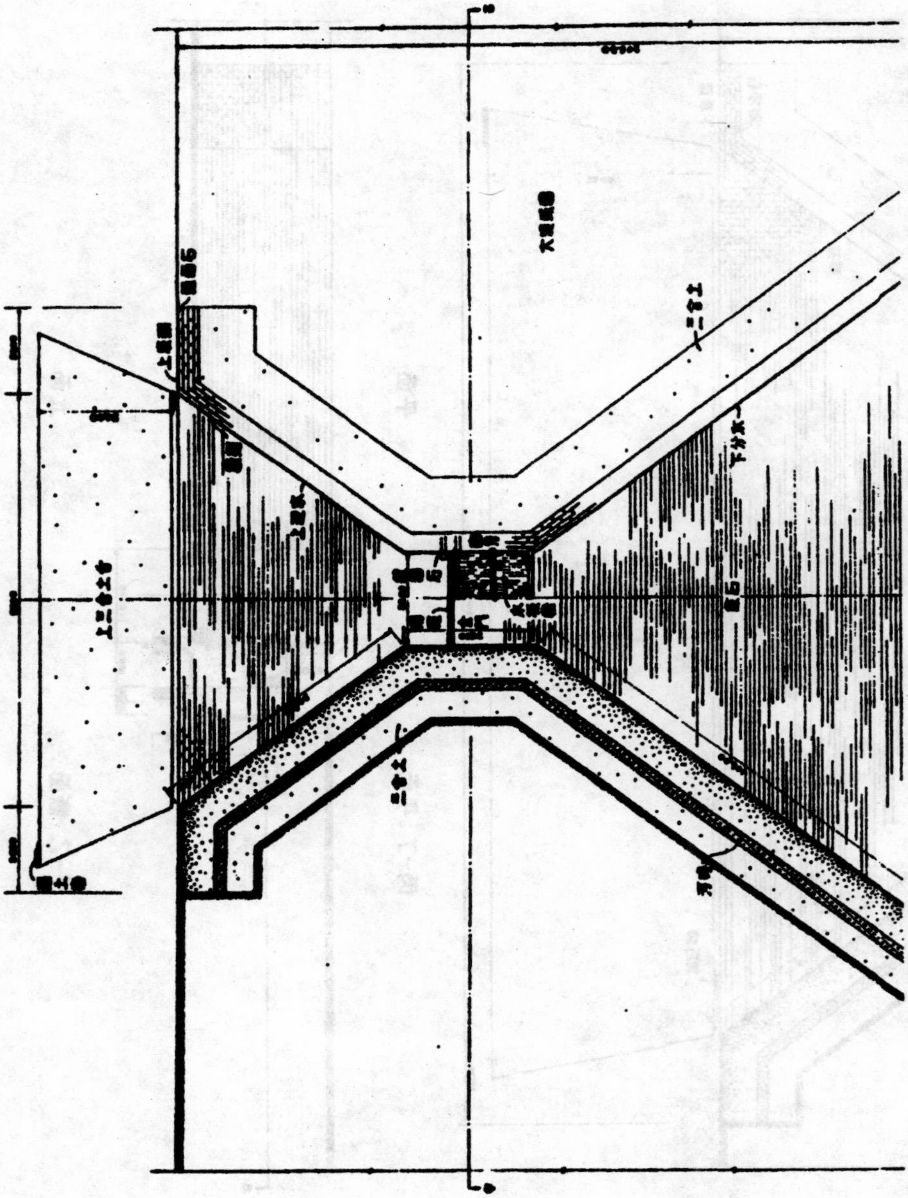

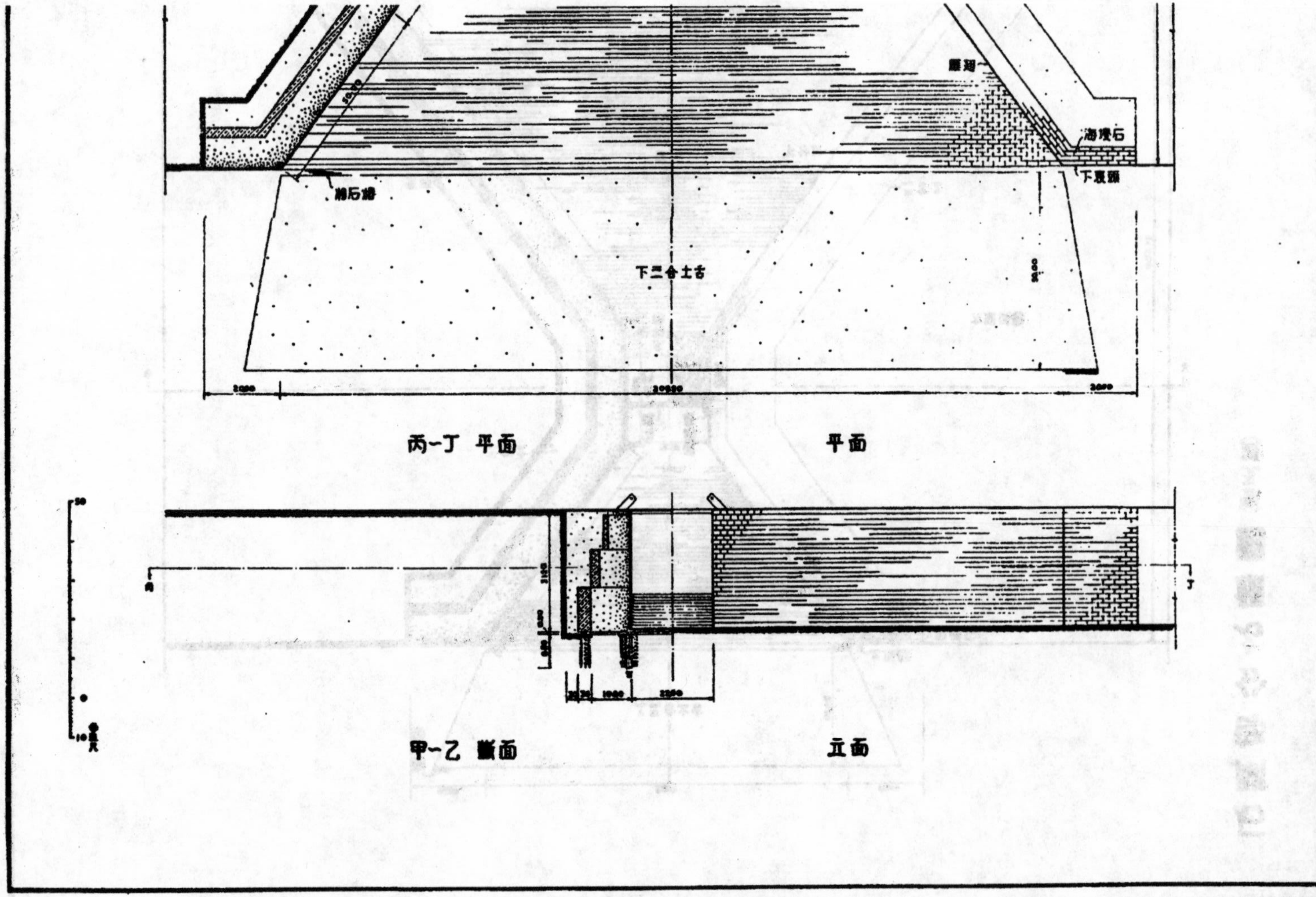
丙~丁 平面
平面
甲~乙 断面
立面
海墁石

圖版貳

后閘部分名稱圖(金孔閘)

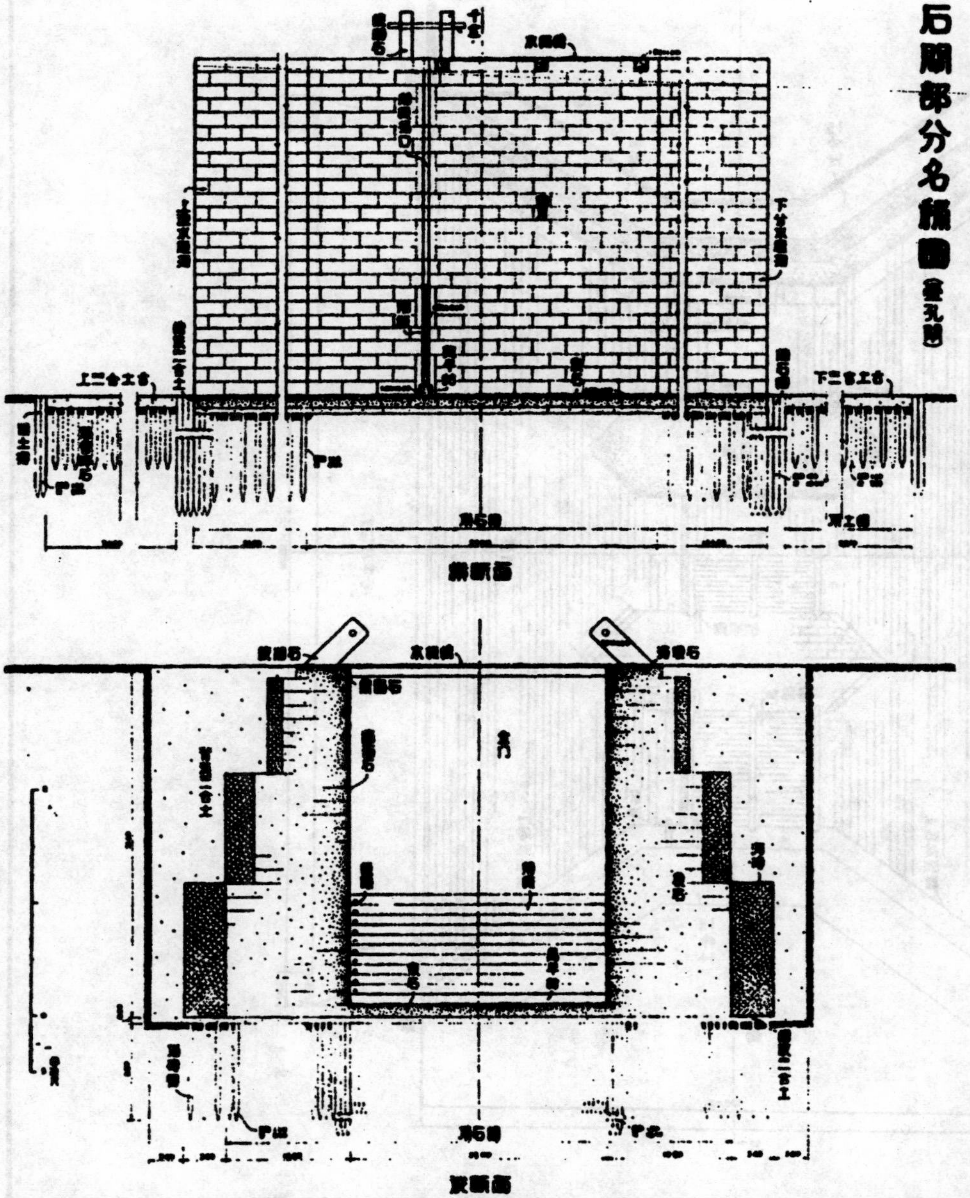


35813

石閘部分名稱圖(三孔閘)

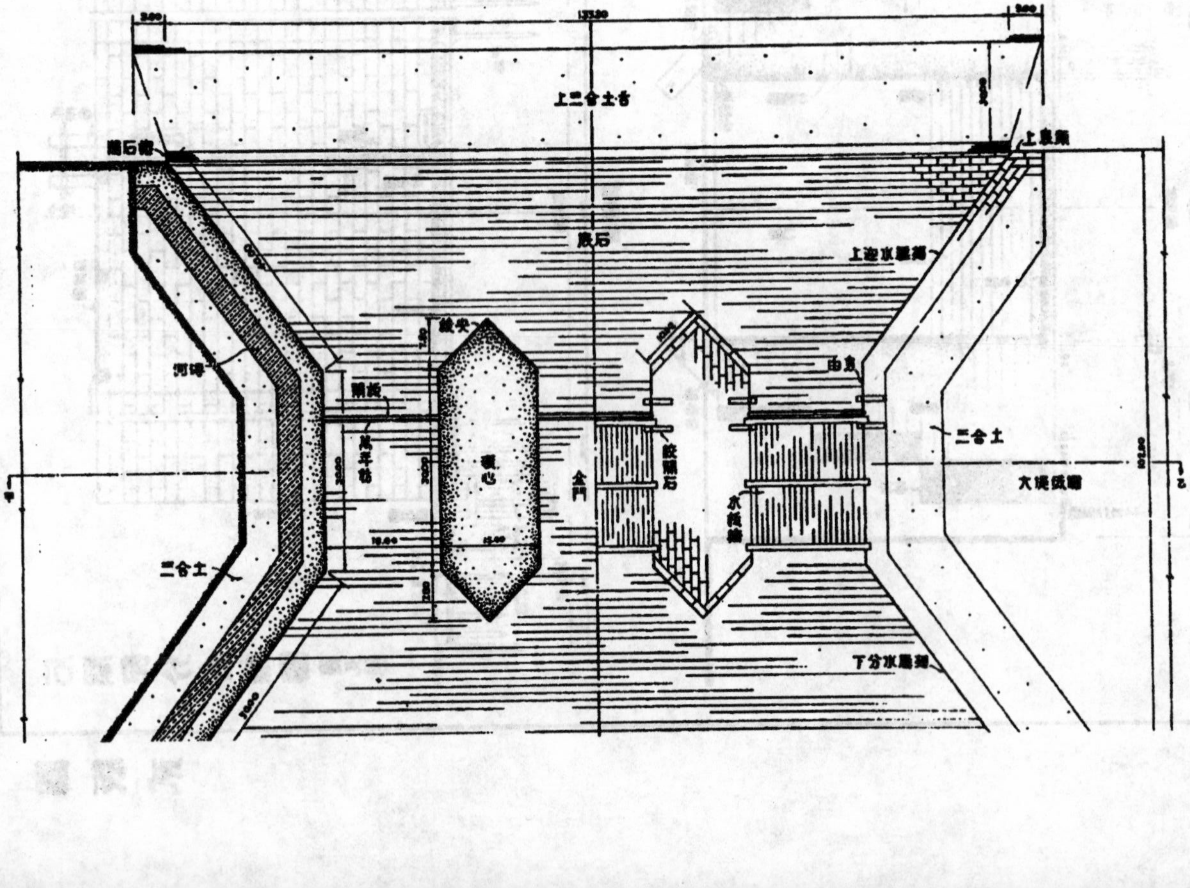

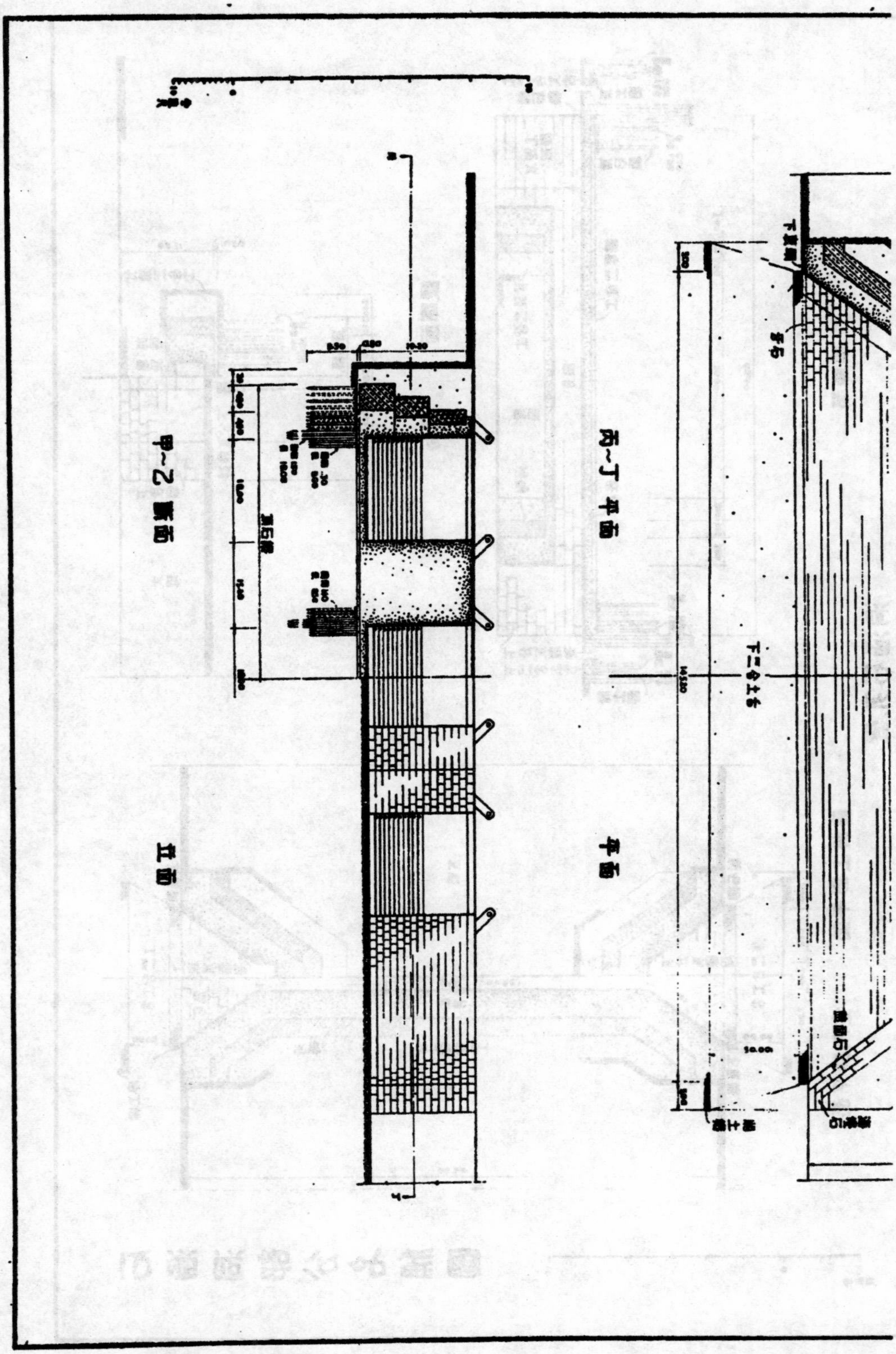
甲~乙断面
立面
丙~丁平面
平面

# 石涵洞部分名稱圖

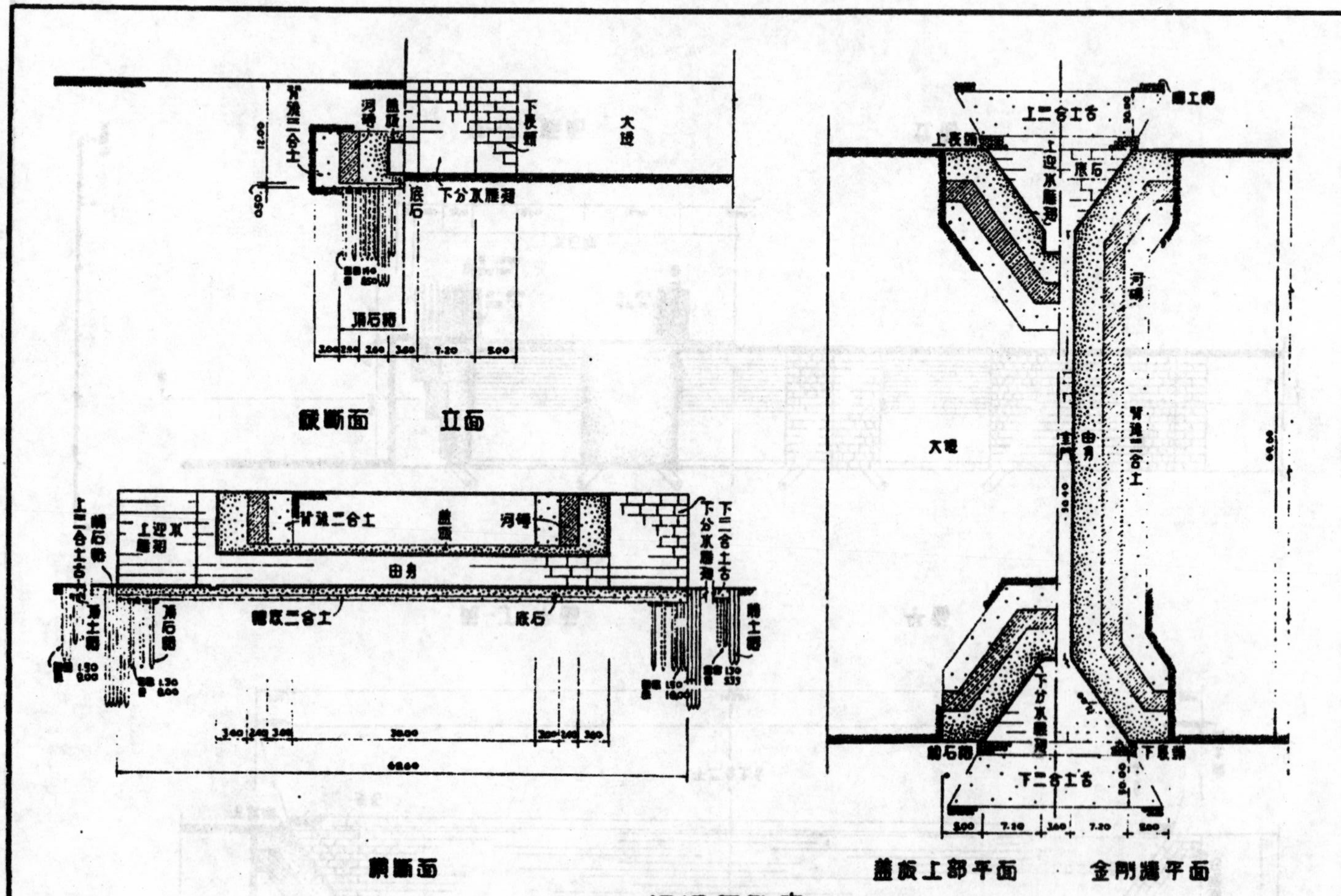


洞涵石孔壹

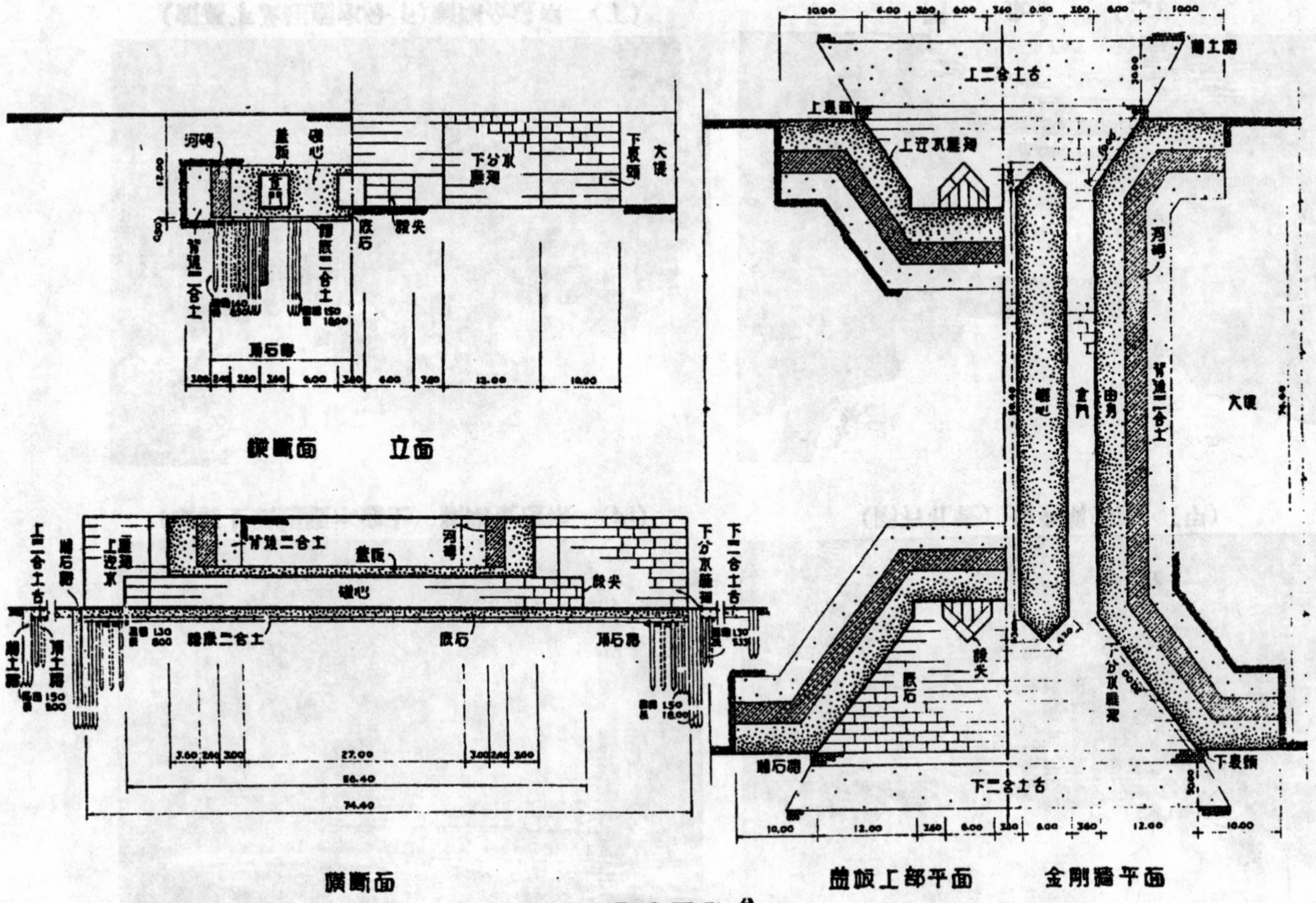
縱斷面
立面
橫斷面
盖板上部平面
金刚牆平面
上二合土古
下二合土古
河砖
盖板
磁心
金门
下分水雁翅
上迎水雁翅
大堤
底石
裝尖
背後二合土
石底二合土

洞涵石孔叁

# 圖版伍

(甲) 慶豐閘全景（壹孔石閘）

(乙) 金門

(丙) 南邊金剛牆（上迎水雁翅及上裹頭）

(丁) 南邊金剛牆（下分水雁翅及下裹頭）

圖版陸

(甲) 絞關石

(乙) 萬年枋

(丙) 閘板擋口

(丁) 閘面詳圖

(甲) 青龍閘全景(貳孔石閘)

(乙) 磯心

（甲）底石

（乙）閘板

35821

# 清官式石閘及石涵洞做法

王璧文

## 第一章　總論

### 第一節　石閘

閘座為湖河蓄洩之關鍵，收束來源分洩暴漲，功用至為偉大。惟其結構方法，因河道情形各殊，無一定不變之法則，而歷來亦鮮有系統之紀錄。邇者本社新購河防輯要一書，內載石閘做法數則，末附圖解，最為珍貴。惟其中術語頗多費解，且附圖尺度舛訛時出，讀者苦之。爰以是書爲主，參以大清會典河工閘座做法各欵，益之以河防一覽，安瀾，廻瀾紀要，黃河初學須知，海寧石塘圖說，河工要義，南河，河東物料價値諸書，及北平圖書舘所藏河工圖籍多種，互爲校比補正，加以解說。茲編分爲三章，第一章解釋閘座與涵洞各部名稱及做法，第二第三兩章，則分述其比例尺度，更重新繪圖，刋於卷首，以供留心我國舊式水利工程者參考之助焉。

造閘之法，凡閘座應取方向與金門寬窄，孔數多寡，金剛牆上下雁翅之長短，（關於上下雁翅左右斜伸尺度，原書謂以雁翅斜長尺寸爲弦，直長爲股，橫長爲勾。先定弦長，以弦長十分之八爲股，十分之六爲勾，即得其應斜尺度。如按此定例，其由身與上下雁翅間之角度，適爲三十六度弱。）高深，以及三合土舌寬長尺度等，必先察河道形勢，及來源大小，而定其規制形式，殆未有成法也。其地基樁丁佈置，石磚鑲砌方法，及採用料例等項，因閘形各殊，不無異同，而其大體結構與施工順序，則大略相同，殊少特異之點。

石閘之制，首爲金門，金門者，兩邊墩臺所形成之口門也，或曰龍門（圖版貳，叁伍(乙)）。金門兩邊墩臺，統稱曰金剛牆，（按金剛牆或曰閘牆，或簡稱金牆。）有兩邊金剛牆，與磯心之別。兩邊金剛牆計分數段：其中部直長一段，謂之由身，（按由身或作正身。）由身兩端左右斜張如八字形者，曰雁翅，在迎水一面者，曰上迎水雁翅，順水一面者曰下分水雁翅，（按下分水雁翅，或曰順水雁翅，或曰跌水雁翅，或曰出水雁翅，或曰雁尾，或曰束水。）上下雁翅外端，左右橫亘與堤身或墩身平行者曰裏頭，迎水一面者曰上裏頭，（按上裏頭或曰迎水裏頭。）順水一面者，曰下裏頭（按下裏頭或曰順水裏頭。）合由身，雁翅，裏頭統言之，曰兩邊金剛牆（圖版壹至叁伍），介於兩邊金剛牆間之梭

形墻臺爲磯心，（按磯心或曰梭墩。）其兩邊直長部分曰由身，上下兩端三尖部分，曰梭尖（圖版叁，柒）

金剛墻石料，統稱曰墻石，其迎面一路曰墻面石，（按墻面石或簡稱面石。）墻面石背後者，概曰裏石（按裏石或曰背後石。）裏石之後，襯河磚，（按河磚或曰背後磚。）磚後則背後三合土或素土，（按背後土又稱尾土，或曰土步。圖版貳。）閘面墻面石之上，平鋪順石一層，謂之盖面石，石後則盖面海漫石也（圖版壹叁陸（丁）。）盖面石及海漫石之上，築三合土一層，謂之三合眉土（按三合眉土築否不定。）絞關石（按絞關石或曰閘耳石。）埋砌於閘面由身之間，（按絞關石安置位置可臨時酌定。）石之上端，鑿孔眼安千金（按千金有木製鐵製二種，鐵質者曰鐵千金，木質者曰千金木，或曰絞關木。圖版壹叁陸（甲）。）金門兩邊由身墻上各鑿閘板搯口，備閘板啟閉之用（圖版陸（乙）（丙）。）閘板以木爲之，槽數或裝二槽，或一槽不定。板兩端各一面釘有鐵環，謂之板環（圖版捌（乙）。）閘板之下，安裝石檻形之石梁一路，謂之萬年石枋，簡稱萬年枋，（圖版貳陸（乙）。）閘底滿槽石底，曰底石，（按涵洞槽底之石底，又曰洞底石。）靠底石外口有立石一路，謂之牙石（按閘底有不用牙石者。）（圖版叁捌（甲））底石之下，築槽底三合土。其閘身上下口築做之三合土步，曰三合土舌，迎水一面者，曰上三合土舌，其順水者，曰下三合土舌（圖版壹叁。）

閘底三合土之下，滿佈椿丁。閘基用椿，有梅花椿，（按釘五椿曰梅花椿，以其式如梅花之有五瓣也，或曰聚五。）馬牙椿，（按釘三椿曰馬牙椿，其式如馬齒之相錯也，或曰三星椿。）及排椿（按釘列成排曰排椿。）三種。按其位置分之，又有頂石椿，頂土椿，及頂磚椿之別：墻石及底石下者，統曰頂石椿，（按墻面石下，及底石下上下口鎖口部分，通常釘馬牙椿，用尺五整木；裏石及底石下釘梅花椿，用尺三四五等木，一木二截。）三合土舌之下者，曰頂土椿，（按三合土舌下，通常釘梅花椿，用尺三木，一木三截。）其頂磚椿，則兩墻背後河磚下之木椿也（按河磚下通常釘梅花椿，用尺四木一木二截。圖版壹至叁。　其排椿釘於三合土舌裏口與底石外口之間者，曰關石椿；靠三合土舌外口者曰關土椿，按關土椿或曰攔土椿。防土舌之被沖涮也圖版壹至叁。　至於石牆，石底，及海漫石之上，各須安扣鐵錠，鐵鋦，及鐵銷等物，以期穩固。

閘座施工順序，首宜於工事臨水一面，預築土壩一道，斟酌水勢漲落情形，而定壩身高低，寧可高寬，毋稍卑薄。　兩邊再密釘排椿，以入土丈許爲佳，萬一風雨暴漲，殊工事不致輟廢。　土壩既成，須先將壩內之水車乾，次按估定丈尺刨挖底槽，槽宜寬大，不致妨礙工事。　底槽以硪實平，然後佈釘木椿，何處應釘梅花椿，何處應釘馬牙椿，各照原估之式釘之。　椿頭齊平以後，其空隙之處，塡嵌碎石，大夯築實，卽接築槽底三合土，土上鋪底石，安裝萬年石枋，按防河要覽：『椿頭鋸平樁縫上用龍骨木，地平板鋪底，用灰蔴艌過，方砌底石……』。黃河初學須知：『閘壩首在擇地土堅厚，照估定丈尺，分起槽縴線，釘樁如估式，依線引樁，定立根基。再用大木方梁，橫亘樁上，將置梁處之樁，較他樁少矮，如梁之寬厚尺寸，陷梁於其中，長釘關穩。上鋪二寸厚板，簽釘縴連，合而爲一。板縫用油灰蔴如艌船法艌密，方砌底石，灌以灰汁，十分穩當。近來估計，不用板鋪梁托，不但不能經久，卽底石之灰漿，皆由椿頂漏出，安能堅固……』　底石鋪完，工殆過半矣。　然後安砌金剛牆，牆後隨式鑲襯河磚，磚後塡築尾土按兩牆背後塡築三合土，或素土不定。　閘面隨式鋪砌盖面石與海漫石，及照式埋砌絞關石。　三合眉土築做與否，臨時酌定。　閘面起做石券橋或安木板橋，均應事先估計。　按實例所示，以安裝木板橋者最爲普遍。　其各作詳部做法，及備置物料諸事，按河防輯要及大清會典諸書，所載閘座各部分尺度及做法料例等項，互有異同，可參閱附表壹，貳。　玆爲分述如左：

（甲）石工

建造閘座，以石工所居地位，最爲首要。凡石作安砌，鑿鑿灌漿，錠鋦等工，務宜精緻細密，方可期其堅牢。石料鑿鑿，必使六面界線正齊，修砌自無欹斜之虞。金剛牆宜順砌，每丈間用丁石一塊，錯縫勾壓。面石務期線縫密緻，至用銷篾簽試不入，始爲牢固，稍不如式，難免水浸沖涮之患。裏石固不計鉗縫，而最忌墊山，（按墊山即以碎石塊墊壓石縫之謂，墊一層謂之單山墊，兩層謂之重山墊。）恐加高上重壓，碎墊石墊石碎裂，安能保固，至萬不得已些須不穩，始用鐵鍋片墊之，匠工陋習，不可不察。安砌金剛牆尤應注意者，即石塊之宜有收分。收分之法，有明收暗收之別（按明收之法，係按牆面石層數，每層向裏端縮進一寸至四五寸不等。暗收則係按裏石層數，遞減其路數也。視裏石若干層，每隔數層，減一路或二三路不等。閘座率用暗收之法，其石壩，石泊岸，則多爲明收。）其應收分數，不妨略寬，寬則坦而著實，窄則陡而易欹也。安扣錠鋦灌漿艌縫，同屬石工吃緊要害之務。漿汁宜濃，灌注宜滿。修艌石縫，尤宜密緻，毋使稍有縫隙，致滋走漏之弊。兩石接縫之處，必須鑿槽安扣鐵錠鐵鋦，各宜照估定位置數目扣釘，以防石塊有錯縫傾欹之患。閘底萬年石枋，必選長二丈以上之整石鑿做，非萬不獲已，不用兩截拚砌。其下部底基，須先墊厚石一層，上匡石枋，夾砌於底石之中，否則非惟洩水，若下板水遇急溜，終難免沖激而起，影響閘之安全，不可不注意也。

石料有單料雙料（按單料雙料之分，僅限于牆石及底石，其絞關石及萬年石枋，不在此例。）二種：雙料石寬厚均爲一尺二寸，其長度按用途而別，如做順石，用長二尺四五寸爲妙，丁石則須長三尺以外。單料石寬一尺二寸，厚六寸，長同雙料石。

閘座成做磚工，僅兩邊金剛牆背後有之按修造磚閘，不在此例。又石涵洞除兩邊金剛牆背後鑲襯河磚外，其沿金剛牆上截及金門洞口蓋板上之鑲護石背後，亦須填襯河磚二三路。

## （乙）磚工

自底至頂隨兩牆形勢鑲砌，按丁一扁二之式逐層相間成砌，使上下互相牽連，庶可期其穩固，路數愈多愈妙。 至於灌注漿汁，較石工尤宜飽滿。 磚料以河磚爲主，河磚長一尺二寸，寬五寸，厚三寸。 又有大料河磚一種，長一尺二寸，寬五寸，厚四寸。

## （丙）土工

土工調土打夯諸事，大略與橋座相同，見清官式石橋做法第三章灰土。 閘座用土有素土按土作用工料現行則例：大夯素土，虛土高一尺，築實後淨高七寸。大夯五把，每步每方丈用黃土高二尺五寸方四分。三合土按三合土即灰土。灰土攙合之法，按大小夯而別爲數種。土作用工料現行則例：小夯灰土每步虛土高七寸五分，築實後淨高五寸。小夯二十四把，按七三成攙合，每步每方丈用白灰一千二百二十五斤，虛黃土高二尺五寸方八厘四毫。小夯二十把，按六四成攙合，每步每方丈用白灰一千○五十斤，黃土一分一厘二毫。小夯十六把，按四六成攙合，每步每方丈用白灰七百斤，黃土一分六厘八毫。大夯灰土，每步虛土高七寸，築實後淨高五寸。五把夯，按二八成攙合，每步每方丈用白灰三百五十斤，黃土二分二厘四毫。小式大夯，按一九成攙合，每步每方丈用白灰一百七十五斤，黃土二分五厘二毫。永定河志：小夯灰土見方一丈，高五寸爲一步。小夯二十四把，用白灰一千二百二十五觔，黃土見方一丈，高二尺五寸土八厘四毫。如閘壩金門出水等處需用灰土，照此則例。小夯十六把，白灰七百觔，黃土見方一丈，高二尺五寸土一分六厘八毫，如閘牆基址需用灰土，照此例。按大清會典：河工土方成規，每見方一丈，高一尺爲一方；每見方一丈，高一丈爲一大方。磚方，石方，及碎石方同。直隸山東河南及江南各省均同。二種。 槽底宜築三合土，用小夯築打爲宜。金剛牆背後酌量用大夯三合土或大夯素土，臨時估定。築打土步，必細力緩夯，層層相間疊築，每層應築高一尺二寸，分兩次上虛，每次上足六寸，每築實一步，以簽籛試之，至滴水不漏，方爲到家。打夯雖宜堅實，但用力則切忌過猛，猛則震動石縫，（按此專指築兩牆背後尾土，及閘面三合眉土而言。）不可不愼也。

### （丁）椿工

一切石工，建於椿上，故石工之堅否，全視椿工爲轉移，若木細椿輭，石工便不經久。凡用木長短，釘佈疏密，要以閘基土質堅鬆及溜勢緩急爲準。地窪水深，溜勢湍急者，自非長椿不能爲功。若土堅水緩，短椿亦可濟事。至於用木以尺三四五等木爲率，（按尺三，尺四，尺五等稱，係按椿丁閘圓大小而言，諸木長度見附表叁。）酌量用整木或一木二截或一木三截不等。木質以杉木紅松及柏木者，最爲通用，間有用楡木者，但楡木入土不能經久，究不相宜。椿身更宜圓直勻淨，俾可深簽到底。釘椿形勢，或梅花椿，或馬牙椿，或排椿，各宜照估釘佈。椿頭箍以鐵箍，俾打下不致披頭。椿之下部砍尖，倘遇地土堅實之處，木椿不能深入時，椿尖須安釘鐵椿帽，俾易簽下。其私截椿頭，或先截椿尾，乃匠工通弊，宜詳爲防範。

## 第二節　石涵洞

建造涵洞，以時啟閉，所以宣洩積水也。其洞直穿大堤，設閘以節水流，故凡金門位置，孔數多寡，及金剛牆寬長丈尺，高深制度，應酌量堤身形勢，及水勢大小，臨時估定。至於地基下樁，安砌牆石，鑲襯磚土等工，要與閘座大略相同。金門之上，滿鋪蓋面海漫石一層（按即蓋板。圖版肆。）兩邊金剛牆上下裹頭，上下雁翅，及金門洞口蓋板之上，各接砌鑲護石一路，用雙料牆石安砌五六層為度，（按鑲護石疊砌層數應以堤身高低為準。）石後隨式鑲襯河磚二三路，磚後填築三合土或素土，仍將大堤補還一律。關於各作細詳做法，可參照第一節閘座各款，茲不贅。

## 第二章　石閘之比例

### 第一節　一孔石閘

【金門】金門口寬（按即面闊。）二丈二尺。（治河方略：石閘金門。口寬二丈四尺。）高三丈。直長（按即進深。）三丈（圖版貳甲。）

【金剛牆】

（一）兩邊金剛牆　兩邊金剛牆二道，每道通長二十九丈：內由身直長三丈；上迎水斜長五丈四尺，直長四丈三尺二寸；上雁翅連裏頭斜橫共長三丈；下分水斜長十丈〇六尺，直長八丈四尺八寸；下雁翅斜長五丈，直長四丈；下裏頭橫長二丈，兩牆共計五十八丈。　通高三丈一尺二寸，計雙料牆石二十六層：內牆面石二十五層（按內埋深一層，露明僅二十四層。）蓋面石一層，共計二十六層。　背後襯裏石二十五層：內貼底十層每層八路，中八層各六路，上七層各四路，共計二十五層。　閘面蓋面石後，海漫石一層，計三路（大清會典：石閘兩牆由身直長二丈四尺，上雁翅斜長六丈，下雁翅斜長八丈。兩牆通高二丈八尺八寸，計石二十四層。又直隸省石閘兩牆各計石十四層，長度及裏石路數不詳。又江南石閘，兩牆牆面石各二十八層，襯裏石二十七層，內貼底十層，每層各七路，中九層各五路，上八層各三路。又山東省石閘，兩牆牆面石各十七層，襯裏石十六層，內貼底六層，每層各四路，中六層各三路，上四層各二路。治河方略：兩牆牆面石各二十五層。圖版壹貳。）

【底石】　閘底底石一層，用雙料石鋪砌。　分三段核計：內由身一段長三丈，寬二丈二尺。　上迎水及上雁翅一段直長五丈一尺二寸；裏口寬二丈二尺，外口寬九丈八尺八寸，裏外口折寬六丈〇四寸。　下分水及下雁翅一段直長十二丈四尺八寸；裏口寬二丈二尺，外口寬二十丈九尺二寸，裏外口折寬十一丈五尺六寸（圖版壹貳）。

【萬年枋】　閘底萬年枋二路或一路，應按閘板槽數而定，閘板如為雙槽，即安兩路，單槽安一路。　長按金門口寬。　寬厚酌定（大清會典：山東省石閘萬年枋為一路。圖版貳。）

【絞關石】 兩邊金剛牆每邊各安絞關石二塊或三塊，按閘板槽數定之，閘板如爲雙槽，兩邊各安三塊，如爲一槽，兩邊各安二塊。 長（按大清會典絞關石長五尺。）寬厚酌定。 石之上端，各鑿千金樺眼（圖版壹，貳）。

【河磚】 兩邊金剛牆背後河磚，通高同裏石，按裏石層數而定其路數。 一孔閘兩牆裏石各二十五層，內貼底十層每層襯河磚三路，中八層各二路，上七層各一路，（大清會典：江南石閘，兩牆背後各襯河磚二十七層，貼底十層，每層四路，中九層各三路，上八層各二路。又山東省石閘，兩牆背後各襯河磚十六層，每層各計二路。圖版壹貳）。

【刨槽】 閘底刨槽，按閘座寬長丈尺定之。

【三合土】

（一）三合土舌

1. 上三合土舌 上三合土舌寬三丈。 裏外口長度酌定（圖版壹）。

2. 下三合土舌 下三合土舌寬五丈。 裏外口長度酌定（圖版壹，貳）。

（二）槽底三合土 槽底三合土寬長按閘座寬長丈尺核定。 築高五寸（圖版壹，貳）。

（三）背後三合土 兩牆背後三合土，緊靠石磚自底至頂築打。 底寬三尺（圖版壹，貳）。

（四）三合眉土 兩牆蓋面石及海漫石上築做三合眉土，高一尺二寸。 寬三尺（按三合眉土築做與否酌定。）（圖版壹，貳）。

【木樁】

（一）頂石樁

1. 頂石馬牙樁

兩邊金剛牆牆面石下，頂石馬牙樁三路每路每丈二十根（大清會典：江南石閘，牆面石下釘馬牙樁四路，每路計二十根。）用尺五木一木一樁圖版壹貳。

底石下上下口鎖口馬牙樁各三路每路每丈計二十根，（大清會典：山東省石閘，底石下鎖口馬牙樁二路，每路每丈二十根。）用尺五木一木一樁圖板壹貳。

2. 頂石梅花樁

兩邊金剛牆裏石下頂石梅花樁按裏石路數每石一路釘樁二路每路每丈計二十根，（大清會典：石閘裏石下，每路每丈釘梅花樁十五根。又江南山東省同。治河方略：裏石下頂石梅花樁，每丈計十二根。）用尺四木一木二截圖版壹貳。

底石下頂石梅花樁單長每丈三十根，（大清會典：江南石閘，底石下梅花樁，每方丈三十根，路數不拘。治河方略：石閘底石下梅花樁，每路每丈計十八根。）用尺三四五等木一木二截圖版壹貳。

（二）頂磚樁

1. 頂磚梅花樁

河磚下按河磚路數，每路每丈釘梅花樁十五根，用尺四木，一木二截圖版壹貳。（按大清會典：直隸省石閘，閘基石磚下按每寬一尺，長一丈方，用釘三十根。

### （三）頂土樁

#### 1.頂土梅花樁

上下三合土舌下，頂土梅花樁單長每丈計十五根，路數不拘，大清會典：石閘，頂土梅花樁每路每丈計二十根。又江南石閘，頂土梅花樁每方丈三十根，路數不拘。用尺三木一木三截圖版壹貳。

（四）關石樁　閘身上下口龔底石排釘關石樁三路每路每丈計二十根，大清會典：山東省石閘關石樁二路，每路每丈計二十根。用尺五木一木一樁圖版壹貳。

（五）關土樁　上下三合土舌外口排釘關土樁二路每路每丈計二十根用尺五木一木二截圖版壹貳。

### 【閘板】

閘板一槽或二槽不等，塊數酌定。長按金門口寬兩端各長出四五寸爲宜。寬厚酌定按三江閘務全書：閘板寬八寸三分，厚四寸二分。大清會典：閘板寬度不詳，厚八九寸。閘板上板環二箇，兩端各釘一面圖版壹貳。

### 【鐵錠鐵鋦及鐵銷】

（一）鐵錠　牆面石上，每丈橫豎釘鐵錠二個。海漫石上，橫豎釘鐵錠四個大清會典：山東省石閘海漫石上橫豎每丈釘鐵錠二個。底石上，橫豎釘鐵錠四個大清會典：山東省石閘，底石上每丈釘鐵錠三個。

（二）鐵鋦　牆面石上，每丈橫豎釘鐵鋦二個。

（三）鐵鋦　金門下板石槽，上下雁翅，及上下裹頭轉角等處，每處釘鐵鋦二個。

## 第二節　二孔石閘

【金門】 金門二孔，每孔口寬二丈五尺。 高二丈四尺四寸。 直長三丈。

【金剛牆】

（一）兩邊金剛牆　兩邊金剛牆二道，每道通長七丈五尺，內由身直長三丈；上迎水雁翅斜長一丈五尺，直長一丈二尺；上裹頭橫長五尺；下分水雁翅斜長二丈，（按原書作一丈誤。）直長一丈六尺，下裹頭橫長五尺，兩牆共計十五丈。（按原書作十三丈誤。） 通高一丈五尺六寸，計雙料牆石十三層，內牆面石十二層（按內埋深一層，露明僅十一層。），蓋面石一層，共計十三層。 背後襯裏石十二層，每層各計二路。 閘面蓋面石後海漫石一層，計二路。

（二）磯心　磯心一座，通長四丈〇八寸：內由身直長三丈，兩端梭尖各直長五尺四寸，（按原書作五尺誤。）斜長七尺五寸六分，（按原書作六尺二寸誤。）六面圍長九丈〇二寸四分。 通寬一丈〇八寸，（按原書作一丈誤。）計石九路。 通高一丈五尺六寸，計石十三層，內周圍牆面石一路，計十二層（按內埋深一層，露明僅十一層。），又蓋面石一層，共計十三層。 背後滿襯裏石計七路十二層，又閘面海漫石一層，共計十三層。

【底石】　閘底底石一層，用雙料石鋪砌。　分三段核計：內由身一段，兩孔每孔各長三丈，寬一丈五尺，兩孔共寬三丈。　上迎水雁翅一段直長一丈二尺；裏口寬四丈○八寸，外口寬五丈八尺八寸，裏外口折寬四丈九尺八寸。　下分水雁翅一段直長一丈六尺裏口寬四丈○八寸外口寬六丈四尺八寸，裏外口折寬五丈二尺八寸（按上迎水雁翅一段，裏口寬度內，須除尖梭尖所佔分位。下分水雁翅同。）

【萬年枋】　閘底萬年枋每孔二路或一路，應按閘板槽數而定，閘板如為雙槽，即安兩路，單槽安一路。　長按金門口寬。　寬厚酌定。

【絞關石】　兩邊金剛牆及磯心每邊各安絞關石二塊或三塊，按閘板槽數定之。閘板如為雙槽，每邊各安三塊，如為一槽每邊各安二塊。　長寬厚酌定。　石之上端各鑿千金樽眼。

【河磚】　兩邊金剛牆背後河磚，通高同裏石，按裏石層數而定其路數。　二孔閘兩牆裏石各十二層，內貼底六層，每層襯河磚三路，上六層各二路。

【刨槽】　閘底刨槽，按閘座寬長丈尺定之。

【三合土】

（一）三合土舌

1. 上三合土舌　同一孔石閘。

2. 下三合土舌　同一孔石閘。

(二)槽底三合土　同一孔石閘。

(三)背後三合土　同一孔石閘。

(四)三合眉土　同一孔石閘。

【木樁】

(一)項石樁

1. 項石馬牙樁

兩邊金剛牆牆面石下馬牙樁　同一孔石閘。

磯心牆面石下馬牙樁　同兩邊金剛牆牆面石下馬牙樁。

底石下上下口鎖口馬牙樁　同一孔石閘。

2. 項石梅花樁

兩邊金剛牆裏石下梅花樁　同一孔石閘。

磯心裏石下梅花樁　同兩邊金剛牆裏石下梅花樁。

底石下梅花樁　同一孔石閘。

(二)項磚樁



35837

1. 頂磚梅花樁

河磚下梅花樁　同一孔石閘。

(三) 頂土樁

1. 頂土梅花樁

上下三合土舌下梅花樁　同一孔石閘。

(四) 闞石閘　閘身上下口靠底石排下闞石樁　同一孔石閘。

(五) 闞土樁　上下三合土舌外口排下闞土樁　同一孔石閘。

【閘板】　閘板每孔二槽或一槽不等塊數酌定。　長按金門口寬兩端各長出四五寸即可。寬，厚酌定。　閘板上板環二箇，兩端各釘一面。

【鐵錠鐵鋦及鐵銷】　同一孔石閘。

第三節　三孔石閘

【金門】　金門三孔，每孔口寬一丈八尺。　高一丈八尺。　直長三丈。

【金剛牆】

(一)兩邊金剛牆　兩邊金剛牆二道，每道通長十三丈：內由身直長三丈，上裹頭橫長二丈，上迎水雁翅斜長二丈五尺，（按原書作一丈五尺誤。）；直長二丈下分水雁翅斜長三丈五尺直長二丈八尺（按原書作二丈六尺誤。）下裹頭橫長二丈，兩牆共計二十六丈（按原書作二十七丈誤。）。　通高一丈九尺二寸，計雙料牆石十六層，內牆面石十五層，（按內埋深一層，露明僅十四層。）蓋面石一層，共計十六層。　背後襯裏石十五層，內貼底五層每層三路，中五層各二路，上五層各一路，共計十五層。　閘面蓋面石後海漫石一層，計二路。

(二)磯心　磯心二座，每座通長四丈五尺六寸：內由身直長三丈，兩端梭尖各直長七尺八寸，（按原書作六尺一寸誤。）斜長一丈〇九寸二分，（按原書作七尺六寸誤。）六面圍長十丈三尺六寸八分。　通寬一丈五尺六寸，計石十三路。　通高一丈九尺二寸，計石十六層，內週圍牆面石一路，計十五層，（按內埋深一層，露明僅十四層。）又蓋面石一層，共計十六層。

【底石】　閘底底石一層，用雙料石鋪砌。　分三段核計：內由身一段，三孔每孔各長三丈，寬一丈八尺。　上迎水雁翅一段直長二丈；裏口寬八丈五尺二寸，外口寬十一丈五尺二寸，裏外口折寬十丈〇二寸。　下分水雁翅一段直長二丈八尺；裏口寬八丈五尺二寸，外口寬十二丈七尺二寸，裏外口折寬十丈六尺二寸。

【萬年枋】　閘底萬年枋每孔二路或一路，應按閘板槽數而定。　長按金門口寬。　寬，厚酌定。

【絞關石】 兩邊金剛牆及磯心，每邊各安絞關石二塊或三塊，按閘板槽數定之。 長，寬，厚酌定。 石之上端，各鑿千金樺眼。

【河磚】 兩邊金剛牆背後河磚，通高同裏石，按裏石層數而定其路數。 三孔閘兩牆裏石各十五層，內貼底五層每層襯河磚四路，中五層各三路，上五層各二路。

【刨槽】 閘底刨槽，按閘座寬長丈尺定之。

【三合土】

(一)三合土舌

1. 上三合土舌 上三合土舌寬一丈五尺。 裏外口長度酌定。

2. 下三合土舌 同上三合土舌。

(二)槽底三合土 同一孔石閘。

(三)背後三合土 同一孔石閘。

(四)三合眉土 同一孔王閘。

【木樁】

(一)頂石樁

1. 頂石馬牙樁

兩邊金剛牆牆面石下馬牙樁　同一孔石閘。

磯心牆面石下馬牙樁　同二孔石閘。

底石下上下口鎖口馬牙樁　同一孔石閘。

2. 頂石梅花樁

兩邊金剛牆裏石下梅花樁　同一孔石閘。

磯心裏石下梅花樁　同二孔石閘。

底石下梅花樁　同一孔石閘。

(二)頂磚樁

1. 頂磚梅花樁

河磚下梅花樁　同一孔石閘。

(三)頂土樁

1. 頂土梅花樁

上下三合土舌下梅花樁　同一孔石閘。

(四)關石樁　閘身上下口鞏底石排下關石樁　同一孔石閘。

(五)關土樁　上下三合土舌外口排下關土樁　同一孔石閘。

【閘板】　閘板每孔二槽或一槽不等塊數酌定。長按金門口寬，兩端各長出四寸五卽可。寬厚酌定。閘板上板環二個，兩端各釘一面。

【鐵錠鐵鋦及鐵銷】　同一孔石閘。

## 第三章　石涵洞之比例

### 第一節　一孔石涵洞

【金門】　金門口寬三尺六寸。高三尺六寸。直長五丈〇四寸圖版肆。

【金剛牆】

(一)兩邊金剛牆　兩邊金剛牆二道每道通長八丈四尺四寸內由身直長五丈〇四寸。上迎水雁翅連裹頭斜橫共長一丈七尺。下分水雁翅連裹頭斜橫共長一丈七尺。兩牆共長十六丈八尺八寸。通高四尺八寸，計牆面石四層按內埋深一層，露明僅三層。背後襯裏石二路，計四層。　金門洞口盖板一層。　寬五尺。　通長四丈八尺。　兩牆上下雁翅，及金門洞口盖板之上，接砌鑲護石一路，高六尺，計石五層。　背後隨式襯裏石五層各二路圖版肆。

【底石】　底石一層，用雙料石鋪砌。　分三段核計：內由身一段長五丈〇四寸。　寬三尺六寸。　下分上迎水雁翅一段直長八尺；裏口寬三尺六寸，外口寬一丈八尺，裏外口折寬一丈〇八寸。　下分水雁翅一段同圖版肆。

【河磚】　兩邊金剛牆及接砌鑲護石背後，隨式鑲襯河磚，路數酌定。

【刨槽】　地基刨槽，按涵洞估定寬長丈尺定之。

【三合土】　同一孔石閘。

【木樁】　同一孔石閘。

【閘板】　同一孔石閘。

【鐵錠鐵鋦及鐵銷】　同一孔石閘。

第二節　二孔石涵洞

【金門】　金門二孔，每孔口寬四尺八寸，或六尺不定。



35843

【金剛牆】

（一）兩邊金剛牆　兩邊金剛牆二道，通長不定。其上迎水雁翅長一丈或一丈數尺不等。下分水雁翅，較上迎水雁翅增長數尺，或一丈均可。高深尺寸，及裏石路數多寡酌定。

（二）磯心　磯心一座，高，深，寬，長，及砌石路數酌定。

【底石】　底石按上下雁翅，及金門洞口寬長丈尺鋪砌。

【河磚】　同一孔石涵洞。

【刨槽】　地基刨槽，按涵洞估定寬長丈尺定之。

【三合土】　同一孔石閘。

【木樁】　同一孔石閘。

【閘板】　同一孔石涵洞。

【鐵錠鐵鋦及鐵銷】　同一孔石閘。

## 第三節　三孔石涵洞

三孔石涵洞各部寬長丈尺，可酌量水勢估定。其石磚等工做法，與二孔石涵洞，大略相同。

# 附表壹 石閘及石涵洞尺度比較表

| | | 金門 | | 兩邊金剛牆 | | | | | | | | 磯心 | | | |
|---|---|---|---|---|---|---|---|---|---|---|---|---|---|---|---|
| | | | | 長 | | | | | | | 高 | 長 | | 寬 | 高 |
| | | 口寬 | 直長 | 由身 | 上迎水 | 雁翅 | 上裹頭 | 下分水 | 雁翅 | 下裹頭 | | 由身 | 稜尖 | | |
| 河防輯要 | 一孔閘 | 22.00 | 30.00 | 30.00 | 斜長54.00<br>直長43.20 | 斜橫共長30.00 | | 斜長106.00<br>直長 84.80 | 斜長50.00<br>直長40.00 | 橫長20.00 | 31.20 | | | | |
| 河防輯要 | 二孔閘 | 15.00 | 30.00 | 30.00 | 斜長15.00<br>直長12.00 | | 橫長 5.00 | 斜長20.00<br>直長16.00 | | 橫長 5.00 | 15.60 | 直長30.00 | 斜長 7.56<br>直長 5.40 | 10.80 | 15.60 |
| 河防輯要 | 三孔閘 | 18.00 | 30.00 | 30.00 | 斜長25.00<br>直長20.00 | | 橫長20.00 | 斜長35.00<br>直長28.00 | | 橫長20.00 | 19.20 | 直長30.00 | 斜長10.92<br>直長 7.80 | 15.60 | 19.20 |
| 大清會典 | 石閘 | 22.00 | 24.00 | 直長24.00 | | 斜長60.00 | 橫長30.00 | | 斜長80.00 | 橫長30.00 | 28.80 | | | | |
| 治河方略 | 石閘 | 24.00 | | 30.00 | | | | 30.00 | | | 30.00 | | | | |
| 防河要覽 | 石閘 | | 27.00 | | 50.00 | | | | | | | | | | |
| 河防輯要 | 一孔石涵洞 | 3.60 | | 直長50.40 | 斜橫共長 17.00 | | | | | | 3.60 | | | | |
| 河防輯要 | 二孔石涵洞 | 4.80;6.00 | | | 一丈或一丈以上 | | | 較上迎水雁翅增長數尺或一丈 | | | | | | | |
| 河防輯要 | 三孔石涵洞 | 3.60 | | | | | | | | | | | | | |
| 大會清典 | 石涵洞 | 2.40 | | 直長45.00 | 斜長 9.00 | | 橫長30.00 | 斜長 6.00 | | 橫長30.00 | 3.60 | | | | |
| 防河要覽 | 石涵洞 | 5.00 | 20.00 | | 15.00 | | | 15.00 | | | | 直長20.00 | | 5.00 | |

（石閘及涵洞度量以營造尺爲單位）

| 木工 | | | | | | | | | | | | | | 土工 | | 鐵工 | | | | | | | | |
|---|---|---|---|---|---|---|---|---|---|---|---|---|---|---|---|---|---|---|---|---|---|---|---|---|
| 石椿 | | | | 項磚椿 | | 項土椿 | | 關石椿 | | 關土椿 | | 閘板 | 木板橋 | 三和土 | | 鐵錠 | | | 鐵鋦 | | | 鐵銷 | | |
| 梅花椿 | | | | 梅花椿 | | 梅花椿 | | | | | | | | | | | | | | | | | | |
| 裏石下 | | 底石下 | | 河磚下 | | 三和土舌下 | | | | | | | | | | | | | | | | | | |
| 路數 | 根數 | 路數 | 根數 | 路數 | 根數 | 路數 | 根數 | 路數 | 根數 | 路數 | 根數 | | | 梢底三和土 | 背後三和土 | 檔面石 | 梯漫石 | 底石 | 檔面石 | 梯漫石 | 底石 | 檔面石 | 梯漫石 | 底石 |
| 按裏石路數定之每石1路釘椿2路 | °20根 | 按底石路數定之 | °30根 | 按河磚路數定之 | °15根 | 不定 | °15根 | 3路 | •°02根 | 2路 | °20根 | | | 牛步 | 按兩檔高度緊集石磚築做 | •2個 | •4個 | •4個 | •2個 | | | 金門下板石槽迎分木脣連銜頭轉角16處每處2個 | | |
| ,, | ,, | ,, | ,, | ,, | ,, | ,, | ,, | ,, | ,, | ,, | ,, | | | ,, | ,, | ,, | ,, | ,, | ,, | | | ,, | | |
| ,, | ,, | ,, | ,, | ,, | ,, | ,, | ,, | ,, | ,, | ,, | ,, | | | ,, | ,, | ,, | ,, | ,, | ,, | | | ,, | | |
| | °15根 | | °30根 | | | | °20根 | | ,, | | ,, | 2檔 | | | | ,, | | ,, | ,, | | | ,, | | |
| 尺長1丈用釘30根 | | | | | | | | | | | | | 閘面安木板橫1層 | | | ,, | | | | | | | | |
| 14路 | °15根 | 不定 | 每方丈30根 | | | 不定 | 每方丈30根 | 3路 | °20根 | 2路 | °20根 | | | | | ,, | | | ,, | | | | | |
| 5路 | °15根 | | | | | | | 2路 | °20根 | | | | | | | ,, | •2個 | •3個 | ,, | | | | | |
| 11路 | °12根 | | °18根 | | | | | | | | | | | | | | | | | | | | | |
| | | | | | | | | | | | | | | 牛步 | 按兩檔高度鋒累石磚築做 | | | | | | | | | |
| | °20根 | | °30根 | | | | | | °20根 | | | | | | | | | | | | | | | |
| | | | | | | | | | | | | | | | | | | | | | | | | |
| | | 每丈2路 | °15根 | | | | | 2路 | °20根 | | | | | | | | | | | | | | | |

°按每路每丈計算

•按每丈橫竪安扣

# 附表貳　石閘及石涵洞做法料例比較表

| | | 石 | | | | | | | | | 工 | | | | | 磚工 | | | | | | |
|---|---|---|---|---|---|---|---|---|---|---|---|---|---|---|---|---|---|---|---|---|---|---|
| | | 牆面石 | | 裏石 | | | | | 海漫石 | | | | 底石 | 閘耳石 | 萬年枋 | 河磚 | | | 頂馬牙樁 | | | |
| | | 雁翅 | 磯心 | 雁翅 | | | 磯心 | | 雁翅 | | 磯心 | | | | | 層數 | 路數 | | 牆面石下 | | 底石下餘口 | |
| | | | | 層數 | 路數 | | 層數 | 路數 | 層數 | 路數 | 層數 | 路數 | | | | | | | 路數 | 根數 | 路數 | 根數 |
| 河防輯要 | 一孔石閘 | 26層<br>每丈間砌丁石1塊 | | 25層 | 下十層<br>中八層<br>上七層 | 8路<br>6路<br>4路 | | | 1層 | 3路 | | | 白上迎水雁翅上口毛下分水雁翅下口㳂幫鋪砌1層 | 6塊 | 2塊 | 25層<br>每層丁一隔二成砌 | 下十層<br>中八層<br>上七層 | 3路<br>2路<br>1路 | 3路 | 20根 | 3路 | 20根 |
| 河防輯要 | 二孔石閘 | 13層 | 13層 | 12層 | 下六層<br>上六層 | 2路<br>2路 | 12層 | 7路 | 1層 | 2路 | 1層 | 7路 | ,, | | | 12層 | 下六層<br>上六層 | 3路<br>2路 | ,, | ,, | ,, | ,, |
| 河防輯要 | 三孔石閘 | 16層 | 16層 | 15層 | 下五層<br>中五層<br>上五層 | 3路<br>2路<br>1路 | 15層 | 11路 | 1層 | 2路 | 1層 | 11路 | ,, | | | 15層 | 下五層<br>中五層<br>上五層 | 4路<br>3路<br>2路 | ,, | ,, | ,, | ,, |
| 大清會典 | 石閘 | 24層 | | | | | | | | | | | ,, | 6塊 | | | | | | 20根 | | |
| 大清會典 | 直隸省石閘 | 14層用條石丁順成砌 | 14層 | | | | | | | | | | ,, | | | 金門雁翅雞心正身牆背後每層砌5路甃頭砌27層每層計5路 | | | | | | 每寬1 |
| 大清會典 | 江南石閘 | 28層<br>每丈間砌丁石1塊 | | 27層 | 下十層<br>中九層<br>上八層 | 7路<br>5路<br>3路 | | | 1層 | 2路 | | | ,, | 6塊 | 2塊 | 27層 | 下十層<br>中九層<br>上八層 | 4路<br>3路<br>2路 | 4路 | 0根 | 3路 | |
| 大清會典 | 山東省石閘 | 17層<br>每丈間砌丁石1塊 | | 16層 | 下六層<br>中六層<br>上四層 | 4路<br>3路<br>2路 | | | 1層 | 2路 | | | 金門鋪砌底石1層迎水跌水雁翅鋪地平石1層餘口牙石1路 | 4塊 | 1路 | 16層 | 每層 | 2路 | 3路 | 20根 | 2路 | 20根 |
| 治河方略 | 石閘 | 25層 | | | 下五層<br>中四層<br>四層<br>四層<br>四層 | 7路<br>6路<br>5路<br>3路<br>2路<br>? | | | | | | | | | | | | | ,, | ,, | | |
| 河防輯要 | 一孔石涵洞 | 3層<br>接砌鑲邊石5層 | | | 2路<br>2路 | | | | 金門洞口蓋板1層 | | | | | | | | | | | | | |
| 大清會典 | 石涵洞 | 3層 | | | | | | | | | | | | | | | | | | 20根 | | |
| 大清會典 | 江南涵洞石 | 江南河道無庸做涵洞做法 | | | | | | | | | | | | | | | | | | | | |
| 大清會典 | 山東省石涵洞 | 5層<br>接砌鑲邊石7層 | | | | | | | 金門洞口蓋板1層 | | | | 1層 | | | 5層 | | | | | | |

| 楊木椿 | | | | | | | | |
|---|---|---|---|---|---|---|---|---|
| | 長 | 圍圓 | | 長 | 圍圓 | | 長 | 圍圓 |
| 三尺木 | 33.00 | 3.00 | 三尺七木 | 40.00 | 3.70 | 四尺四木 | 47.00 | 4.40 |
| 三尺一木 | 34.00 | 3.10 | 三尺八木 | 41.00 | 3.80 | 四尺五木 | 48.00 | 4.50 |
| 三尺二木 | 35.00 | 3.20 | 三尺九木 | 42.00 | 3.90 | 四尺六木 | 49.00 | 4.60 |
| 三尺三木 | 36.00 | 3.30 | 四尺木 | 43.00 | 4.00 | 四尺七木 | 50.00 | 4.70 |
| 三尺四木 | 37.00 | 3.40 | 四尺一木 | 44.00 | 4.10 | 四尺八木 | 51.00 | 4.80 |
| 三尺五木 | 38.00 | 3.50 | 四尺二木 | 45.00 | 4.20 | 四尺九木 | 52.00 | 4.90 |
| 三尺六木 | 39.00 | 3.60 | 四尺三木 | 46.00 | 4.30 | 五尺木 | 53.00 | 5.00 |

| | 杉木椿 | | | | | | | | | | 栢木丁 | | | | | |
|---|---|---|---|---|---|---|---|---|---|---|---|---|---|---|---|---|
| | | | | | | | | | | | 中丁 | | 丈丁 | | 梅花丁 | |
| 長 | 徑 | 長 | 徑 | 長 | 徑 | 長 | 徑 | 長 | 徑 | 長 | 徑 | 長 | 徑 | 長 | 徑 | 長 |
| 34.00 | 0.30 | | 0.40 | | 0.50 | | 0.60 | | 0.70 | | 0.30 | | 0.50 | | 0.20 | |
| 32.00 | | | | | | | | | | | | | | | | |
| 30.00 | | | | | | 30.00 | | 30.00 | | 30.00 | | | | | | |
| 28.00 | | | | | | 28.00 | | 28.00 | | 28.00 | | | | | | |
| | | | | | | | | | | 26.00 | | | | | | |
| 25.00 | | | | | | | | | | | | | | | | |
| 24.00 | | 24.00 | | 24.00 | | 24.00 | | 24.00 | | 24.00 | | | | | | |
| | | 22.00 | | 22.00 | | 22.00 | | 22.00 | | 22.00 | | | | | | |
| 21.00 | | | | | | | | | | | | | | | | |
| 20.00 | | 20.00 | | | | 20.00 | | 20.00 | | 20.00 | | | | | | |
| 18.00 | | 18.00 | | | | 18.00 | | | | | | | | | | |
| 16.00 | | 16.00 | | 16.00 | | 16.00 | | | | | | | | | | |
| 14.00 | | 14.00 | | 14.00 | | 14.00 | | | | | | | | | | |
| | | 12.00 | | 12.00 | | 12.00 | | | | | | | | | | |
| | | | | 10.00 | | 10.00 | | | | | | | | 10.00 | | |
| | | | | | | | | | | | | 8.00 | | | | |
| | | | | | | | | | | | | | | | | 0.55 |

附表叁　木椿尺度表（木椿度量以營造尺為單位）

| | 杉 | 木 | | 及 | | | | |
|---|---|---|---|---|---|---|---|---|
| 江南及山東各省用椿例 | 長 | 圍圓 | | 長 | 圍圓 | | 長 | 圍圓 |
| 不登尺木 | 12.00 | | 尺六木 | 19.00 | 1.60 | 二尺三木 | 26.00 | 2.30 |
| 尺木 | 13.00 | 1.00 | 尺七木 | 20.00 | 1.70 | 二尺四木 | 27.00 | 2.40 |
| 尺一木 | 14.00 | 1.10 | 尺八木 | 21.00 | 1.80 | 二尺五木 | 28.00 | 2.50 |
| 尺二木 | 15.00 | 1.20 | 尺九木 | 22.00 | 1.90 | 二尺六木 | 29.00 | 2.60 |
| 尺三木 | 16.00 | 1.30 | 二尺木 | 23.00 | 2.00 | 二尺七木 | 30.00 | 2.70 |
| 尺四木 | 17.00 | 1.40 | 二尺一木 | 24.00 | 2.10 | 二尺八木 | 31.00 | 2.80 |
| 尺五木 | 18.00 | 1.50 | 二尺二木 | 25.00 | 2.20 | 二尺九木 | 32.00 | 2.90 |

松木椿

直隸省永定河用椿例

| 徑 | 長 |
|---|---|
| 0.50 | 23.00, 18.00, 14.00 |
| 0.60 | 22.00, 20.00, 18.00, 16.00, 14.00, 10.00, 5.00, 4.00 |
| 0.70 | 26.00, 24.00, 22.00, 20.00, 18.00, 16.00, 15.00 |
| 0.80 | 26.00, 24.00, 22.00, 20.00, 18.00, 16.00 |
| 0.90 | 30.00, 28.00, 26.00, 24.00, 20.00, 18.00, 16.00, 14.00 |
| 1.00 | 33.00, 31.00, 29.00, 28.00, 27.00, 25.00, 23.00, 22.00, 20.00, 19.00, 17.00, 15.00, 13.00 |
| 1.10 | 34.00, 32.00, 30.00, 28.00, 26.00, 24.00, 22.00, 20.00, 18.00, 16.00, 13.00 |
| 1.20 | 34.00, 32.00, 30.00, 28.00, 26.00, 24.00, 22.00, 20.00, 18.00, 16.00, 14.00 |
| 1.30 | |

35849

# 建築設計參考圖集序

梁思成

建築之始，本無所謂一定形式，更無所謂派別。易經繫辭下說：

上古穴居而野處，後世聖人易之以宮室，上棟下宇，以待風雨，蓋取諸大壯。

只取其合用以待風雨，求其堅固取諸大壯而已。所謂某系或某派建築之始，其先蓋完全由於當時彼地的人情風俗，政治經濟的情形，氣候及物產材料之供給，和匠人對於力學之智識，技術之巧拙，等等複雜情況，總影響之下所產生。當時的設計人並不定要將他的創作型成某種預定形式的預定步驟。他所採取的建築形式，差不多可以說是被環境所逼出來。古代許多的原始建築，如埃及，巴比崙，伊琴，美洲，中國各系建築，都這樣在它們各自環境之下產生出來。

到各地各文化漸漸會通的時代，一系的建築便不能脫離它鄰近文化系統的影響，同時在它前一代的遺傳也不容它不承受。一系建築之個性，猶如一個人格，莫不是同時受父母先天的遺傳，和朋友師長的教益而型成的。

公元第三至第十五世紀間，在歐洲各處不同的區域，由希臘羅馬嫡系遺傳之下，加以多少政治，宗教，及地理氣候的影響，先後的產生出初期基督教（Early Christian），比眞庭（Byzantine），羅馬尼斯克(Romanesque),高式(Gothic)諸式建築。今日的史家因其各時各地共有的特徵,遂將它們歸納區分爲上述諸派別。但是當時的匠師們,每人在那不可避免的環境影響中工作,猶如大海偏舟隨風飄蕩,他們在文化的大海裏飄到何經何緯是他們自己所絕對不知道的。在那時期之中只有時代的影響,驅使着匠師們去做那時代型成的樣式;不似現代的建築師們,自覺的要把所謂自己的個性,影響到建築物上去。

所謂近代建築師之產生,及其對於作品樣式之自覺,是起於歐洲文藝復興。十五世紀之初,意大利文學繪畫雕刻,在復興運動中已有了百餘年的根底。那是個個性發展的時代,文學雕繪界中已產出名師,如Dante, Pisano, Boccacio,等;他們以個人的作品左右了時代的潮流。在建築界於是也產生同樣的現象。這時期的建築家多出自雕刻家或畫家之門,如 Ghiberti, Brunelleschi, Bramante 等尤其著者。那時建築界的復興運動,如繪塑一樣,均以羅馬古式爲藍本,建築師所採取的形式,是他們自動要採取的;雖然在廣義上說,也是環境的影響,但是他們對於自己的行爲有一種自覺,他們自己知道他們的創作與祖先遺產間的關係,他們不是盲目的飄泊者。這運動漸漸傳遍歐陸,雖然到各時各地各有特徵,但在同一總動力之下,這運動竟澎湃了四百餘年。

十九世紀之初,歐洲建築界受了新興科學考古學的影響,感到古典式不單限於希臘羅馬,所以除去仍以文藝復興或羅馬式建築為其正統的圖案樣式外，有許多比較富於想象力的建築師也許因為感到完全模倣一式之單調，又加以照相術之發明各處特有的建築形式，都得藉以搜集在案頭日夕把玩；許多的美術家及考古家努力對古物研究他們攝影測繪製圖供給設計人無數的參考資料，包括着希臘，羅馬，中世紀，文藝復興以來各時各地的建築。於是對於中世紀的各種樣式，自十五世紀以來，被認為黑暗時代粗鄙的作品，又被他們目為古樸風雅，用為創作的藍本，而產生歐洲所謂浪漫派的建築。所以近百年來，歐洲建築界竟以抄襲各派作風為能事，甚至有專以某派為其設計圖案之專門樣式者。

但是在中國，數千年來，雖然有二十餘朝帝王的更替；雖然在政治上有匈奴五胡的威脅，遼金元清的統治；在文化上先有佛教的輸入，後有耶教之東來，中國的文化却是從來是賡續的。中國的建築，在中國整個環境總影響之下，雖各個時代有時代的特徵，其基本的方法及原則却始終一貫。數千年來的匠師們，在他們自己的潮流內順流而下，如同歐洲中世紀的匠師們一樣，對於他們自己及他們的作品都沒有一種自覺。在社會的地位上，建築只是匠人之術，建築者只是個『勞力』的僕役，其道其人都為『士大夫』所不齒。

十九世紀末葉及二十世紀初年，中國文化屢次屈辱於西方堅船利礮之下以後，中國却忽然到了『凡是西方的都是好的』的段落，又因其先已有帝王驕奢好奇的遊戲，如郎世寧輩在圓明園建造西洋樓等事爲先驅，於是『洋式樓房』『洋式門面』如雨後春筍醞釀出光宣以來建築界的大混亂。　有許多住近通商口岸的匠人們便盲目的被捲到『洋式』的波濤裏去。

正在這個時期，有少數眞正或略受過建築訓練的外國建築家在香港上海天津……乃至許多內地都邑裏將他們的希臘羅馬高忒等式樣，似是而非的移植過來外，同時還有早期的留學生，驚佩西洋城市間的高樓霄漢，幇助他們移植這種藝術。　這可說是中國建築術由匠人手裏升到『士大夫』手裏之始；但是這幾位先輩留學建築師，多數却對於中國式建築根本鄙視。近來雖漸有人對於中國建築有相當興趣，但也不過取種神秘態度或含糊的驕傲的用些抽象字句來對外人頌揚它；至於其結構上的美德及眞正的藝術上成功，則仍非常缺乏瞭解。　現在中國各處『洋化』過的中國舊房子，竟有許多將洋式的短處來替代中國式的長處，成了兼二者之短的『低能兒』，這些亦正可以表示出它們對於中國建築的不瞭解態度了。

前二十年左右，中國文化曾在西方出健旺的風頭，於是在中國的外國建築師，也隨了那時髦的潮流，將中國建築固有的許多樣式，加到他們新蓋的房子上去。　其中尤以教會建築多取此式，如北平協和醫院，燕京大學，濟南齊魯大學，南京金陵大學，四川華西大學等。　這多處的中國式新建築物，雖然對於中國建築趣味精神濃淡不同，設計的優劣不等，但他們的通病則全在對於中國建築權衡結構缺乏基本的認識的一點上。　他們均注重外形的模倣，而不顧中外結構之異同處，所採用的四角翹起的中國式屋頂，勉强生硬的加在一座洋樓上；其上下結構劃然不同旨趣，除却琉璃瓦本具顯然代表中國藝術的特徵外，其它可以說是仍爲西洋建築。北平協和醫院，就是其中之尤著者。

民國十四年，國立北平圖書館徵選建築圖案，標題聲明要倣宮殿式樣，可以說是中國人自己對於新建築物有此種要求之始。中選者雖不是中國人，但其圖案却明顯表示對於中國建築方法的認識已較前進步；所設計梁柱的分配，均按近代最新材料所取方式，而又適應於與近代最新原則相同的中國原來構架；其全部外形之所以能相當的表現中國固有精神而不覺其過於勉强者，就在此點。可惜作者對於中國建築各詳部缺乏研究，所以這座建築物，亦只宜於遠觀了。

國都定鼎南京，第一處中國式重要建築，便是總理陵墓。我們對於已故設計人呂彥直先生當時的努力雖然十分敬佩，但覺得他對於中國建築實甚隔漠。享殿除去外表上髣髴爲中國的形式外，他對於中國舊法無論在布局，構架或詳部上，實在缺乏了解，以致在權衡比例上有種種顯著的錯誤。推求其原因，祇在設計人對於中國舊式建築，見得太少，對於舊法，未曾熟諗，猶如作文者讀書太少，寫字人未見過大家碑帖，所以縱使天韻高超，也未能成品。

現在我們又到了一個時期：歐洲大戰以後，藝潮洶湧，一變從前盲目的以抄襲古典爲能事的態度，承認機械及新材料在我們生活中已佔據了主要的地位。這個時代的藝術，如果故意的避免機械和新科學材料的應用，便是作偽，不忠實，失却反映時代底藝術的眞正價值。所謂『國際式』建築名目雖然籠統，其精神觀念却是極誠實的；在這種觀念上努力嘗試誠樸合理的科學結構，其結果便產生了近來風行歐美的『國際式』新建築。其最顯著的特徵便是由科學結構型成其合理的外表。

這種建築現在已傳到中國各通商口岸，許多建築師或營造廠，或是有瞭解的，或是盲目的，又全在抄襲或模倣那種形式。但是對於新建築有眞正認識的人，都應知道現代最新的構架法，與中國固有建築的構架法，所用材料雖不同，基本原則却一樣，——都是先立骨架，次加牆壁的。因爲原則的相同，『國際式』建築有許多部分便酷類中國（或東方）形式。這並不是他們故意抄襲我們的形式，乃因結構使然。同時我們若是回顧到我們古代遺物，它們的每個部分莫不是內部結構坦率的表現，正合乎今日建築設計人所崇尙的途徑。這樣兩種不同時代不同文化的藝術，竟融洽相類似，在文化史中確是有趣的現象；這正該是中國建築因新科學材料，結構，而又強旺更生的時期，値得許多建築家注意的。

我們這個時期，也是中國新建築師產生的時期，他們自己在文化上的地位是他們自己所知道的。他們對於他們的工作是依其意向而計劃的；他們並不像古代的匠師，盲目的在海中飄泊。他們自己把定了舵，向着一定的目標走。我希望他們認淸目標，共同努力的爲中國創造新建築，不宜再走外國人模倣中國式樣的路；應該認眞的研究了解中國建築的構架，組織及各部做法權衡等，始不至落抄襲外表皮毛之譏。創造新的既須要對於舊的有認識；他們需要參考資料，猶如航海人需要地圖一樣，而近幾年來中國營造學社搜集的建築照片已有數千，我覺得我們這許多材料，好比是測量好的海道地圖，可以帮助創造的建築師們，定他們的航線，可以帮助他們對於中國古建築得一個較眞切較親密的認識。我們除去將數年來我們所調查過的各處古建築，整個的分析解釋，陸續的於中國營造學社彙刊發表外，現在更將其中的詳部(detail)照片，按它們在建築物上之部位，分門別類，——如臺基，欄杆，斗栱……等——輯爲圖集，每集冠以簡略的說明，並加以必要的插圖，專供國式建築圖案設計參考之助。我們所搜集的材料，多在北方，不敢說是全國各地普遍的代表品，也不敢說全是精品，只是在已搜集的材料中，選其較有美術或結構價值的，聊以表示我們祖先留下的豐富遺產之一部而已。

營造學社趁此機會敬對管理中英庚欵董事會表示深切的謝意。我們預定以英庚補助的「編製圖籍費」刊行淸工程做法則例補圖，古建築調查報告，及建築設計參考圖集三種。本圖集乃其中的第一種。若非他們慷慨的補助，這圖集的印行在目前是沒有實現之可能的。

中華民國二十四年十一月，梁思成序於中國營造學社。

# 建築設計參考圖集簡說

梁思成主編　劉致平編纂

簡說原隨圖集刊行，茲以限於篇幅未能刊印圖版，故就原文略加更改轉載於此。

## 第一集　臺基

中國的建築，在立體的布局上，顯明的分爲三主要部分：（一）臺基，（二）牆柱構架，（三）屋頂；無論在國內任何地方，建於任何時代，屬於何種作用，規模無論細小或雄偉，莫不全具此三部。最顯著的例，如北平故都中宮殿廟宇官衙宅第，其間殿堂不分時代，不論大小，這三部分均充分的各呈其美，互相襯托；中間如果是縱橫着丹青輝赫的硃柱畫額，上面必是堂皇如冠冕般的琉璃瓦頂，底下必有單層或多層的磚石臺座，舒展開來承托。這三部分不同的材料，功用及結構，聯絡在同一建築物中，數千年來，天衣無縫的在布局上，殆始終保持着其間相對的重要性，未曾因一部分特殊的發展而影響到他部，使失去其適當的權衡位置，而減損其機能意義。

西洋建築中，古希臘廟宇如 Parthenon 等廟，亦用臺基，且分三層；但臺基每層大者，亦僅高兩三踏步，與建築物本身上兩部的比例，較我國寬闊崇高的基座，遠遜，在全建築中亦不佔成主要之一部。上部瓦頂亦短促退縮，僅足完成遮蔽上部的實際功用。在外表上代表屋頂部分的三角形「坡頂門」(pediment)或房山在材料上及結構上均與牆壁同，竟可說是牆壁伸張到屋頂部分，越俎代庖的爲屋頂張羅。

在較希臘更古的西洋建築中，對於臺基有兩種極端相反的觀念。埃及與亞西利亞都是在空曠的沙漠上營建的古族。埃及的建築完全沒有臺基，矗立的牆壁髣髴由沙裏長出來。亞西利亞却在平地上築起廣袤千尺高數十尺的大高臺，在上面築起百十座的殿堂；每一座的殿堂自己却沒有臺基。所以與中國式臺基最相類似的仍推希臘，但是在後世它却未得着發展的機會。

在印度建築中，臺基却素來佔着相當重要的位置，公元一二世紀間的許多石刻，和公元第四五世紀以來的實物，臺基都相當顯著。至中古初期如 Sirpur 城之 Laksmana 寺磚塔，建於第七世紀；較之略遲的如 Mamallapuram 城之 Draupadi *ratha* 和其他許多的例，都有極發達的臺基，其重要與中國臺基相等。除在下文另加伸述外，我在這裏僅先提出他與中國臺基之相似。

古代文獻關於建築的紀載甚爲簡單，但在在可以表示這三部分的平均重要性來。這基本三部分的結構，其歷史久遠，始於上古，本無可異；所令人驚嘆的則是其順序平均的發展，直至今日，仍然保留着原始面目。

三部之中，臺基在下，是上兩部之承托者，若無臺基，上部將無所立，正如書經大誥所謂：

「若考作室，既底法，厥子乃弗肯堂，矧肯構？」（注一）

所以本圖集亦取臺基爲基礎之義，以爲第一集。

臺基見於古籍的均作「堂」。墨子謂「堯堂高三尺，土階三等」。禮記禮器篇「有以高爲貴者，天子之堂九尺，諸侯七尺，大夫五尺，士三尺。……」所謂「堂」，即臺基之謂，絕不是今日普通所謂廳堂的意義顯然。以常識論，堯「堂高三尺」的堂，絕不是人可以進去的。考工記謂「夏后氏世室，堂修二七，廣四修一，五室三四步，四三尺。九階，四旁兩夾牕。……殷人重屋，堂修七尋，堂崇三尺，四阿重屋。」歷代學者對於這一段的解釋，如考工記解謂「五室者，堂上爲五室也。……」考工記通謂「堂之上爲五室。……一堂四面皆有階，南面三階，東西北各二階，共爲九階。室之四面各有戶，每戶夾以兩牕，共爲八牕。」由此看來，古所謂「堂」，就是宋代所謂「階基」，清代及今所謂「臺基」，當沒有多大疑問。

在實物上，最古的遺例，莫過於數年前中央研究院在河南安陽發掘殷墟所得殷代宮殿的遺址，方正的土臺，或「堂」上面有整整齊齊安放着的石塊，大概是柱礎。次古的則有燕下都考古團在河北易縣所發現的燕故都宮殿臺基的遺址；陝西西安附近漢未央前殿遺址（注二）。這幾處都是土築的方臺，在建築考古學上，雖是極重要的史料，在建築圖案（architectural design）

上，因其過於簡陋，却沒有特殊的價值。

臺基在建築圖案上具有可供參考價值的最古遺物，當推漢代的許多畫像石和石闕。兩城山畫像石（注二）有小規模的階基。先於地面立間柱，柱與柱之間有水平橫綫數條，也許是表示磚縫的意義。其上有階條石，表面上刻有花紋。這與六朝隋唐間許多遺物相同。實物只有山東四川幾處石闕座，其中如山東嘉祥縣武氏祠石闕座爲方正的石塊，上面又有約作四十五度的斜面輪廓，至爲簡單。

六朝以還，中國文化由外面來了一枝生力軍，使它進入一個新的境界。佛法東來，不惟在思想界生出重大的變動，在藝術上亦有很大的影響。在建築方面，中國基本的三部分雖沒有搖動，柱梁屋頂雖完全維持原形，但是臺基部分，却發生不小的變化，介紹來一種新的輪廓。其所以在這一部分特有影響者，也許是因爲印度原來也有顯著的臺基，所以其輪廓及彫飾，用到中國原有的同樣部分上，是一件毫不費力的事情。於是須彌座就輸入到中國。

須彌座的形式，大略的說，是一段臺基，其上下都有幾道水平的綫道（moulding），逐層漸漸向外伸展（見挿圖）。其初入中國，大約只用作佛像座，後來用途却日漸推廣了。按「須彌」二字，見於佛經，本是山名，亦作「修迷樓」，其實就是喜馬拉耶的古代譯音。佛經中以喜馬拉耶山爲聖山，故佛座亦稱「須彌座」。唐王勃已有「俯會衆心，競起須彌之座」之句。唐代遺物，如敦煌

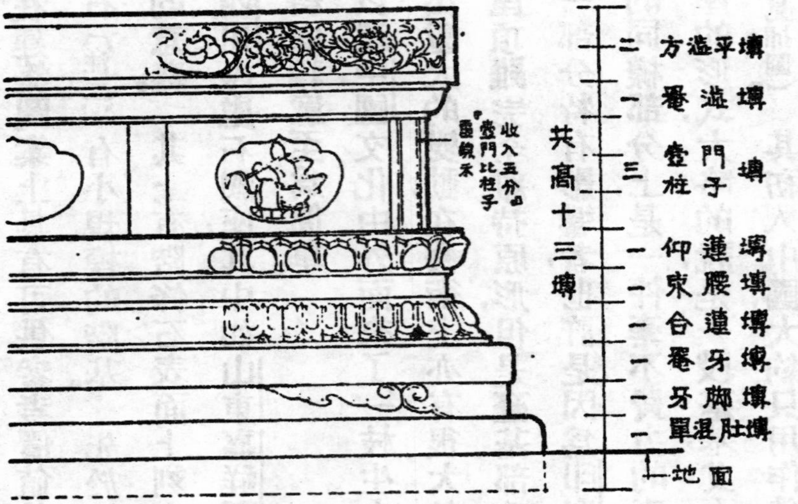


按法式卷十五塼作制度補圖

宋式須彌座

『如殿階作須弥座砌壘者其出入並依角石柱制度或約此法加減』

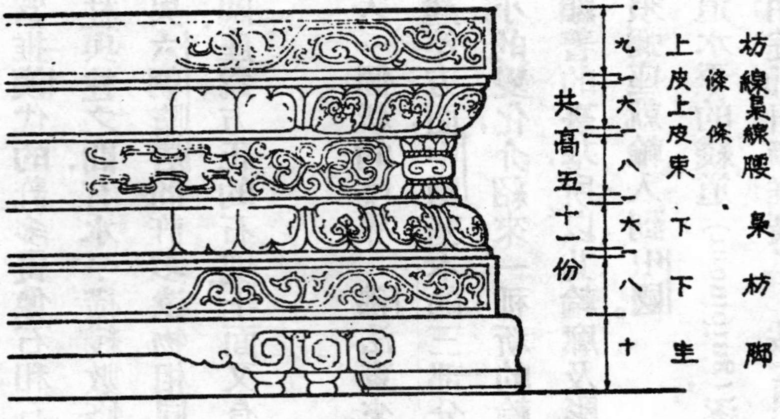


清式須彌座

壁畫中許多佛像及佛塔之下，莫不皆有須彌座；尤其是畫中建築物底下須彌座已成一種極普遍的主要部分了。

須彌座形式之原始，如其他許多佛教藝術的手法或特徵，當脫胎自希臘（乃至羅馬？）的典型。古希臘羅馬遺物中像座基座均多，如雅典山頭城的 Athena 像座，Erectheum 人形廊下的像座；雅典城內 Lysicrates 唱務紀念亭的基座，法國南部 Nimes 城 Maison Carée 的高大臺基皆是。但在歐洲，臺基作為建築物上重要部分的傾向僅限於古代各例。自公元左右起，建築物的基座便漸低薄短促，失去其重要性；至文藝復興有所謂「高起地下層」(high basement) 者，已完全不是臺基。基座僅成為造象或碑塔底下所專用，其名稱亦由 base 而變成 pedestal 了。

在印度古代建築中，除上文所述的幾處寺塔外，須彌座之應用，實在是多不勝數。其中如 Aihole 城 Hucchimalligudi 寺的「裙肩」〔注三〕Ajanta 第二十四窟支提的須彌座，尤與中國後世的須彌座相似。至於較後的遺物，則更多了。

但是希臘羅馬的大匠們，當未曾想到他們所創的一種形式，數世紀後，竟展轉傳到數萬里外的中國來。型成中國建築的一個主要部分，繼續的享了一千四五百年光榮的歷史，而且愈在後代愈顯然較早期發達起來。

在須彌座輸入中國之初，直至唐代，其斷面輪廓頗爲簡單，上下線道都是方角的層層支出，初無圓和的蓮瓣或梟混(cyma)。雲岡刻塔及杭州閘口五代白塔和敦煌壁畫所見，率多如此。有梟混蓮瓣的須彌座，殆至五代乃漸漸盛行，至宋而更盛。基身或以小立柱分格，內鑲壼門等等，基上下梟混始漸複雜。須彌座做法之定作成規，始見於宋營造法式。按卷十五須彌座條說：

壘須彌座之制，共高一十三磚，編者按同卷窯作制度條磚厚二寸五分或二寸；以二磚相並，以此爲率。自下一層與地平，上施單混肚磚一層；次上牙脚磚一層比混肚磚下齦收入一寸；次上罨牙磚一層比牙脚出三分；次上合蓮磚一層比罨牙收入一寸五分；次上束腰磚一層比合蓮下齦收入一寸；次上仰蓮磚一層比束腰出七分；次上壼門柱子磚三層柱子比仰蓮收入一寸五分，壼門比柱子收入五分；次上罨澁磚一層比柱子出五分；次上方澁平磚兩層比罨澁出五分。如高下不同，約此率隨宜加減之。如殿階基作須彌座砌壘者，其出入並依角石柱制度，或約此法加減。

按右錄規制，製得圖如揷圖的上半形制。

清代須彌座做法，亦有規定。按營造算例拙編本第七章第五節：

須彌座各層高低，按臺基明高五十一分歸除，得每分若干。內圭角十分；下梟六分，帶皮條線一分，共高七分；束腰八分，帶皮條線上下二分，共十分；上梟六分，帶皮條線一分，共高七分上枋九分。

按右規制製得圖如揷圖的下半形制。

宋代遺物則有河北正定龍興寺佛香閣觀音銅像須彌座，其全部布局與法式所定相若，其不同之點，祗在上用兩層方澁，卷澁刻作仰蓮瓣，而仰蓮部位却類似卷牙，束腰內有獅子爲飾。至清代遺物，故宮甚多。

若以宋清兩式比較，可以說清式是將宋式臺基的中段柱子壺門及混肚等減去而成，而僅留其上下梟混，方澁，牙脚磚等。兩式所注重的部分，所以完全相參錯。兩式形狀所呈現及觀者所得的印象亦適然相殊。宋式全部較清式秀挺，但其本身權衡却又古拙可愛；清式束腰減成一細道，上下梟混乃喧賓奪主，且手藝圓熟精細而不能脫去匠人規矩的氣息，更顯然不如古制。不過在宋代界畫中也有時見到與清式較近的須彌座。考諸元明遺物，則有將柱子壺門束腰合而爲一者，如正定開元寺大殿須彌座，有將柱子壺門與束腰放作同等大小者，如河北曲陽縣北嶽廟基座竟成爲重層束腰的局勢變化甚多。這些形制，都可以表示宋清兩代官式須彌座間之過渡或旁枝的做法。

宋元以前，臺基角石尙有雕作角獸者，如法式卷二十九所載。北平護國寺元代殿堂故基上，山西應縣佛宮寺遼代木塔臺基上，尙有這種遺物，但自明清以後，這種做法便不很多見了。

除去用石以外，須彌座亦有用木或琉璃者；前者多半用於戶內，屬於小木作範圍，後者多爲帶裝飾性的影壁等等。木刻須彌座，因爲材料的關係，往往採取與磚石極不相同的比例；在雕飾上，極易偏於繁縟纖細，如北平故宮內許多的寶座。琉璃須彌座，在結構上採取與石相近的權衡，而雕飾上則又可作種種精細流暢的花紋線路，差不多可說是兼木石兩者之長的一種材料。

關於須彌座的資料，營造學社數年來收集不少，現在先取各時代遺物數事編成本集出版，日後如爲篇幅所許，希望能有續集出來。

二十四年十一月，思成述于北平。

註一　註曰：以作室喩之。父旣底定其廣狹高下，其子不肯爲之堂基，況肯爲之造屋乎！

註二　見中國營造學社彙刊第五卷第二期，鮑鼎，劉敦楨，梁思成合著漢代建築式樣與裝飾。

註三　清式牆之下部稱裙肩。

## 第二集　石欄杆

欄杆是個人人熟悉的名詞，本用不着解釋。在拙著清式營造則例中，我曾爲下定義，茲姑且略加修正，解釋如左。

欄杆是臺樓廊梯，或其他居高臨下處的建築物邊沿上防止人物下墜的障礙物；其通常高度約合人身之半。欄杆在建築上本身無所荷載，其功用爲阻止人物前進，或下墜，却以不遮檔前面景物爲限，故其結構通常都很單薄，玲瓏巧製鏤空剔透的居多。英文通稱 balustrade 。

欄杆古作闌干，原是縱橫之義；縱木爲闌，橫木爲干，由字義及建築用料的通常傾向推測，最初的闌干，全爲木質，是沒有疑義的。欄杆亦稱鈎闌，宋畫中所常見的有木質鑲銅的，或卽此種名詞的實物代表。

欄杆在中國建築中是一種極有趣味的部分；在中國文學中也佔了特殊的位置，或一種富有詩意，非常浪漫的名詞。六朝唐宋以來的詩詞裏文人都愛用幾次『闌干』，畫景詩意，那樣合適，又那樣現成。但是濫用的結果，欄杆竟變成了一種傷感作態細膩乃至於香艷的代表。唐李頎詩『苔色上鈎闌』，李太白『沉香亭北倚欄杆』，都算是最初老實寫實的詞句，與後世許多沒有闌干偏要說闌干，來了愁思便倚上去的大大不同。

其實欄杆固富於詩意，却也是建築藝術上一個極成功的形體。在古代遺物中，我們所知道最古的闌干，當推漢畫象石及冥器（註一）。在冥器中有用橫木直木的，有用套環紋的，有飾以鳥獸形的圖案，不一，可見雖遠在漢代，欄杆已是個富於變化性的建築部分了。畫像石中如函谷關東門與兩城山兩畫像石，却在尋杖之下用短柱，其下盆唇和地栿之間，復用蜀柱和橫木，頗類雲岡石窟中的枓子蜀柱勾欄。後世的勾欄也許由此改進而成。可惜這兩種遺物在刀法上都嫌過於寫意的漢代闌干的形制，不易藉以得着準確的印象。

次古的闌干見於雲岡。在中部第五窟中門上高處刻有曲尺紋闌干（註二）。這種形制直至唐末宋初，尚通行於中國日本。除去雲岡的浮雕與敦煌許多壁畫外，這種欄杆的木製者在日本奈良法隆寺金堂五重塔，及其他許多的遺物上，在國內如河北薊縣獨樂寺觀音閣（註三）及山西大同華嚴寺薄伽教藏殿內壁藏等處（註四），都可見到。

民國十九年盧樹森劉敦楨二先生重修南京棲霞山舍利塔時，發掘得曲尺紋殘石欄版一塊。後來重修欄杆便完全按照那形式補刻全部。這塔的年代，我認爲是五代所重建，恐非隋原物。但是石欄版的年代，也許有比塔更古的可能；無論其爲隋物抑五代物，仍不失爲我們現在所知道中國最古的曲尺紋欄版實物。在這遺物上，我們可以看出它顯然不惟完全模倣木欄杆的形式，而且完全模倣木質的權衡(proportion)。以石倣木的傾向本極自然，千年來中國的石欄杆還沒有完全脫離古法，也是爲此。

宋李明仲營造法式中我們初次見到欄杆的定例，在卷三石作制度中，造鈎闌之制：

重臺鈎闌 每段高四尺，長七尺。尋杖下用雲栱癭項，次用盆脣，中用束腰，下施地栿。其盆脣之下，束腰之上，內作剔地起突華版；束腰之下地栿之上亦如之。

單鉤闌 每段高三尺五寸，長六尺。上用尋杖，中用盆脣，下用地栿。其盆脣地栿之內作萬字或透空或不透空，或作壓地隱起諸華，如尋杖遠，皆於每間當中施單托神或相背雙托神。若施之於慢道，皆隨其拽脚，令斜高與正鉤闌身齊。 其名件廣厚皆以鉤闌每尺之高積而爲法。

爲清晰計，謹將其「名件廣厚」表列於下：

（並見插圖）

權衡單位：一•○○等於鉤闌高
重臺鉤闌，一•○○等於四尺
單鉤闌，一•○○等於三尺五寸

| 名件 | | 長 | 廣 | 厚 |
|---|---|---|---|---|
| 重臺鉤闌一段 | | 七尺（一•七五） | 四尺（一•○○） | |
| 單鉤闌一段 | | 六尺 | 三尺五寸（一•○○） | |
| 望柱 | | 一•三 | 徑一尺作八瓣 | |
| 獅子 | | 一尺五寸 | | |
| 蜀柱 | | ○•一九 | ○•二○ | ○•一○ |
| 癭項 | | ○•一二 | ○•一六 | ○•一六 |
| 雲栱 | 重臺鉤闌用 | ○•二七 | ○•一三五 | ○•○八 |
| | 單鉤闌用 | ○•三二 | ○•一六 | 一•一○ |
| 尋杖 | 重臺鉤闌用 | 長隨片長 ○•七五 | ○•○八 | ○•○八 |
| | 單鉤闌用 | 長隨片長 ○•七一三 | ○•一○ | ○•一○ |
| 盆脣 | 重臺鉤闌用 | 一•七五 | ○•一八 | ○•○六 |
| | 單鉤闌用 | 一•七一三 | ○•二○ | ○•○九 |
| 束腰 | | 長隨片長 | ○•一○ | ○•○九 |
| 華盆地霞 | | ○•六五 | ○•一五 | ○•一三 |
| 大華版 | | 長隨蜀柱內○•六七五 | ○•一九 | ○•○三 |
| 小華版 | | ○•二二五 | ○•一三五 | ○•○三 |
| 萬字版 | | ○•六五六 | ○•三四 | ○•○三 |
| 地栿 | 重臺鉤闌用 | 一•七五 | ○•一八 | ○•一六 |
| | 單鉤闌用 | 一•七一三 | ○•一八 | ○•一○ |

凡石鉤闌每段兩邊雲栱蜀柱各作一半，令逐段相接。

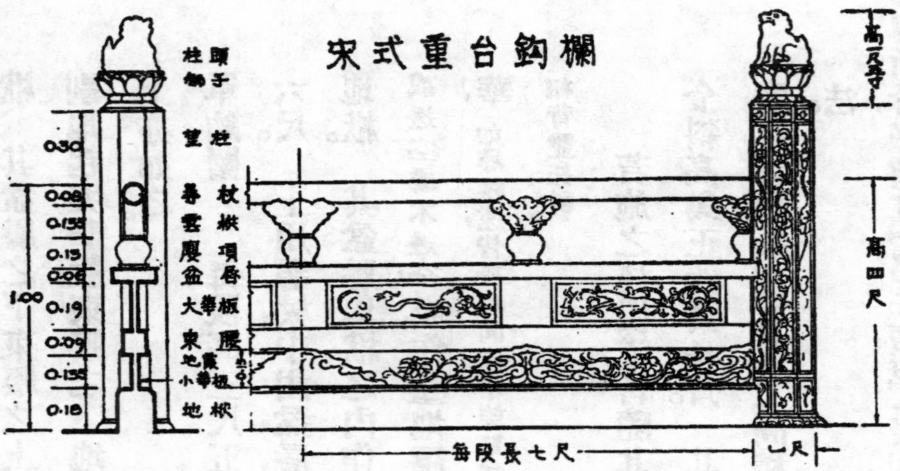


按營造法式卷第三石作制度
重台鉤欄單鉤欄及望柱補圖

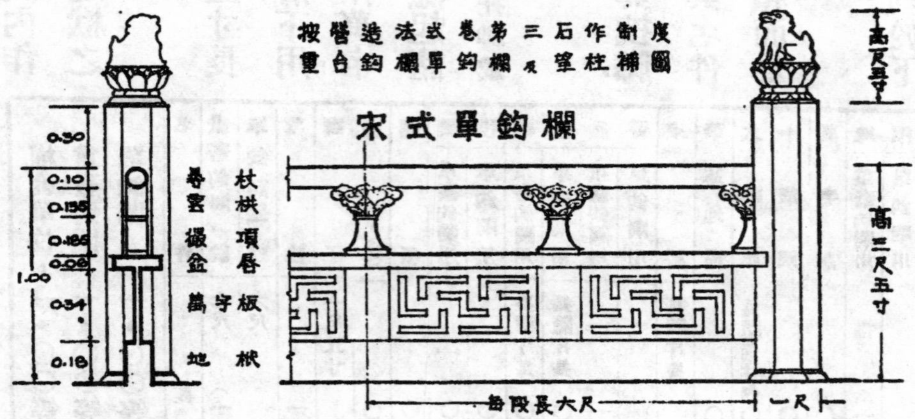

清式鉤欄

清式鈎闌按拙編營造算例第七章第七節也有規定的比例，但遠不若宋式的嚴格：

長身〔註五〕地栿　長按空當並面闊進深。……寬按欄版厚二份。高同欄版厚。

長身柱子　高按臺基明高二十分之十九。下榫長按見方十分之三。見方按明高十一分之二。柱頭長按見方二份。如殿宇臺基月臺安做。高按階條上皮至平板坊上皮高四分之一即是。

長身欄板　長按柱明高十分之十一爲明長，外加兩頭榫各長按本身高二十分之一。明高按柱子明高九分之五，下面加榫同兩頭。厚按明高二十五分之六。

插圖的諸圖，即按上錄宋清則例製成。宋清兩式之間，顯然呈現相去甚遠的權衡，各件之安排法，亦適然相殊。在權衡上，宋式比較纖細，而清式肥碩。在安排上，宋式每兩版之間並不一定都用望柱（在宋畫中却時有用的，）望柱直接施於臺基上，而地栿兩端『撞』在望柱上。清式則每兩版之間必用望柱；望柱地栿通長，望柱欄版均放在地栿之上。這古今兩式之變遷，一言以蔽之，就是倣木的石欄杆漸漸脫離了木的權衡及結構法，而趨就石質所需要的權衡結構。木質長度可較甚於石，故尋杖可連長數段，不需望柱隔劃。石料長度有限，且細長部分脆而易折，故宜分段，每兩段間立柱支撐。自宋式推溯而上，至棲霞山五代舍利塔，則可見其倣木程度更甚。我們若將五代與盛清兩時期的遺物放在一起，作爲一種古今的對照，其分別便顯然了。

如營造法式所規定的實物，無論重臺或單鈎闌，我們都未得見，實在是一樁憾事。宋代離今日並不算太遠，我疑心在汴梁宋故宮遺址發掘，或有獲得之可能。金元遺物也沒有年代確實的眞品；河北趙縣金代小石橋上，明正德二年所彫，也許是倣金代原有闌杆的補作；至於河北正定陽和樓前關帝廟石欄，雖有與廟同時(元)的可能，但沒有確實證據。所以本集所搜集多屬北平宮苑中的清代作品。這種也只能在做法及形式方面略舉數例，稍微談及而已，不能幫助歷史演變的研究。

現在姑就實物的形制，略作分析。

由欄杆全部集合法的種類着眼，中國的石欄杆大概可分種爲三：

(一)用望柱及欄版者。這種最多，是一種最通常的做法。本集圖版大多屬於這類。

(二)用長石條而不用欄版者。這種欄杆總算一種比較粗鄙的作品；視其所用地方之不同，有時可得雄壯的氣概，如從前北平正陽門內的石欄；有時用在園庭，又甚幽雅。這樣做法的欄杆不甚多見，也許是因爲將石鑿成瘦細的長條，與力學原則上頗有違背的緣故。

(三)只用欄版而不用望柱者。本集只選了一個例。這種做法在北平苑囿及郊外許多的橋上都見得到。厚實的欄版一片片放在地栿上，頗有一種舒適的樣子。但版與版相接處，到底呈薄弱的狀態。

在部分的分折上，欄版與望柱，都各有許多不同的做法。

欄版中最多見之一種爲北平故宮中常用的那種做木欄版。這種欄版雖以石製，但仍保存着木欄杆所有的原來部分。尋杖，雲栱，癭項，盆脣，蜀柱，華版，束腰等等部分由古代的木質欄杆，經過唐宋金元，一程一程的演變，以至明清，各部權衡雖殊，但每部都仍存在。在權衡上，古代的比較後代的近於木形，換言之，後代的做法較古代的適當於石質，合乎力學原則——形式上也就較古代的笨重多了。在比例上，清式欄版的尋杖加粗到將近一倍，雲栱癭項（清式稱荷葉淨瓶）也加大了，而盆脣以下，蜀柱華版等部分都貶成極淺的浮彫，保持着整塊石版的厚度。每版之間，不惟加用望柱，而且荷葉淨瓶之外，尙加垂直的素邊。欄版和望柱全部都立在地栿上。其演變雖到如此，但是其做木的特徵，仍完全曝露，未嘗稍加掩飾。

這種各部齊全的做木欄版上的部分，也有許多不同的做法。先就尋杖看，其斷面有方的，圓的，「束竹」形的，八角形的。癭項部分則用斗子蜀柱，雲栱，荷葉淨瓶，牡丹或其他花紋，更有用托神的，駝峯托斗的，樣式極多。華版有分爲兩格的，有不分格的，有透空的，有不透空的，有浮彫花草龍獸或雷紋的，有素的。欄版之下有用地栿的，有用兩塊方石托在版下以代地栿的。

除去這種各部齊全的做木欄版外，又有許多只取木欄版之一部分以爲欄版者。瀋陽昭陵欄杆只有華版及其周圍一框，北平北海瀹瀾堂後欄杆，就只有雲栱。文淵閣前欄杆雖有華版部分而縮小。欄版各部的用法是層出不窮的。

欄版之不做木質原形者種類更多。最簡單的一種，爲完全整塊的石版，只刻極簡單的線紋。又有彫空但權衡堅厚宜於石質且合力學原則者，如頤和園內諧趣園欄杆只是一版空心的方環。

華版雕飾題材，也頗饒趣味。古代曲尺形紋欄，自是原始的實用部分，但到後來華版上花紋却生出不少的變化。趙縣的幾道橋上，都刻著帶有故事的事蹟圖，布局刻工，並稱優美。寶相華龍鳳等等，亦屬常見，正定關帝廟及北平武英殿，是同一題材兩種做法，一個古拙蒼老，一個流暢純熟，各盡其妙。北平北海及文淵閣，都有水紋華版，線路極其圓和，頤和園銅亭則有倣銅器雷紋者，都是不甚多見的圖案。

至於望柱，在完全倣木的期間，只用於欄杆轉角處，而使欄版「逐段相接」，棲霞山舍利塔實物和營造法式的規定，都是如此。但在本集中所有其他的例，都在每兩版之間用一柱。柱身的斷面，古代多是八角形法式所謂作八瓣，立在階基之上，近代則均正方形，立在通長的地栿上。

望柱的本身可分爲柱身及柱頭兩段。柱身雖多素平無花，但起雙重海棠地者，極多見於北平故宮；亦有刻作龍紋雷紋者，則較罕見。

柱頭的圖案，却層出不窮了。營造法式所規定的是獅子，獅子有蓮座，全身並不甚高。清故宮官式欄杆的望柱則用很高的圓筒形。這種圓筒形望柱頭的花紋，有龍，鳳，夔龍，雲紋等等。北海天王殿門前有水紋方柱頭，但不多見。略如寶珠形的，大多下有蓮座，上有複曲線輪廓的頂。這種頂的名稱雖有各種，但形式大致都相類似。此外尚有較簡單的蓮瓣或作仰覆蓮而上無頂者，如文淵閣前欄杆，及北海瀚瀾堂後山上欄杆或在蓮座或須彌座上有很高的覆蓮瓣的，如瀋陽昭陵的欄杆。純幾何形的圖案，也常用於柱頭，在北平苑囿之中不少。在同一欄杆上，用許多不同的柱頭者亦偶爾得見；河北趙縣永通橋是其一例；至於山西霍縣北門外石橋欄杆的柱頭，不惟每個不同，而且題材特異，葫蘆花瓶，人頭，人手，獅子，猴子，幾何形等等，雜亂滑稽，可作設計人前事之鑑。

在欄杆盡頭處，多有用抱鼓石者。抱鼓石多在幾層卷瓣之上放鼓狀圓形，其中亦有用水紋，或動物命題的，但是比較少見。

二十四年十二月，思成述于北平。

註一　見中國營造學社彙刊第五卷第二期鮑鼎，劉敦楨，梁思成合著漢代的建築式樣與裝飾。

註二　見中國營造學社彙刊第四卷第三四期合刊本林徽因，劉敦楨，梁思成合著雲岡石窟所表現的北魏建築。

註三　見中國營造學社彙刊第三卷第二期梁思成著薊縣獨樂寺觀音閣山門考。

註四　見中國營造學社彙刊第四卷第三四期合刊本梁思成，劉敦楨合著大同古建築調查報告。

註五　在階級旁斜坡垂帶上者稱垂帶上地栿，水平放置者稱長身地栿。他處用法同。

## 第三集 店面

本集圖版完全是北平舊式的店面。由近代商業眼光看來這種店面的圖樣，也許不盡合廣告學原則，致使人對於它的招買力發生懷疑；然而這種古式圖案中，的確有不少長處，不少有趣之點，值得現代建築師們的注意和採取。

在中國營造學社所搜集許多術書中極少關於店舖建築的資料。乾隆內庭圓明園內工諸作現行則例裏，有圓明園擬定舖面房裝修，拍子，及招牌幌子一册，關於舖面房各部分所需工限，雖然嚴密制定，對於建築的方法，名件之大小，却完全沒有提到。但由實物上研究的結果，我們知道舖面建築的大木構架，一切均以工程做法的「小式大木」爲準繩，此外還有幾種特徵，約略分述如左：

（一）在平面布置上，店舖與他種建築物並沒有很大的區別；其最可注意之點，乃在住宅或其他建築臨街一面闢大門一間（或多間）其臨街餘房均甃以磚牆，而店舖則在這一面開敞，既不用大門，舖面房同時也是出入的孔道。

（二）店舖臨街一面，多添出平頂房，稱爲「拍子」；（其房頂泛水，則向後洩瀉；這是防止雨天雨霤由簷滴下，妨礙顧客的出入。）房頂既是平的，簷前便有掛簷版（亦稱華版）版面可彫許多有趣的圖案。但規模較小的店舖，則如住宅一樣使滴水瓦簷向前並無拍子的增設。

（三）店面裝修——即門窗槅扇等——與住宅宮殿或其他建築顯然不同。普通建築的裝修，以禦風雨分內外，爲主要功用，所以用檻窗風門之屬以求舒適。店舖裝修雖亦須具上述功用，但同時尤須便利出入，以廣招徠；所以通常所見多用住宅內簷所用的槅扇，置之外簷柱間。這種槅扇比較玲瓏輕巧，輸入光線既多，出入亦便，既分內外，但必需時又可完全脫下，成爲一個開敞的局面。故裝修之用，在店舖與住宅及其他建築上有很大的區別。

在外表樣式上，北平的店面約略可分作下列數種：

（一）牌樓式

舖面前面立起高大的牌樓，在北平是一種常見的圖案，爲舖面建築中之舖張最甚者。這種牌樓竟可說是一個大幌子，完全屬於裝飾質性，與店舖本身無直接關係。

牌樓的間數多隨舖面的間數，雖也偶有舖面三間而牌樓只一間的，牌樓柱多是圓木柱，立在舖房簷柱之前，往往用鐵條釘在簷柱上。柱的下段不似通常過街牌樓，不用夾桿石扶着柱脚，却有圓形古鏡。爲堅固計，這些柱脚有許多埋入地中甚深。柱的上端却高高伸出樓簷以；上頭上安雲罐或寶珠一類的裝飾。

各間樓簷均用斗栱承托；斗栱或簡或繁，形制不一，樓簷亦有單簷重簷之別。斗栱之下，髣髴都沒有正式的額枋，而將平版枋放在上檻之上。自斗栱以下舖門以上的面積，完全做成華版。按其高度而異其華版之層數，視面闊之長短而定其塊數。凡此種種，都沒有定規。華版部分最下的橫枋，有高至約略與屋簷掛落版上皮平，露出前簷裝修之全部者有華版以下，尚加許多彫飾，致將裝修之上段遮掩者亦有柱中段爲掛簷版所遮斷，將牌樓縧環及掛匾額的分位，劃然拱在平房頂以上者最後一種，却比較少見。

各樓頂均懸山造，瓦靑筒瓦，調清水脊；廡殿或歇山頂，或頂上安獸吻者，均從未見過。

爲標示店舖字號及商品種類，牌樓上須加匾額及招牌幌子之類。匾額的位置，均在樓簷下縧環以上的分位，用托子承托，斜向下面懸掛着。在約略同樣的高度，在柱身之上，往往有彫作龍形的「挑頭」伸出，由挑頭上可以懸掛長條的招牌，或是用木做成的商品模型或樣子。挑頭與柱相交處下面有角替承托；上面與角替相反的地位，則有立版一塊，長方形，圓角，偏彫精細的花紋，稱爲牙子。縧環最下一道橫枋之下，與柱相交處亦有用角替者。

較次的店面，門前用牌坊而不用牌樓。牌坊較牌樓簡單，雖亦四柱冲天，但柱間只有縧環華版，上面沒有斗栱樓簷遮蓋；故也沒有匾額。字號和商品名稱都寫(或刻)在華版上。柱上大多沒有挑頭伸出。

門前因牌樓的立法，往往可以標示店鋪的性質；如木廠無論門面多少間，只立一間牌樓，高高聳起。香燭店多用重簷牌樓。惟有染坊最爲特殊，最能表示商品的性質。牌坊上面架起細長的挑杆多根；遇有染好須晾乾的布疋之類，便高高掛起垂下。這種幌子既合實用，又便宣傳，但是與路上行人有無不便，却是個問題。

(二) 拍子式

許多店鋪不用牌樓牌坊，而以平頂的拍子當着街面。爲求給買主以與牌樓牌坊所予類似的印象，在拍子的平頂上，往往可以立起欄杆，欄杆上標起店鋪的字號，拍子的掛簷版上伸出挑頭，以增加廣告效力。其中也偶有安分守己，不事鋪張的小店鋪，店面呈露簡樸淸淨的樣子。

由結構方面看，拍子只是一座平頂的廊。前面一列柱子，按鋪身間數分配。柱子平面率作方形；上安承重枋，枋上安楞木（joist）以承望版及灰頂。承重枋頭上安掛簷版，上冠以磚質冰盤簷，全部與羅馬式 cornice 極相似。掛簷版面無例外的必有全部蓋滿的彫花。若要使掛簷版支出特遠，則加用垂柱，垂柱的下端多刻作仰覆蓮瓣。若要在掛簷版上伸出挑頭，便將承重枋加長伸出，稱爲「挑頭承重枋」。



35879

拍子的裝修，大多玲瓏開敞；通常住宅內簷所用的裝修，在商店上則用在外簷。 其分配方法，最常見的是明間開敞，有門可以出入，次梢間除安槅扇外，下半有欄杆阻隔，但亦偶有次間用檻窗檻牆者，或次間闢門與明間完全相同者。 更有不規則的，明間及次間之一開敞，其他次間則有檻窗；有三間店面，一次間有檻窗，而其餘兩間又分爲一明間，餘兩半次間而欄以欄杆者，樣式紛繁，並無定式。

在普通槅扇之外面，多數商店多在柱間加安彫刻繁富的落地罩或橫楣一類的裝飾，這種純粹的裝飾品，極容易遮掩了建築物本身的美德；偶爾也有用得洽到好處，不討人厭的。

店舖之中，有在拍子前簷柱間不施裝修，使成走廊形式者，這種做法在北平以外的許多地方很多，在北平城內卻比較少見。

規模較小的店舖，可不用拍子，乍看頗似向街上敞開的住宅。

(三) 重樓店面

在繁盛的街市上，有許多重層乃至三四層的店面。 這種店舖前的拍子的構架，本來就與工程做法所規定樓房的下層相同，平房頂的承重枋和楞木，就是樓版的骨幹，在那上面加建一層房架，自然不是一件困難的事。 在外表上，臨街的第一層與單層的店面完全相同；店面所必有的掛簷版，本來就是樓房原有的一部分；挑頭欄杆等，仍能照樣的安裝。所以在外表圖案上，多層或單層並不成爲問題。

重層店舖上下兩層間的關係，在圖案上也可演出相當變化。拍子之上，也許有樓；也許樓在店屋本身上而拍子的平頂乃成一種露臺；也許店屋本身及拍子之上同有樓，而拍子上之一部，不安裝修成爲廊子；乃至在拍子上徒然立起空敞的雨棚，也可得見。至於上層的屋簷，以通常滴水瓦簷爲多，但間或也有用平頂拍子的。

重層店舖之據在街角上者，往往因地勢關係而成爲種種富於變化的局面。在正陽門外五牌樓兩側及西四牌樓的街角上，有重層的店舖，乃清慈禧太后六十萬壽時光緒二十年公元一八九四建來點景的；在都市設計研究上，爲頗有趣味的資料。煤市街的過街樓，及其附近層疊高起的舖房，都非常富於詩意。東河沿西口轉角上的重樓，用抹角形式，由商業術上講，自然較勝於以角頭向着顧主。

屋頂的做法，除去轉角房外，多用硬山頂。但是偶然也有用平頂或歇山頂的。

## （四） 柵欄店面

當舖的門面與其他店舖性質不同，它須具有防範保衛的可能，於是森嚴的柵欄，便成了當舖的特徵。

柵欄多按舖身間數分間數，立起柱子；柱間安上下枋，枋間安直櫺。柵欄上還有簡單的瓦頂。柵欄開門多狹小，門上有門樓，樓上伸出幌子。柵欄的一端多開旁門以便出入。

×　×　×　×　×　×

也許因爲玻璃缺乏，所以商品的廣告法在古式的店面上從來沒有利用窗子陳列的引起顧客注意，惟一的方法乃在招牌幌子。

嚴格的說，牌樓並非店面的建築，而是個大招牌，但因爲它的結構是『建築的』，而且常常與店面建築部分不可分離，所以它所給人的印象便是以它爲店面的本身。於是牌樓上所安的許多匾額和招牌安在牌樓華版上的，或是由挑頭上吊下的，都成了牌樓之一部。

挑頭在廣告上既屬必要，而由建築的眼光上看來又那麼適用而且忠實，所以無論牌樓或拍子，大多數都有挑頭，或自掛簷版伸出，或自牌樓柱伸出。挑頭有蘷龍挑頭與蔴葉挑頭兩等，通常商店多用蘷龍，蔴葉挑頭則不多見。

自挑頭上所懸掛的幌子有兩種掛法；一種將各種商品的象徵品，直接由挑頭掛下；另一種則自挑頭之下，懸掛橫槓一條，兩端彫作龍頭，槓身滿彫鱗甲，與挑頭相似，由這橫槓之下，再懸掛

圖版叁

甲　北平天壇

乙　南京明孝陵櫺星門

甲 昌平明長陵櫺星門

丙 北平天壇明櫺星門

乙 元趙孟頫西園雅集圖

丁 江西龍虎山上清宮櫺星門

圖版伍

甲　南京明社稷壇櫺星門

乙　曲阜孔廟櫺星門

35885

圖版陸

甲 清孝陵櫺星門

乙 北平東郊清某親王園寢火焰牌坊

種種幌子。規模小的店面若沒有拍子而要挑頭，則自柱身緊貼簷下斜向上挑起。

有些店舖，常在店前另立幌子或模型，如香燭店前的大蠟燭，或當舖前面高大的幌杆，都饒有趣味。

店面華版及掛簷版，彫刻的花紋形式極多，滿地卷草紋者比較常見，由圖案的觀點上，雖然線路圜和，彫工精緻，但乏趣味。以直線與曲線相間，或用博古圖，在枋上用搭袱子，留出一片淨樸的面積者，却比較幽雅。垂柱下端及其間橫楣縧環，常常也有趣味的彫刻。

店面的槅扇，多用住宅內簷所用的形式，其中也有精品，將來在槅扇集裏，當另詳細討論。

至於店面前用於次梢間的欄杆，乃是店舖所獨有，這種欄杆大致較高於通常的欄杆，功用等於柵欄。其圖案亦富於變化，精品頗多。

二十五年一月，思成述於北平。

# 清皇城宮殿衙署圖年代考

劉敦楨

北平自會同定鼎以來，迄於清末九百餘載，文物之盛，制作之休，求諸歷代都邑，唯長安洛陽，差足比肩；然稽之載籍，今之宮闕壇廟，類創於明永樂以後，其間復經李闖焚燬，與清室改築，遺留迄今，不但非遼金之舊，且亦非明代原狀。而明清來言日下掌故者，大都勦襲舊聞，侈陳詞藻，欲求圖繪精審，碻然以嬗遞變遷之狀，昭示後人者，又難多得。舊歲九月，余與單士元先生檢讀國立北平圖書館明清輿圖，無意中發現清初皇城宮殿衙署圖一幅，摩挲驚喜，歎爲稀有秘笈，以爲推求明清交替之狀，進而追溯永樂規模者，當捨此莫屬。圖絹本，高二・三八公尺，闊一・七八七公尺。殿閣房屋，悉以墨線界畫，未傳粉色，惟河池樹木，另施深綠色，以資區別耳。圖之範圍，南起大清門，東至東安門，自此西北，包地安西安二門於內，即明皇城三十六紅鋪內之區域。其中宮闕苑囿，下逮壇廟官署民居街衢河道津梁之屬，靡不覼縷畢具，釐然呈於目前；而大內宮殿，兵燹後猶未修復者悉未載入，足徵圖中所示，一一根據事實，非率爾塗抹者可比也。

原圖未標注名稱，館中目錄題爲皇城宮殿衙署圖，蓋自內閣大庫移庋於此，沿舊稱也。檢方甦生先生內閣舊檔輯刊第二編書籍表章目錄，知舊藏御字庫露字櫃，編號第十五，惟光緒本東大庫存貯各項清檔屬之雨字櫃耳。然圖爲內閣舊物，依此二目證實無疑。

余輩校讀此圖最感困難者，卽圖無繪者姓名，亦未簽注年月，不足援爲史地考證之用。爰就見聞所及，蒐集文獻上所載清代宮苑變遷之資料，持與此圖核對，發見圖中所繪大內宮殿大多數屬於康熙十八年以前，瀛臺規模則屬於康熙十九年改築後情狀。此外與文獻不符者，尚有二處：一爲大內宏德殿昭仁殿與東西暖殿，據日下舊聞考建於康熙三十六年；一爲嗎哈噶喇廟建於康熙三十三年，圖中亦皆收入，致與其他建築前後抵觸，未能一致。然此圖實爲清初極重要之史料，不能因微疵棄置不顧，因將校讀經過公諸同好，尚冀大雅宏達，糾其謬誤，補其闕漏，則幸甚矣。

以下就大內宮殿及苑囿官署祠廟四項，分別論之。

## (一)大內宮殿

明大內宮殿被李闖焚燬，諸書所載，皆極簡略；如明史流寇傳烈皇小識明季遺聞等書，僅稱崇禎十七年四月二十九日，李自成卽位武英殿，是夕焚宮殿及九門城樓西遁，未言摧毀至何程度。今所知者，唯武英保和欽安三殿，未遭刼火，其餘殿閣，是否全部付諸一炬，無從查考。其後順康二朝修復之建築，見於紀載者：

| 名稱 | 年代 | 所據之書 |
|---|---|---|
| 乾清宮 | 順治二年建 | 東華錄順治四 |
| 太和門太和殿中和殿位育宮<br>協和門雍和門貞度門昭德門 | 順治三年建 | 東華錄順治七 |
| 午門 | 順治四年建 | 日下舊聞考卷十 |
| 天安門 | 順治八年重建 | 前書卷九 |
| 慈寧宮 | 順治十年建 | 前書卷十九 |
| 乾清宮 | 順治十二年建 | 前書卷十三 |
| 坤寧宮 | 順治十二年建 | 前書卷十四 |
| 景和門隆福門 | 順治十二年建 | 國朝宮史卷十二 |
| 景仁承乾鍾粹永壽翊坤儲秀六宮， | 順治十二年重建 | 日下舊聞考卷十五 |
| 交泰殿乾清門坤寧門景運門隆宗門 | 順治十二年重建 | 圖書集成職方典京畿總部紀考 |
| 奉先殿 | 順治十四年建 | 日下舊聞考卷十八 |
| 端門 | 康熙六年重建 | 國朝宮史卷十一 |
| 太和殿乾清宮 | 康熙八年重建 | 日下舊聞考卷十一十三 |
| 交泰殿坤寧宮景和門隆福門 | 康熙十二年重建 | 國朝宮史卷十二 |

| | | |
|---|---|---|
| 惇本殿毓慶宮 | 康熙十八年建 | 圖書集成職方典京畿總部彙考 |
| 文華殿本仁殿集義殿 | 康熙二十二年重建 | 日下舊聞考卷十二並見順天府志 |
| 啟祥宮長春宮咸福宮 | 康熙二十二年重建 | 前書卷十五 |
| 延禧宮永和宮景陽宮 | 康熙二十五年重建 | 前書卷十五 |
| 寧壽宮 | 康熙二十七年建 | 光緒大清會典事例卷八六三 |
| 太和殿 | 康熙三十四年再建 | 日下舊聞考卷十一 |
| 昭仁殿宏德殿東暖殿西暖殿 | 康熙三十四年建 | 前書卷十四 |
| 永壽宮承乾宮 | 康熙三十六年重建 | 光緒大清會典事例卷八六三 |

據前表所示，清順治間所營之建築，可別爲二部。其一爲大內前部之午門天安門與外朝太和門，及太和中和二殿。另一部分屬於大內北部，卽內廷中央之乾清坤寧二宮與東路景仁承乾鍾粹西路永壽翊坤儲秀六宮及西南慈寧宮，皆帝后妃嬪居處之所暨政令所出觀瞻所繫，不得不提前修葺者也。洎康熙踐祚，續營大內前部端門文華殿，其間復重建太和殿及乾清坤寧二宮，漸及左右毓慶寧壽啟祥長春咸福延禧永和景陽諸宮，蓋先後緩急之別，不得不如是也。今以前表與圖核校，則外朝東部之文華殿，與內廷東路之毓慶延禧永和景陽諸宮，及西路之啟祥咸福二宮，皆缺而未載。餘如雍乾以後所建之齋宮城隍廟與西路西花園雨花閣壽康宮建福宮樂善堂重華宮等，圖中更無踪跡可認，故就大內言，此圖似成於康熙十八年以前。然

與此假說牴牾不合者，卽乾清宮左右之弘德昭仁二殿，及坤寧宮之東西暖殿，圖中業已繪入，而日下舊聞考謂建於康熙三十六年。考乾清坤寧二宮自順治十二年重建後，至康熙十二年復再予修治，而附屬建築如弘德諸殿，詎至康熙三十六年，始鳩工興造，恐非事理所有？頗疑此二殿在順治間應與二宮同時修復，而日下舊聞考所收，係其再修紀錄也。

(二)苑囿

明皇城內苑囿凡三處：曰南內，曰景山，曰西苑。南內在宮城東南，入清後，析爲睿親王府及佛寺庫廠民居，故圖中所存，僅皇史宬飛龍橋秀巖山影神殿觀心殿數處而已。景山位於宮城正北，明清之際，變易較微，惟乾隆後始予改築，今觀圖中所載山北殿閣，與歷史符合者，猶十之五六，益足徵信。惟西苑經順治間略事修葺，並劃西北隅爲宏仁寺，後康熙繼之，又營南海瀛臺，以次擴及中海西部；其後乾隆光緒二朝，復大事興築，遂至蔚成現狀。顧西苑隸於內務府奉宸院，其建置因革，非尋常官書所能詳具，而內府檔册，迄今猶未整理竣事，茲僅就諸書所載者，列舉如次，以資比較。

| 名稱 | 年代 | 所據之書 |
|---|---|---|
| 北海永安寺白塔 | 順治八年建 | 日下舊聞考卷二十六 |
| 南海瀛臺 | 順治間修葺 | 前書卷二十一 |
| 南海迎薰亭後樓九間 | 順治間建 | 金鰲退食筆記 |

| | | |
|---|---|---|
| 南海瀛臺 | 康熙十九年修葺 | 前書 |
| 瀛臺門樓假山及宛轉橋 | 康熙十九年建 | 前書 |
| 團城承光殿 | 康熙二十九年建 | 國立北京大學藏內閣檔冊 |

今以此圖與前表對照，凡白塔瀛臺迎薰亭宛轉橋等無不一一契合，而瀛臺東側水碾水磨，與北海大西天及五龍亭臨水羣房，卽金鰲退食筆記稱爲太后避暑地者無不符合。惟團城僅標圓殿，與康熙二十九年所建承光殿四面增設抱厦者稍異，而中海西部諸建築圖中亦未繪入，故疑此圖所示，爲康熙十九年前後情狀也。餘如大光明殿兎兒山曲流館旋磨臺斗母殿虎城昭仁殿萬善殿略如蕪史所紀。而草場北明萬壽宮故址圖僅作空地一片，知其時猶未修復。至雍正所建時應宮及乾隆營建之蠶壇，闡福寺，漪瀾堂閱古樓寶月樓萬佛樓等皆未載入，足爲前說之旁證。

## (三)官署

淸順康二朝，皇城及宮城內官署建置年代，條列如左：

| 名稱 | 年代 | 所據之書 |
|---|---|---|
| 御藥房 | 順治十年設 | 日下舊聞考卷七十一 |
| 景山官學 | 康熙二十四年設 | 光緒大淸會典事例卷八七〇 |
| 奉宸苑 | 康熙二十五年設 | 日下舊聞考卷七十一 |

| | | |
|---|---|---|
| 文書館(後改御書處) | 康熙二十九年設 | 前書卷七十一 |
| 造辦處 | 康熙三十年設 | 前書卷七十一 |

圖中御藥房在東華門內三星門之北，簡稱藥房。奉宸苑文書館與景山官學俱未標注。而內務府地點猶署仁智殿銀匠房內庫衙門造辦處署冰窖牛圈，可窺康熙二十四年改造前之情狀，極足珍貴。惟內閣與鑾駕庫建造較早，圖中規模與現狀略同。此外內閣大庫稱鞍房氈庫，上駟院稱御馬監，武備院稱兵仗局，會計司稱內戶部，營造司稱內工部，愼刑司稱內刑部，掌儀司稱禮儀監，尚沿用淸初舊名。又織染局，司設局，酒醋局，安樂堂，漢經廠，番經廠，蠟庫，米鹽庫，佛經板庫，番經庫等，胥皆存在，足爲淸初尚未盡除明制之證。

## (四)祠廟

順康二朝，皇城內祠廟年代可考者如次：

| 名稱 | 年代 | 所據之書 |
|---|---|---|
| 普勝寺 | 順治八年勅建 | 日下舊聞考卷四十 |
| 弘仁寺 | 康熙五年改建 | 前書卷四十一 |
| 瑪哈噶喇廟 | 康熙三十三年建 | 前書卷四十 |
| 萬壽興隆寺 | 康熙三十九年勅改 | 順天府志卷十六 |
| 天王殿 | 康熙五十二年改名慈雲寺 | 前書卷十六 |

圖中普勝寺書喇嘛廟，弘仁寺書旃檀寺，皆沿世俗通用之名，惟嗎哈噶喇廟至乾隆四十一年，始改稱普度寺，故圖與諸書所載者一致。考此廟與緞疋庫，均爲明英宗所居小南城故址，清初闢爲睿親王府，順治七年王薨於喀喇城，撤除爵封，其府遂廢。據順天府志康熙三十三年建嗎哈噶喇廟於此，較圖中所載大內西苑殿閣年代約後十餘載，爲此圖極大之矛盾。然宸垣識略燕都叢考與天咫偶聞俱謂明南內洪慶宮爲供奉番佛之所，其地與今廟爲近，而廟內猶存成化七年所造佛像。又云嗎哈噶喇佛之名見於元史泰定帝紀，非始於清。其說果確，則康熙三十三年營建此廟殆因舊擴增，不足爲是圖年代錯誤之病；然確否若是，尙待確實證物出現後始能論定也。此外北長街萬壽興隆寺原爲兵仗局佛堂，圖僅署大雄寶殿，無寺名，與西什庫慈雲寺仍書天王殿，均足爲此圖成於康熙中葉以前之證據。

綜上所述，圖中所示之建築除嗎哈噶喇廟與弘德殿昭仁殿東西暖殿之營建年代，尙俟研求外，其餘殿闕大都屬於康熙十八年或十九年以前，故圖之正確年代雖遽難決定，然所示皇城宮殿規模在時間上屬於康熙中葉殆無疑問。異日當詳爲分析與乾隆北京地圖互相比較，或於清代宮苑變遷之經過，不無俾益也。

# 哲匠錄目錄

## 第四 造像類

# 哲匠錄（續）

紫江朱啟鈐桂辛輯本
新寧劉敦楨士能校補

## 第四　造像

### 漢

#### 畢嵐

畢嵐，靈帝時爲掖庭令，鑄銅人四，列於蒼龍玄武二闕。又造天祿蝦蟇，吐水平門外。

後漢書卷一百八張讓傳　使掖庭令畢嵐鑄銅人四列於蒼龍玄武闕……又鑄天祿蝦蟇吐水於平門外

### 晉

#### 戴逵

戴逵，字安道，譙郡銍縣人。少博學能文，工書畫，善操琴，其餘巧藝，靡不畢綜，然性高潔，不嬰世務，孝武時屢徵辟不就。嘗慨中古像設，類皆樸拙，至於開敬，不足動心，乃委心積慮，造山陰靈寶寺無量壽佛及挾侍木像，三載始成。又爲招隱寺夾紵行像五尊，當時推爲獨步。

晉書卷九十四隱逸本傳　戴逵字安道譙國人也少博學好談論善屬文能鼓琴工書畫其餘巧藝靡不畢綜總角時以鷄卵汁溲白瓦屑作鄭玄碑又爲文而自鐫之詞麗器妙時人莫不驚歎性不樂當世常以琴書自娛師事術士范宣於豫章宣異之以兄女妻焉……遂後徙居會稽之剡縣……孝武帝時以散騎常侍國子博士累徵辭父疾不就郡縣敦逼不已乃逃于吳……復遣剡後王珣爲尚書僕射上疏復請徵爲國子祭酒加散騎常侍徵之復不至太元二十年皇太子始出東宮太子太傅會稽王道子少傅王雅詹事王珣又上疏逵執操貞厲含味獨游年在耆老清風彌劭東宮虛德式延事外宜加旌命以參僚侍……會病卒

法苑珠林卷二十一　東晉會稽山陰靈寶寺木像者徵士譙國戴逵所製造逵以中古製像略皆朴拙至於開敬不足動心素有潔信又甚巧思方欲改斵威容庶參眞極注慮累年乃德成遂東夏製像之妙未之有如上之像也致使道俗瞻仰忽若親遇……像今在越州嘉祥寺

前書卷二十四　自泥洹以來久踰千祀西方像製流式中夏雖依經鎔鑄各務髣髴名士奇匠競心展力而精分密數未有殊絕晉世有譙國戴逵字道安者風濟道邃留遯舊吳宅性居理遊心釋教且機思通贍巧凝造化乃所以影響法相咫尺應身乃作無量壽佛挾持菩薩研思致妙精銳定製潛於帷中密聽衆論所聞褒貶輒加詳改覈準度於毫芒審光色於濃淡其和墨點采刻形鏤法雖周人畫策之微宋客象楮之妙不能踰也委心積慮三年方成振代迄今所未曾有凡在瞻仰有若至眞俄而迎像至山陰之靈寶寺道俗觀者皆發菩提心……宋文帝迎像供養恒在後堂齊高帝起正覺寺欲以勝妙靈像鎭撫法殿乃奉移此像舊在正覺寺逵又造行像五軀積慮十年像舊在瓦官寺

梁書卷五十四師子國傳　晉義熙初始遣獻玉像經十載乃至像高四尺二寸玉色潔潤形製殊特殆非人工此像歷晉

宋世在瓦官寺寺先有徵士戴安道手製佛像五軀及顧長康維摩畫圖世人謂爲三絕

歷代名畫記卷五　後晉明帝衛協皆善畫像未盡其妙洎戴氏父子皆善丹青又崇釋氏範金賦采動有楷模至如安道潛思于帳內仲若懸知其臂胛何天機神巧也

# 宋

## 戴顒

戴顒，字仲若，逵次子，能世其學。逵每製像，顒亦參焉。顒爲佛像，一準眞形，舊傳肩足分度，每嫌未精，輒加詳改。時宋世子鑄像瓦官寺，既成，恨面瘦。匠人迎顒審之，顒曰，非面瘦，乃臂胛肥耳。如言治之，其患立除。世傳佛像藻繢彫鏤，蓋始於顒。

宋書卷九十三本傳　戴顒字仲若譙郡銍人也……父逵善琴書顒並傳之……自漢世始有佛像形制未工逵特善其事顒亦參焉宋世子鑄丈六銅像於瓦官寺既成面恨瘦工人不能治乃迎顒看之顒曰非面瘦乃臂胛肥耳既錯減臂胛瘦患即除無不歎服焉元嘉十八年卒時年六十四

法苑珠林卷二十一　元嘉初徵士譙國戴顒嫌制古樸治像手面威相若眞自肩以上短舊六寸足蹠之下削除一寸

前書卷二十二　隋開皇中蔣州興皇寺佛殿被焚當陽丈六金銅大像并二菩薩俱長丈六其模戴顒所造……今移在白馬寺

前書卷二十四　逵第二子顒字仲若素韻淵澹雅好丘園既負荷幽貞亦繼志才巧逵每製像常共參慮濟陽江夷少與顒友夷嘗託顒造觀世音像致力罄思欲令盡美而相好不圓積年無成後夢有人告之曰江夷於觀世音無緣可改爲彌

勸善薩藏即停手馳書信未及發而江書已至俱於此夕感夢語事符同藏喜神應即改為彌勒於是觸手成妙初不稽思光顏圓滿俄爾而成……此像舊在會稽龍華寺二戴像製歷代獨步其所造甚多並散在諸寺難悉詳錄

吳地記　般若臺銅像一軀高一丈六尺高士戴顒建唐景龍二年……奉敕改神景寺

尚書故實　佛像本胡夷村陋人不生敬今之藻繢雕刻自戴顒始也

# 齊

## 僧祐

僧祐俗姓俞，彭城下邳人。性巧思，凡營治，能自準心計，無爽尺寸。齊永明中，治定林建初二寺，及繕修諸寺，造立經藏，咸佑之力。梁武時，專任像事，曾造光宅寺丈九銅像，及剡縣石佛。

高僧傳初集卷十三本傳　釋佾本姓俞氏其先彭城下邳人父世居於建業祐年數歲入建初寺禮拜因踊躍樂道不肯還家父母憐其志且許入道師事僧範道人年十四家人密為訪婚祐知而避至定林投法達法師……及年滿具戒執操堅明初受業於沙門法穎永明中勅入吳……凡獲信施悉以治定林建初及修繕諸寺並建無遮大集捨身齋等及造立經藏搜校卷軸使夫寺廟廣開法言無墜咸其力也祐為性巧思能自準心計及匠人依標尺寸無爽故光宅攝山大像剡縣石佛等並請祐經使準畫儀則今上深相禮遇凡僧事碩疑皆勅就審決年衰腳疾勅聽乘輿入內殿為六宮受戒其見重如此……以天監十七年五月二十六日卒於建初寺春秋七十有四

前書卷十四僧護傳　石城山隱嶽寺寺北有青壁直上數十餘丈……僧護擘爐發誓願博山鐫造十丈石佛以敬擬彌勒千尺之容……以齊建武中招結道俗初就彫剪疏鑿移年僅成面樸頃之護遘疾而亡……後有沙門僧淑纂襲遺功

而資力莫由未獲成遂至梁天監六年有始豐令吳郡陸咸……馳啓建安王王即以上聞勅遣僧祐律師專任像事……初僧護所創鑿龕過淺乃鏟入五丈……像以天監十二年春就功至十五年春竟坐軀高五丈立形十丈龕前架三層臺又造門閣殿堂並立衆基業以充供養

法苑珠林卷二十一　剡縣大石像……初有曇光禪師……繕造……積經年稔終不能成至梁建安王遂請僧祐律師既至山所規模形製嫌其先造太爲淺陋思緒未絕夜忽山崩壓二百餘人其內佛現自頸已下猶在石中乃劉鑿浮石至今存焉

高僧傳初集卷十四法悅傳　昔宋明皇帝經造丈八金像四鑄不成於是改爲丈四悅乃與白馬寺沙門智靖率合同緣欲造丈八無量壽像以伸厥志……以梁天監八年五月三日於小莊嚴寺營鑄……鑄後三日未及開模……時悅智二僧相次遷化勅以像事委定林僧祐其年九月二十六日移像光宅寺

## 雷卑石

**雷卑石，永明中作釋迦石像，極鐫琢之巧。**

法苑珠林卷二十　齊永明七年有瑞石浮海來入吳境質堅貞固光采鮮潤隅潮截瀾汎若松舟時主書朱法讓即先獲石像朱應之曾孫也被使至吳獲石像獻臺是時齊武皇帝初建禪靈重構七層壯美莊嚴而瑞像不遠而至協時應機朝士僉議以爲宜矜妙覡式影法身乃命石匠雷卑石等造釋迦大像身坐高三尺五寸連光及座通高六尺五寸盡彫鐫之奇極金雘之巧

# 北魏

## 曇曜

曇曜，不知何許人。和平中，為沙門統，於平城西武州塞，開鑿石窟五所，鐫刻佛像，（即今靈岡西部五大窟）又建靈巖寺，（即靈岡東部大窟）彫飾奇偉，冠絕一時。

魏書卷一百十四釋老志　和平初師賢卒曇曜代之更名沙門統……曇曜白帝於京城西武州塞鑿山石壁開窟五所鐫建佛像各一高者七十尺次六十尺彫飾奇偉冠於一世

高僧傳二集卷一本傳　釋曇曜未詳何許人少出家攝行堅貞風鑒閑約以元魏和平中任北臺昭玄統綏緝僧衆妙得其一住恒安石窟通樂寺即魏帝之所造也去恒安西北三十里武州山谷北面石崖就而鐫之建立佛寺名曰靈巖龕之大者舉高二十餘丈可受三千許人面別鐫像窮諸巧麗龕別異狀駭動神人櫛比相連三十餘里東頭僧寺恒供千人碑碣見存未卒陳委

山西通志卷五十七古蹟考八寺觀　靈巖寺在縣西武州塞（高宗時僧曇曜白帝鑿石壁開窟五所鐫佛像各一高者七十尺次亦六十尺雕飾奇偉冠絕一世）

大村西崖密教發達志卷一　曇曜不詳何許人少出家大安元年蒙文成帝命至北代京為沙門統造靈巖於武州山龕窟諸像今尚儼存

## 白整　王質　劉騰

白整，景明中為大長秋卿，監修洛陽伊闕山二石窟。正始二年，王質繼其任。永平中，中尹劉騰復增營一所，共歷時二十三年，費功八十萬有奇。



35903

魏書卷一百十四釋老志　景明初世宗詔大長秋卿白整準代京靈巖寺石窟於洛南伊闕山爲高祖文昭皇太后營石窟二所初建之始窟頂去地三百一十尺至正始二年中始出斬山二十三丈至大長秋卿王質謂斬山太高費功難就奏求下移就平去地一百尺南北一百四十尺永平中中尹劉騰奏爲世宗復造石窟一凡爲三所從景明元年至正光四年六月以前用功八十萬二千三百六十六

前書卷九十四白整傳　白整者亦因事腐刑少掌宮掖碎職以恭敏著稱稍遷至中常侍太和末爲長秋卿賜爵雲陽男……卒贈平北將軍幷州刺史

前書卷九十四王質傳　王質字紹奴高陽易人也其家坐事幼下蠶室頗解書學爲中曹吏內典監梢遷秘書中散加寧朔將軍賜爵永昌子領監御遷爲侍御給事又領選部監御二曹事復特加前將軍進爵魏昌侯轉選部尚書加員外散騎常侍出爲鎭遠將軍瀛州刺史質在州十年風化粗行察姦糾慝究其情狀民庶畏服之……入爲大長秋卿未幾而卒

前書卷九十四劉騰傳　劉騰字青龍本平城民徙屬南兗州之譙郡幼時坐事受刑補小黃門轉中黃門……後遷中給事稍遷中尹中常侍特加龍驤將軍後爲大長秋卿金紫光祿大夫太府卿肅宗踐極……封開子食邑三百戶是年靈太后臨朝……改封長樂縣開國公食邑一千五百戶……遷衛將軍儀同三司餘官仍舊……洛北永橋太上公太上君及城東三寺皆主修營……正光四年三月薨於位

## 李　雅

**李雅，永平間，造少林寺普光堂像，奇妙無雙。**

少林寺還天王師子記（天寶十四年）　普光堂內一佛二菩薩迦葉阿難及門外二金剛二神王二師子城內少有傳聞博士姓李名雅永平年造此尊像奇妙少雙菩薩儀容卒不可有阿難迦葉貌相肅然合掌虔恭實難希有門外二金剛烏

鵠不口門承稱說異相歷現其師子者乍著儀容或嗔或喜畫工巧匠不可圖容二師子即常相口口口一鋪功德不可思議

## 道憑 靈裕附

釋道憑俗姓韓，平恩人。嘗造鄴西寶山靈泉寺大留聖大住聖二窟，即砞砂響堂二洞及山厓石佛百餘處。徒靈裕繼之，益爲恢擴，并創金剛性力住持那羅延窟一所，鐫法滅之像。

高僧傳二集卷十　釋道憑姓韓平恩人十二出家投贊鄉邵寺……以天保十年三月十日卒於鄴城西南寶山寺春秋七十有二

寶山靈泉寺叛建石橋履功記　創自大魏四年祖師道憑法師創造砞砂洞響堂洞各山岩造石佛百餘處

高僧傳二集卷十一　釋靈裕俗姓趙定州鉅鹿曲陽人也……年十五……往趙郡應覺寺投明寶二禪師而出家焉……裕依憑法師晨夕幽通發奇剖新……寶山一寺裕之經營……後於寶山造石龕一所名爲金剛性力住持那羅延窟面別鐫法滅之相

## 張岫

張岫，曾造安陽寶山大留聖窟佛像。

安陽縣志金石錄卷二大留聖窟題字　魏武定四年歲在丙寅四月八日道憑法師造……南無日光佛及口德同石作匠人張岫到此造作

## 隋

## 曇摩拙叉

釋曇摩拙叉，印度人善畫，亦擅刻木。隋初至成都雒縣大石寺刻十二神像。

歷代名畫記卷八　天竺僧曇摩拙叉亦善畫隋文帝時自本國來遍禮中夏阿育王塔至成都雒縣大石寺空中見十二神形便一一貌之乃刻木爲十二神形於寺塔下至今在焉

# 唐

## 安生

安生，不知何許人，嘗塑平遙太子寺淨梵王太子像，及五臺文殊寺像。

雍正山西通志卷一百六十九　太子寺在平遙縣東敬義坊初名寶昌隋開皇間建後改名修念中有淨梵王太子像氣韻如生世傳安生所塑唐武宗大毀佛寺頹上人匿像南河壖次崖元至大中修寺移像寺中改今名

雍正山西通志卷一百七十一　大文殊寺在臺懷即菩薩頂眞容院唐僧法雲創建相傳塑像時塑工安生禱求菩薩現身七日倏顯現命像遂繪圖模塑名眞容院

高士奇扈從西巡日錄　大文殊寺唐釋法雲所建相傳殿成時文殊現像雲命塑工安生肖之名曰眞容院

## 宋法智　吳智敏

宋法智，吳智敏，並塑造妙手，長於傳神，與安生齊名。

長安志　宋法智吳智敏安生等塑造之妙手特名之爲相匠最長於傳神

法苑珠林　貞觀十七年三月詔遣使人朝散大夫行衛尉寺丞上護軍李義表副使前融川黃水縣令王玄策等二十二

人送婆羅門客還國十九年至摩揭陀國二月十一日立唐文碑於菩提樹邊一行中有巧匠名宋法智者圖寫揭陀之佛足跡及菩提樹伽藍之彌勒像等以歸巧窮聖容未到京道俗競模之

大慈恩寺三藏法師傳卷八　顯慶元年……二月十日敕迎法師將大德九人各一侍者赴鶴林寺爲河東郡夫人薛尼受戒……受戒已復命巧工吳智敏圖十師形留之供養

大慈恩寺三藏法師傳卷十　麟德元年正月……二十三日設齋嚫施其日又命塑工宋法智於嘉壽殿竪菩提像骨.

## 張 壽　宋 朝　張智藏　陳永承　竇宏果　劉 爽　趙雲質

張壽，宋朝，張智藏，陳永承，竇宏果，趙雲質並工塑，劉爽工刻鏤。高宗麟德間共造敬愛寺像，各騁奇思，推爲妙選。

歷代名畫記卷三　敬愛寺佛殿內菩薩樹下彌勒菩薩塑像麟德二年自內出王元策取到西城所圖菩薩爲樣（巧兒張壽宋朝塑王元策指揮李安貼金）東間彌勒像（張智藏塑即張壽之弟也陳永承成）西間彌勒像（竇宏果塑以上三處像光及化生等並是劉爽刻）殿中門西神（竇宏果塑）殿中門東神（趙雲質塑今謂之聖神也）此一殿功德並妙選巧工各騁奇思莊嚴華麗天下共推西禪院殿內佛事並山（並竇宏果塑）東禪院般若臺內佛事中門兩神大門內外四金剛幷獅子崑崙各二幷迎送金剛神王及四大獅子兩食堂講堂兩聖僧（以上並是竇宏果塑）

## 韓伯通

韓伯通，高宗乾封間人。擅塑像傳神，稱爲相匠。曾造京兆西明寺道宣像。又作長安大雲經寺像，爲寺三絕之一。

高僧傳三集卷十四道宣傳　道宣……安坐而化則乾封二年十月三日也春秋七十二僧臘五十二累門人窆於壇谷石室其後樹塔三所高宗下詔令崇飾圖寫宣之眞像匠韓伯通塑繢之蓋追仰宗風也

長安志卷十　懷遠坊東南隅大雲經寺……內有浮圖東西相值東浮圖之北佛塔名三絕塔隋文帝所立內有鄭法輪田僧亮楊契丹畫跡及巧工韓伯通塑作佛像故以三絕爲名

## 李君瓚　成仁威　姚師積

李君瓚，成仁威，姚師積，高宗咸亨上元間人。曾董造龍門奉先寺石佛。

大盧舍那像龕記　大唐高宗天皇大帝之所建也佛身通光座高八十五尺二菩薩七十尺迦葉阿難金剛神王各高五十尺粵以咸亨三年壬申之歲四月一日皇后武氏助脂粉錢二萬貫奉勅……支料匠李君瓚成仁威姚師積等至上元二年乙亥十二月卅日畢工

## 侯文衍　王元度

侯文衍，武后天授二年，造鄭州開元寺彌勒石像。玄宗開元八年王元度又造同寺蒲臺像。

嵩洛訪碑日記　嘉慶元年九月初七日至鄭州開元寺殿圮重葺小構僅蔽風雨存兩石像一天授二年侯文衍造彌勒像一開元八年王元度造蒲臺像

## 廖元立

廖元立，濛陽人，武后時爲雲頂山鐵天尊像。

圖書集成神異典卷四十七道教靈異記　武后朝造雲頂山鐵天尊像高三四尺濛陽匠人廖元立所鑄

## 薛懷義

**薛懷義，武后時監造天堂夾紵大像。**

闕書集成神異典卷九十張廷珪諫白司馬坂營大像表　臣某言臣奉勅河北道宣勞今發都下從白司馬坂所過見轉運材木顧役人夫臣勘問檢校官左藏置監事馮道得狀奉今月八日勅于坂所修營臣竊以天后朝僧懷義營搬大像並造天堂安置令王弘義李昭德等分道採斫大木虐用威勢鞭捶官寮鑿山塡溪以夕繼晝傷殺丁匠不可勝言費散錢數動以億計

## 釋方辯

**釋方辯，蜀人工捏塑。**

景德傳燈錄卷五慧能傳　睿宗先天元年七月六日慧能大師命弟子往新州國恩寺建報恩塔仍令倍工又有蜀僧名方辯來謁師云善捏塑師正色曰試塑看方辯不領旨乃塑師眞高七寸曲盡其妙師觀之曰汝善塑性不善佛性酬以衣物僧禮謝而去

## 吳道玄

**吳道玄，字道子，以畫名，然亦工塑。傳汴州相國寺文殊維摩，道玄所裝塑。**

高僧傳三集卷二十六慧雲傳　太極元年……勅改建國之牓爲相國……天寶四載造大閣號排雲……文殊維摩是

王府友吳道子裝塑

## 楊惠之

楊惠之，開元間人。初學畫，與吳道玄同師張僧繇筆迹。適道玄浪蹟東洛，見知明皇，聲光獨顯。惠之耻之，去而習塑，遂爲天下第一手。嘗創壁塑及千手眼觀音，後之作者，皆祖其法。所作有京兆太華觀，汴州安業寺，河南廣愛寺，崑山慧聚寺，洛陽老君廟，鳳翔天柱寺，臨潼福巖寺諸像，惟現存用直保聖寺壁塑羅漢，俗傳惠之傑作者，似出宋人手。曾著塑訣一卷，失傳。

五代名畫補遺　楊惠之不知何處人唐開元中與吳道子同師張僧繇筆迹號爲畫友巧藝並著而道子聲光獨顯惠之遂都焚筆硯毅然發忿專肆塑作能奪僧繇畫相乃與道子爭衡時人語曰道子畫惠之塑奪得僧繇神筆路其爲人稱歎也如此惠之嘗於京兆府長樂鄉北太華觀塑玉皇尊像及汴州安業寺淨土院大殿內佛像及枝條千佛東經藏院殿後三門二神當殿維摩居士像又於河南府廣愛寺三門上五百羅漢及山亭院楞伽山皆惠之塑也先是惠之將塑楞伽山也洒爲大義淨三藏呪其土故至今蹴行喙息蠉飛蠕動物及飛禽悉不敢至山所其精絕殊聖古無倫比逮唐末廣政中寃句人黃巢賊亂京洛焚燎寺宇幾盡矣惟惠之手跡惜其神妙率不殘毀……且惠之之塑抑合相術故爲今古絕技惠之嘗於京兆府塑倡優人留盃亭像成之日惠之亦手裝染之遂於市會中面牆而置之京兆人視其背皆曰此留盃亭也其神巧多此類後著塑訣一卷行於世

聖朝名畫評卷二龍章傳　祥符中玉淸昭應宮成召令彩繪列壁外有玉皇尊像猶未裝飾時畫苑僚屬爭先創意至於圖科斜枝莫不評畫主者中貴人劉承珪曰天帝法服豈如是耶命檢尋道藏及眞鏡錄無有曉其儀者上不懌宦使丁朱崖讚賞募工章應之曰今兆府長洛鄉北樂村古太華觀有玉皇像乃唐人楊惠之塑被九色綃羅帔此可爲法丁朱崖聞於天子遣使驗之如章言由是得裝其像

唐語林卷五　北邙山玄元觀南有老君廟殿塐高倣下瞰伊洛神仙塑像皆開元中楊惠之所塑世稱奇巧

集註分類東坡先生詩卷二維摩像唐楊惠之塑在天柱寺　昔者子輿病且死其友子祀往問之跰躚鑑井自歎息造物將安以我爲今觀古塑維摩像病骨磊嵬如枯龜乃知至人外生死此身變化浮雲隨世人豈不碩且好身雖未病心已疲此叟神完中有恃談笑可却千熊羆當其在時或問法俛首無言心自知至今遺像兀不語與昔未死無增虧田翁里婦那肯顧時有野鼠啣其髭見之使人每自失誰能與詰無言師

中吳紀聞卷一　慧聚寺有毗沙門天王像形模如生乃唐楊惠之所作惠之初學畫見吳道子藝甚高遂更爲塑工亦能名天下徐稚山侍郎以此像得塑中三昧嘗紀其事謂其旁二侍女尤佳且戒後人不可妄加塗飾近爲一俗工修治遂失初意

聞見後錄卷二十八　古畫塑一法楊惠之與吳道子同師張僧繇學畫惠之見道子筆法已至到不屑居其次乃去學塑亦爲古今第一

乾隆蘇州府志卷二十五　慧聚教寺在縣治西北三里馬鞍山下……宋淳熙中燬於火……自唐以來題詠石刻殿柱雷火篆書及楊惠之作天王像李後主所書匾榜皆一掃無跡

雍正陝西通志卷二十八　臨潼縣石甕寺即福岩寺……開元中以華清宮餘材脩緝佛殿中玉石像皆幽州所進……餘像皆楊惠之手塑

乾隆蘇州府志卷六十六　楊惠之初與吳道子同師學畫見道子藝成恥之揭更爲塑工遂爲天下第一手崑山慧聚寺有毗沙門天王像相傳惠之所作形模如生其傍有二侍女尤佳徐林嘗記其像戒後人不可妄加修飾後果爲一俗工修治遂失初意

太平清話　楊惠之以塑工妙天下爲八萬四千手觀音不可措手故作千手眼今之作者皆祖惠之

大村西崖塑壁殘影(陳彬龢譯)保聖寺創立於梁武帝天監二年歸有光之保聖寺創立於唐大中年間……宋祥符六年賜紫僧維吉重建……關於塑壁據用里志所載大雄寶殿內供有釋迦牟尼旁列羅漢十八尊爲聖手楊惠之所摹神光閃耀形貌如生誠得塑中三昧江南北諸縣所不能及更考許自昌之文亦謂保聖寺十八尊羅漢塑像位置錯落古雅形模如生乃唐代楊惠之所作……歷朝粉飾漸異原本然古致猶存爲別處所無與縣志崑邑志亦有是說……由此觀之楊惠之有十六羅漢十八羅漢之作究難取信……蓋祥符重建以前此寺實已有惠之之塑壁惟自開元以來歷經二百六七十年之久塑壁與殿堂同時損壞當不在少數故於重建之際……舊作諸像之未十分破損者或加粧鑾而用之其不可救者則摹之並增新作以滿十八之數其配置亦皆規撫原作故其眞態尚不致於全渝手澤猶存之說其即由是而來乎

## 元伽兒

**元伽兒，嘗塑臨潼福巖寺脫空像，纖妙秀麗，與惠之並驅。**

雍正陝西通志卷二十八　臨潼縣石甕寺即福岩寺……脫空像皆元伽兒所塑……能妙纖麗曠古無儔

## 王溫

**王溫，善裝鑾，所作汴州相國寺彌勒像及山門善神，爲寺十絕。**

圖畫見聞志卷五　大相國寺碑稱寺有十絕……其三匠人王溫重裝聖容金粉肉色并三門下善神一對爲一絕

五代名畫補遺　王溫不知何處人善裝鑾彩畫其精工妙技爲古今絕手先是有唐中宗大和昭孝皇帝神龍二年丙午

歲有汴州安業寺沙門惠雲往濮陽成寺得彌勒瑞像樣高一丈八尺欲歸寺鑄成欲于安業寺安置乃爲本寺僧衆嫉而拒之惠雲乃於安業寺東偏別營建國寺而安之睿宗興孝皇帝延和初建國寺被毁其像將遷入安業寺……尋勅改建國寺爲大相國寺後賜御書額乃省安業寺屬焉則今之京師左街大相國寺是也寺之大殿彌勒瑞像則惠雲所鑄者也其金像彩畫則温所裝者也洎覩其金像彩畫聖容能具種種大慈大悲端嚴相好誠得當來下生薦現救護之意又覩頭上肉髻髮鉗琉璃色於身圓光中有千萬億堅束迦寶以奉莊嚴則温之功不可謂不至矣識者曰夫裝鑾塑像之羽翼是則是矣故得預十絕之一而勒于寺之碑者正謂是也（今大相國寺有十絕碑其略曰一大殿金裝聖容金粉面肉色并三門下善神一對匠人王温是一絕也）

## 劉九郎

**劉九郎，不知何許人，以塑九子母著稱。**

五代名畫補遺　劉九郎失其名不知何許人也嘗於河南府南宮大殿塑三清大帝尊像及門外青龍白虎洎守殿等神稱爲神巧時廣愛寺東法華院主惠月聞九郎名迺請塑九子母後工畢聲動天下惠月乃以五百縑酬之九郎得之不委謝而去又于長壽寺大殿中塑臥孩兒一京邑士人無不欽歎或人稱曰廣愛寺九子母乃劉九郎技之絕者也九郎乃莞爾言曰吾之所塑九子母者三今幽者第一陝郊者第二廣愛者第三焉得謂之絕時人歎其精致

## 王耐兒

**王耐兒，吳道子弟子，塑菩薩寺中三門內東門像。**

酉陽雜俎續集卷五　菩薩寺……中三門內東門塑神普繼云是吳生弟子王耐兒之工也

張仙喬

張愛兒習吳道玄畫，不成，改捏塑，玄宗菩之，勑名仙喬。

歷代名畫記卷九吳道元傳注　時有張愛兒學吳(道子)畫不成便爲捏塑玄宗御筆改名仙喬雜畫蟲豸亦妙

員名　程進

員名，程進，皆石刻名工，並精塑像。

歷代名畫記卷九吳道元傳注　員名程進雕刻石作隨韓伯通善塑像……並學畫迹皆精妙

李岫

李岫，以塑名，作光明寺文惠太子及鬼子母像。

酉陽雜俎續集卷五　光明寺中鬼子母及文惠太子塑像舉止態度如生工名李岫

張宏度

張宏度，塑慧聚寺天王堂像，狀天王旋卒衆伍，栩栩如生。

全唐文卷七百九十一王洮慧聚寺天王堂記　天竺堂實翼西北隅塑狀若聳屹然柱空金精奮力溢膺腕旋卒象伍作爲部落堂宇宏麗四檐飛翬席盤庇像若鄭睛被甲擒戈立於烟霧洮因勞其費進曰非某力能皆邑民爲之塑實成於張宏度堂實成於僉師甫

## 五代

## 楊元眞　許　侯　雍中本

楊元眞，許侯，雍中本並蜀中巧匠。　王蜀時，侯造大聖慈寺熾盛光佛頂九曜二十八宿，及華嚴閣釋迦立像。中本作聖天寺天王，與天長觀龍興觀龍虎君。元眞以粧鑾著稱當時。

益州名畫錄卷中　楊元眞者石城山張玄外族也攻粧佛像羅漢兼善粧鑾當王氏武成中善塑像者簡州許侯東川雍中本二人時推妙手今聖興寺天王院天王及部屬熾盛光佛九曜二十八宿天長觀龍興觀龍虎宮幷雍中本塑大聖慈寺熾盛光佛九曜二十八宿華嚴閣下西畔立釋迦像幷許侯塑皆元眞粧肉色髭髮衣紋錦繡及諸禽類備著奇功時輩罕及今四天王寺壁畫五臺山文殊菩薩變相一堵元眞筆見存

大村西厓中國美術史第十三章（陳彬龢譯）　王蜀武成塑造名工有簡州許侯與東川之雍中本侯作大聖慈寺之熾盛光佛頂九曜二十八宿及華嚴閣下西畔之釋迦立像中本作聖興寺天王院之天王及其部屬熾盛光佛九曜二十八宿及天長觀龍興觀之龍虎幷粧鑾妙手楊元眞並繪諸像之肉色鬚髮衣紋錦繡及諸禽類極其奇巧……

## 程承辯　蒲師訓　蒲延昌　趙　才

程承辯，眉州彭山人。孟蜀廣政中，塑彭山洞明觀諸像，與蒲思訓，蒲延昌，趙才等遞相交敵，共推妙才。

益州名畫錄　程承辯眉州彭山人也攻塑人物鬼神當孟氏廣政中與蒲師訓蒲延昌趙才遞相較敵其始皆推妙手兼善彫刻機巧人物鬼神怪異禽獸之類奇絕當時今彭山縣洞明觀天蓬黑殺玄武火鈴一堂存耳山王堂遊變神鬼一堵見存

大村西崖中國美術史第十三章（陳彬龢譯）……孟蜀廣政中眉州程承辯亦善雕刻且擅長人物鬼神怪異禽獸之類彭山縣洞明觀之天蓬黑殺玄武火鈴一堂即其所作至宋猶存……

## 宋

### 張文昱　王文度

張文昱，王文度，杭州人。眞宗大中祥符元年，建玉清昭應宮，徵天下奇工，鑄玉皇聖祖太祖太宗四銅像，得文昱文度二人爲之。六年春像始成。

宋史卷八眞宗紀　大中祥符六年三月……乙卯建安軍鑄玉皇聖祖太祖太宗像成以丁謂爲迎奉使……五月……丙午詔聖像所經郡邑減繫囚死罪流以下釋之升建安軍爲眞州乙卯謁聖像奉安於玉淸宮……

圖書集成職方典卷七百六十八引儀眞縣志　宋大中祥符元年四月詔建玉淸昭應宮五年詔名玉皇殿曰太初聖祖殿曰明慶初儀鑄太初明慶聖像令李溥訪巧匠得杭州民張文昱王文度就建安軍西北小山置冶溥領視之六年三月鎔範成詔丁謂爲迎奉聖像使李宗諤副之溥爲都監四月己卯奉玉皇聖祖太祖太宗四像御大舟設幄殿內侍主供具夾岸設黃麾仗三千人騎吹四百別列舟千艘幟門旗弓矢道衆幢節經過州縣官吏出城十里具道釋威儀音樂迎拜禁屠刑京師屠禁七日刑三日甲辰聖像至上齋於長春殿百官齋宿朝堂乙巳上袞服朝拜群臣朝服陳玉輅冊文酌獻具大駕鹵簿自宮城東出景龍門五使前導上望拜迎丙午奉安賜赦門下建安軍詔陞爲眞州鎔範之地建爲儀眞觀

### 嚴氏

嚴氏，沙門蘊能妹。善刻木，嘗以檀香，造瑞蓮山龕門，刻五百羅漢，而木不盈尺。眞宗賜名技巧夫人。

宋劉道醇五代名畫補遺　伎巧夫人嚴氏乃沙門蘊能妹也形質枯瘁鼻多長毛而性開達明悟恭肅柔和尤好佛陀大教又善鼓琴亦能彫木後隨兄蘊能居餘杭嘗得柟香木一段大不盈尺夫人乃刻作瑞蓮山龕門彫成細眞珠八花毬露重網然後透刀刻成五百羅漢衆像其形相侍從一一在山皆慈覺法相時郡將給事中馬公聞之乃令健步索而觀之馬公一見驚其神巧遂躬章貢於章聖皇帝上目之嘉歎移刻乃賜金帛有差仍命嚴氏爲伎巧夫人

大村西崖中國美術史第十四章(陳彬龢譯)　宋眞宗賜伎巧夫人之名與嚴氏氏爲沙門蘊能之妹雕木之技能極妙能以柟香造瑞蓮山龕門花岡之中透五百羅漢及其侍者衆相悉備極神巧細密

## 王澤

王澤，宋仁宗時人。曾修法門寺九子母像，以精妙稱。

金石續編卷十四張顒法門寺重修九子母記　夫九子母學浮圖氏者言之在異趣矣始則逞負恃力突戾恣忍洎大雄氏示現威德攝以正道故力殫氣沮神弗克競而旋能服義畏威降志下體惵然歸順逮夫能仁之教流被震旦嚴祠善剎充滿天下故存其像貌儼列左右蓋錄其背邪鄉正之道亦足暢尙矣法門寺東廊下有故像一堂以其子孫衆多著舊傳云寢續乏後者苟禱禮精禱則身枝蕃茂而席其福然年祀寢久堂宇傾圮雖有陳形弊質亦不克副瞻仰者之恭畏也景祐丙子歲里人試匠簿鉅鹿魏德寶與同閈人清河房滑有鄉武威李職安君召相與建圖再議裝鋪時屬西夏跋扈邊鄙興師供億煩勞故不果蚤就其志迨今年五月中方畢其事繪塑一新其母則慈柔婉約且麗且淑端然處中視諸子如有撫育之態其子則有裸而擕者有襁而負者有因戲而欲啼者有被責而含怒者有迷藏而相失者有總午牽衣而爭恩者二人焉有勝冠服膺而夾侍者二人焉擁懸庭闈天姿駿冶不可得而詳悉非施者之心專勤匠氏之工精妙亦不能允臻

其極……慶曆五年閏五月一日記進士魏掞齋塑人王澤畫人任文德……張邏刻字

## 郭 熙

郭熙，河內溫人，神宗時爲畫院藝學。嘗見楊惠之塑壁，乃出新意，創爲影壁。其法令圬者槍泥於壁，隨凸凹形迹暈爲峯巒林壑樓閣人物之屬，宛然天成。

宋鄧椿畫繼卷九　舊說楊惠之與吳道子同師道子學成惠之恥與齊名轉而爲塑皆爲天下第一故中原多惠之塑山水壁郭熙見之又出新意遂令圬者不用泥掌止以手槍泥於壁或凹或凸俱所不問乾則以墨隨其形迹暈成峯巒林壑加之樓閣人物之屬宛然天成謂之影壁其後作者甚盛此宋復古張素敗壁之餘意也

## 田 玘

田玘，宋鄜州人。作泥孩，精絕今古。

宋陸游老學庵筆記卷五　承平時鄜州田氏作泥孩兒名天下態度無窮雖京師工效之莫能及一對至直十縑一牀至十千一牀者或五或七也小者二三寸大者尺餘無絕大者予家舊藏一對臥者有小字云鄜畤田玘製紹興初避地東陽山中歸則亡之矣

明陳繼儒偃齋燕卷下　宋時鄜州田氏作泥孩兒名天下態度無窮雖京師工效之莫能及陸務觀家藏一對臥者有一行小字云鄜畤田玘製虞學士伯生亦有記言其精絕今古

## 釋妙應

釋妙應，俗姓童；妙於刻石。孝宗淳熙中，居龍興寺，作菩提像，其陰爲天台五百尊者，筆法奇古。

## 又造虎丘石觀音像。

乾隆蘇州府志卷十　僧妙應者姓童人呼爲童和尚妙於刻石居龍興寺嘗模廬山王瀚須菩提像於寺中其碑陰作天台五百尊者筆法奇古又於虎邱作石觀音像亦佳淳熙中人

### 王劉九

王劉九，善刻鏤能於蚵殼鐫觀音像山水樹石，視若游絲。　又以青田石楚石刻彌勒諸像，及作牙版牙籤，工奪天巧。

遵生八牋卷十四燕閒清賞牋　彫刻之神若宋人王劉九者鐫刻青田石楚石等類壽星洞賓觀音彌勒神象豈特肖生相對色笑儼欲談吐豈後人可能仿佛又如蚵殼鐫刻觀音普陀坐像山水樹石視若游絲白描目不能以逐髮數以即觀音身披法服有六種錦片無論螺殼深淺即平地物件亦難措手又若刻劃諸天羅漢經函牙版幷牙網紙牙籤種種精細工奪天巧後有效者罕能得其妙處

### 陳和卿　陳佛鑄

陳和卿，孝宗淳熙中，東渡日本，補鑄奈良東大寺盧舍那佛，其弟陳佛鑄等七人助之。

東大寺造立供養記　壽永二年二月十一日大佛右手奉鑄之同年四月十九日始奉鑄御首同年五月十八日奉鑄即了首尾經三十九日前後及十四度終其功了鑄物師大工陳和卿也都宋朝工舍弟陳佛鑄等七人也

## 遼

### 劉鑾

劉鑾，不知何許人。嘗塑易四賢祠諸像，極臻工巧，元郝經見之，譽爲國工。據所稱契丹題名推之，鑾殆遼時人。後元至元大德間劉正奉元，亦以塑名，鑾元音近，每相淆混，然考郝氏爲四賢祠碑，事在元憲宗元年辛亥，其後十九年，即世祖至元七年正奉塑護國仁王寺像，年裁二十年許，詎孩提時即能爲此。且郝氏自眞州釋歸，卒於至元十三年，其時正奉之名，如日方昇，尤不應誤爲一人也。

郝文忠公陵川集卷三十三四賢祠碑　四賢者何燕賢臣郭隗樂毅劇辛鄒衍也辛亥之秋過督元涉易水拔文酌酒弔太子丹問水滸有祠國工劉鑾所塑技極精巧不知爲何神遂往觀之四像皆南面列坐一王者拱其側衣冠極古殆皆周制問諸守祠文人言祠故有牓曰四賢不知爲何代之賢契丹時有題曰樂將軍者亦不知孰爲樂將軍也某乃大悟其列坐曰郭隗樂毅劇辛鄒衍拱而侍其側者燕昭王也

日下舊聞考卷四十二引析津日記　京師像設之奇古者曰劉鑾塑說者疑鑾與元音相近而誤考郝伯常陵川集燕有四賢祠其像塑自劉鑾則鑾別是一人著名于正奉之先也

## 金

### 馬天來

馬天來，字雲章，亦號元章，介休人。博學，善繪畫及塑像，雖居官，輒爲人塑畫。

金劉祁歸潛志卷五　馬天來字元章太原人擢第與雷希顏宋飛卿同年爲人詭怪好異又喜爲驚世駭俗之行人莫測也南渡爲史院編修官不事麻條草履沈浮閭里殊無朝士風雜學通太玄數又善繪畫及塑像雖居官輙爲人塑畫

金元好問中州集庚集第七　馬編修天來　天來字雲章人止謂之元章介休人黃裳牓經義進士博學多技能畫入神品百年以來無出其右者屛山常言天下辯士有三王仲澤馬元章純甫其一也元章住太學十九年貧苦之極人所不能堪然其談笑自若也大安初調潁州司侯監簿召爲國史院編修官正大十九年病歿於京師年六十一……

山西通志卷一百五十八藝術上　馬雲卿介休人與兄雲章弟雲漢皆善畫雲卿人物尤工嘗畫宣聖小像人樣吳裝五星又臨吳道子泰山北斗圖纖靡不二圖見畫史會要元道山有題雲卿紙衣道者像詩雲章名天來已見文學畫小竹石瀟湘可愛歸潛志稱其人詭怪好異麻條草屨浮沈閭里雜學通太元數又善繪畫及塑像雖居官輒爲人塑甚

乾隆介休縣志卷九人物　馬天來字雲章又稱元章元豐五年成進士博學工詩多技能言辯有則李屛山嘗言天下辯士有三元章其一也在太學十九年人不堪其貧談笑自若也太安初調潁州司侯監簿召爲國史院編修官正大九年卒年六十一

## 賈叟

賈叟，亡其名，平陽人，無目而能刻神佛像，儀相端嚴。

金元好問續夷堅志卷二　平陽賈叟無目而能刻神佛像人以待詔目之交城縣中寺一佛是其所刻儀相端嚴僧說賈初立木胎先摸索之意有所會運斤如風……佛氏所謂六根互用殆從是而進耶

## 王某

王某，汾人，佚其名。嘗塑燕京白雲觀十一曜，元時移置宮東東嶽廟，與劉元塑並列，同稱精妙。

虞集道園學古錄卷七劉正奉塑記　長春之白雲觀金人汾王先生十一曜奇妙爲世所稱道今遂配之略不可優劣也

# 元

## 阿尼哥

阿尼哥，亦作阿你哥，北印度尼波羅（Nepal）國人。幼習「工巧明」，善繪塑，及鑄金爲像。世祖中統間，徵其國人造吐蕃浮圖，時年十七，領衆赴工。既成，隨國師八合斯八東來，留居大都。至元初，奉勅修明堂銅人，稱旨，遂掌兩都土木繪塐鏤鑄之工，垂四十年。自爾以來，密宗胎偶，舉世風從，造象軌度，爲之一變。

元史卷二百三方技本傳　阿尼哥尼波羅國人也其國人稱之曰八魯布幼敏悟異凡兒稍長誦習佛書期年能曉其義同學有爲繪畫粧塑業者讀尺寸經阿尼哥一聞即能記長善畫塑及鑄金爲像中統元年命帝師八合斯巴建黃金塔于吐蕃尼波羅國選匠百人往成之得八十人求部送之人未得阿尼哥年十七請行衆以其幼難之對曰年幼心不幼也乃遣之帝師一見奇之命監其役明年塔成請歸帝師勉以入朝乃祝髮受具爲弟子從帝師入見帝視之久問曰汝來大國得無懼乎對曰聖人子育萬方子至父前何懼之有……又問汝何所能對曰臣以心爲師頗知畫塑鑄金之藝帝命取明堂針灸銅像示之曰此安撫王檝使宋時所進歲久闕壞無能修完之者汝能新之乎對曰臣雖未嘗爲此請試之至元二年新像成關鬲脈絡皆備金工歎其天巧莫不愧服凡兩京寺觀之像多出其手爲七寶鑌鐵法輪車駕行幸用以前導原廟列聖御容織錦爲之圖畫弗及也至元十年始授人匠總管銀章虎符十五年有詔返初服授光祿大夫大司徒領將作院事寵遇賞賜無與爲比卒贈太師開府儀同三司涼國公上柱國謚敏慧子六人曰阿僧哥大司徒阿述臘諸色人匠總管府達魯花赤

元程文海雪樓文集卷七涼國敏慧公神道碑　世祖聖德神功文武皇帝……中統元年西召帝師八合思八俾爲上士朔斛赤四建黃金浮圖于吐蕃以天竺泥波羅國良工之萃也發詔徵之國王奉詔蒐羅得八十人令自推一人爲行長來莫敢當有少年獨出當之使之年曰十七矣主以其幼對曰身幼心不幼也遂使部衆以東帝師見而異之因使督役明年浮圖成自請歸養帝師奇其材勉以入見天子且爲祝髮授以秘典日誦數千百言心印大明慧解殊勝因以薦聞上趣令侍臣往召既至上目之久乃問汝來大邦得無怖耶對曰聖人子視萬方子至父前何怖之有……汝何所習對曰臣以心爲師粗知繪懷鑄鏤上大悅命取古銅人示之曰此王檝奉使宋時所進關鬲脈絡咸備歲久缺壞命匠繕葺皆辭不能汝能之乎輒諾奉詔至元二年乙丑補銅人成上閱之悉大喜呼辭不能者皆來使之諦觀曰俯辭不能此雖所補皆頓首謝曰天巧非人所及也……公諱阿尼哥泥波羅國王之胄即前少年補銅人者也……公生三歲父母携以禮佛公仰視塔曰此心木及相輪寶瓶誰所爲歟聞者驚異知爲夙緣甫齓端嶷如成人入學誦習梵書未久已通兼肄其宇耆宿自爲弗及尺寸經者藝書也一聞誦之即默識之少長每有所成巧妙臻極既補銅人上深簡注工事無不命之若佑聖廟之肖貌如生若護國仁王之莊嚴無上若西闕之玉塔陵空皆公心匠之權輿……十年立諸色人匠總管銀章虎符命公長之就四品以下司局十有八鑄黃金爲太子寶安西北安王印金銀字海青圓牌由廷大鵬金翅雕尚醎巨甕又創爲鑌鐵自運法輪行幸揭以前導十一年建乾元寺於上都制與仁王寺等上都國學始成肖祀夫子十哲詔公爲之賜宅京師咸宜里金幣皆有差十三年建寺於涿州如乾元制……十五年詔公返初服授光祿大夫大司徒兼領將作院印秩皆視丞相賜冕服玉帶錦衣金帶燕衣二十四襲貂裘帽鞍轡車馬妻以宋鼎獻太子孫女郡主趙氏凡鼎獻府庫田宅悉賜之十六年建聖壽萬安寺浮圖初成有奇光燭天上臨觀大喜賜京畿良田畝萬五千耕夫指千牛百什器備十七年建城南寺二十年建興教寺二十八年創渾天儀及司天器物世祖上賓公於私第爲水陸大會四十九日以報又追寫世祖順聖二御容

織幀奉安于仁王萬安之別殿元貞元年建三皇廟於京師又建萬聖祐國寺於五臺裕聖臨幸賞白金萬兩妻以戚里女嚢合真資送中給崇真萬壽宮成詔公位置像設大德五年建浮圖于五臺始構有祥雲瑞光之異又命織成裕宗裕聖二御容奉安於萬安寺之左殿六年國學文廟成復命爲之肖位遵先猷也公奉詔感激益罄心思焉八年建東花園寺鑄丈六金身九年建聖壽萬寧寺造千手眼菩薩鑄五方如來於是公已老矣最其平生所成凡塔三大寺九祠祀二道宮一若內外朝之文物禮殿之神位官宇之儀器組織鎔範摶埴丹粉之繁縟者不與焉嗚呼勸哉……公平居恒誦生滅滅已寂滅爲樂先於五臺北山構招提一區四年而成浩然有退休志大德十年閏正月甲午顧左右曰我若瞑目當帷棠設榻使我安寢以逝翌日沐浴而朝朝退示疾中使御醫相屬丁酉覺薨於寢上聞震悼輟朝詔近臣營護其家賜銀鈔二萬五千兩勑有司治葬事是夕星隕于廷明日木稼越七日癸卯從本國闍維之禮夏五月癸酉塔於宛平縣香山鄉岡子原壽六十有二……至大四年加僧公開府儀同三司太師涼國公上柱國賜謚敏慧至是又蒙恩建碑焉……

元代畫塑記（倉聖明智大學學術叢編卷十五）　大德三年十一月十六日法師張松聖言北斗殿前三清殿左右廊已蓋畢其中神像未塑奉旨可與阿你哥言其三清殿左右神像凡所用物皆預爲儲備俟天口塑之三清殿左右廊房真像一百九十一尊　又大德八年三月奉皇后旨守城隍廟人言昔世祖皇帝嘗令於城隍廟東建三清殿一所其中未有聖像及其餘神像有壞者亦多可令阿你哥塑三清聖像餘神像有壞者咸修之補塑修粧一百八十一尊內正殿一十三尊側殿西廊九十三尊側殿東廊七十三尊山門神二尊塑造三清聖像及侍神九尊

## 阿僧哥　禀搠思哥斡節兒八哈失

阿僧哥，阿尼哥長子。皇慶中與禀搠思哥斡節兒八哈失，造聖壽萬安寺諸像。至元三年，又董造新建寺像。

元代畫塑記（倉聖明智大學學術叢編卷十五） 武宗皇帝至大三年正月二十一日敕虎堅帖木兒丞相奉旨新建寺後殿五尊佛咸用銅鑄前殿三世佛四角樓洞房諸處佛像以泥塑仿高良河寺鑄銅番竿一對禿堅帖木兒擱思吉月即兒阿僧哥洎帝師儀依佛經之法擬高良河寺并五臺佛像從其佳者爲之用物省部應付正殿三世佛三尊東西趓殿內山子二座大小龕六十二菩薩六十四尊西洞房內螺髻佛並菩薩一百四十六尊東西趓殿九聖菩薩九尊羅漢一十六尊十一口殿菩薩一十一尊藥師殿佛一尊東西角樓魔梨支王四尊東北角樓尊聖佛七尊西北角樓無量壽佛九尊內山門天王一十二尊…… 仁宗皇帝皇慶二年八月十六日敕院使也訥大聖壽萬安寺內五間殿八角樓四座令阿僧哥提調其佛像計並稟擱思哥斡節兒八哈失塑之省部給所用物塑造大小佛像一百四十尊東北角樓尊聖佛七尊西北趓樓內山子二座大小龕子六十二內菩薩六十四尊西北角樓朶兒只南磚一十一尊各帶蓮花座光焰等西南北角樓馬哈哥剌等一十五尊九曜殿星官九尊五方佛殿五方佛五尊五部陀羅尼殿佛五尊天王殿九尊東西角樓四背馬哈哥剌等一十五尊……

## 杞道錄

杞道錄，青州人，其徒劉元傳其塑土範金搏換之術。

中國藝術家徵略卷三引蝶階外史 廣濟寺在寶坻城內西街寺中塑三大士象及侍立諸天神貌一一奇古不類近代裝劉元所改塑也元寶坻人師事靑州杞道錄得其塑土范金搏換象法……

順天府志人物志十九方伎劉元傳 元師事青州杞道錄傳其藝非一

## 劉元

劉元，字秉元，薊州寶坻縣人。初爲黃冠事杞道錄，傳其藝非一，而獨長於搏塑。世祖至元七年，建護國仁王寺，求天下奇工爲佛像，有以元薦者，乃被召，令從國公阿尼哥習梵像，神思妙會，巧絕一時。官昭文閣大學士正奉大夫，秘書監卿，時人稱爲劉正奉，惟明清紀載，每誤其名爲鑾，亦有作藍或藝元者。考郝經陵川集，劉鑾所爲四賢祠像，有契丹時題名，是其人遠在元前，別爲一人，故日下舊聞考與沈映鈐退庵隨筆所載元都勝境（卽天慶觀）諸像，疑爲元所塑也。又孫承澤孫國敉王士禎魏元曠諸人著述，及清高宗御製詩，稱朝陽門外東嶽廟神像亦出元手。（見孫氏春明夢餘錄燕都遊覽志王氏香祖筆記魏氏都門瑣記及日下舊聞考卷八十八）然考虞集劉正奉塑記，其所爲東嶽廟像，在大都南城長春白雲觀之東，都提點馮道頤所營也。而南城者，金燕都之故城，與今廟遠不相及，諸書引其文不辨其地，亦足惑矣。且虞氏游長春事在仁宗延祐四年，時元年七十矣。後數年有吳全節者，繼其師張留孫營東嶽廟於大都東郊，英宗至治二年建大殿大門，明年成兩廡及四子殿，虞氏又爲文紀之（見虞集東嶽仁聖宮碑），是爲今廟起原，顧文中無隻字涉及塑事，則孫王諸氏之書，殆得諸道聽塗說，不足據也。至崇元觀乃明閹曹化淳所建，鮑鈐稗勺謂其像亦元所塑，是直起枯骨爲之，更不足辨。

元史卷二百三方技阿尼哥傳　有劉元者嘗從阿尼哥學西天梵相，亦稱絕藝。元字秉元，薊之寶坻人，始爲黃冠師事青州杞道錄，傳其藝非一。至元中凡兩都名刹，塑土範金，摶換爲佛像，出元手者神思妙合，天下稱之。其上都三皇，尤古粹，識者以爲造意得三聖人之微者。由是兩賜宮女爲妻，命以官長其屬，行幸必從。仁宗嘗勑元非有旨不許爲人造他神像。後大都南城作東嶽廟，元爲造仁聖帝像，巍巍然有帝王之度，其侍臣像乃若憂深思遠者。始元欲作侍臣像，久未措手，適閱秘書圖畫見唐魏徵像矍然日得之矣非若此莫稱爲相臣者遽走廟中爲之即日成士大夫觀者咸歎異焉其所爲西番佛像多秘人罕得見者元官爲昭文館大學士正奉大夫秘書卿以壽終搏換者漫帛土偶上而髹之已而去其土髤帛儼然成像云

元虞集道園學古錄卷之七劉正奉塑記　至元七年世祖皇帝始建大護國仁王寺嚴梵天佛象以開教於天下求奇工爲之得劉正奉於黃冠師正奉先事靑州杞道錄傳其藝非一及被召又從阿尼哥國公學西天梵相神思妙合遂爲絕藝凡兩都名刹有塑土範金搏換爲佛者一出正奉之手天下無與比者由是上兩賜宮女爲之妻又命以官長其屬迨今四十餘年凡行幸無所不從今上皇帝尤重象教勅正奉非有旨不許擅爲人造它神象者其見貴異如此將作院經歷洛陽田君博物君子也嘗謂予言大都南城長春宮都提點馮道頤始作東嶽廟于宮之東謀其徒曰不得劉正奉名手無以稱吾祠且正奉嘗從吾徒游將無靳乎叩詣正奉言之正奉以前勅未之許也是時廟未成民間以靈異禍福相恐動事未甚顯灼馮去後正奉果怳惚若有所感者病不知人者三日或爲之禱乃起謂其門人子孫曰速爲我御我且之東嶽廟至廟疾良已會立廟事奏御正奉祝曰願親造仁聖帝象旣而疾大安又進秩二品益喜曰是神之賜也因又造炳靈公司命君象而作侍諸神有弗當其意悉更之蓋幾有神助者延祐四年春予游長春因即而觀焉凡廊廡時共稱好者皆市井物怪情狀蓋易以悅人及仰瞻仁聖帝巍巍乎帝王之度矣餘皆稱其神之所以名者予尤愛其盛服立侍侃侃若不勝憂深思遠之至者乃歎曰進思一至此乎田君曰初正奉欲造侍臣象心計久之未措手也適閱秘書圖畫見唐魏徵像乃矍然曰得之矣非若此莫稱爲相臣者遽走廟中爲之即日成異哉非直藝矣正殿仁聖帝兩侍女兩中侍四丞相兩介士其西炳靈公兩侍女兩侍臣其東司命君兩道士兩仙官兩武士兩將軍皆正奉之手善觀者知非他工所可雜其間也長春之白雲觀金人汾王先生十一曜奇妙爲世所稱道今遂配之略不可僭劣也予所見又有上都三皇廟尤古粹造意得三聖人

之儆者亦正奉之所造也而梵佛像秘不得觀予嘗讀張彥遠名畫記錄兩京寺觀祠宇畫者數十人塑者一二耳計其運神之妙致思之精心手相應二者路無彼此而傳世多少懸絕如此良由畫可傳玩模榻久遠塑者滯一處好事識者或不得而覽觀使精藝不表白於後世誠可慨也故田君請著劉正奉塑記正奉名元字秉元薊之寶坻人年七十矣其官曰昭文館大學士正奉大夫秘書監卿搏換者漫帛土偶上而髹之已而去其土髹帛儼然其象昔人嘗爲之至正奉尤極好搏丸又曰脫活京師人語如此

明陶宗儀輟耕錄卷二十四　劉元嘗爲黄冠師者青州杞道錄傳其藝非一而獨長於塑至元七年世祖建大護國仁王寺嚴設梵天佛像特求奇工爲之有以元薦者及被召又從阿尼哥國公學西天梵相神思妙合遂爲絕藝凡兩都名刹搏土範金搏換爲佛一出元之手天下無與比所謂搏換者漫帛土偶上而髹之已而去其土髹帛儼然像也昔人嘗爲之至元尤妙搏丸又曰脫活京師語如此

清高士奇金鼇退食筆記　元都勝境在弘仁寺西建於元相傳爲劉元塑像正殿乃玉皇大帝右殿塑三淸儀容肅穆道氣深沉左殿塑三元帝君上元執簿側首而問若有所疑一吏跪而答甚戰慄一堂之中皆若悚聽嚴肅者神情動止如聞謦欬眞稱絕藝

道光蘇州府志卷一百四十八引埭川識往　明初郡治燬猶存子城南垣其西有僧廬曰天王寺殿宇規制甚古中有二十八宿及伽藍神像皆元時國工劉元所塑今諸像多剝落

元代畫塑記（倉聖明智大學學術叢編卷十五）　延祐四年八月十一日中政院使闊闊解奏青塔寺山門內四天王今已秋凉正可興工未審命誰塑奉旨劉學士塑之合用塑畫匠令阿哥撥　五年……十月二十五日香山寺四天王命劉總管塑之閣下毗盧佛兩傍添塑立菩薩二文殊菩薩一普賢菩薩一用物於省部需之文殊菩薩一尊高九尺普賢菩薩

一龕高九尺火焰二扇各高一丈五尺闊七尺五寸……

## 王　清

王清，至元間，塑壺關縣文廟十哲。

山右石刻叢編二十六壺關文廟十哲記　新塑文廟十哲記……廊賢諸儒彩繪既畢顏孟十哲反可闕焉何味夫先後緩急之次叙如此越明年……遂募工剏行補塑十二像……衣冠環侍儼然一新……至元十八年冬十月初吉上黨進士王天佑謹記……粧塑匠王清

## 宋德芳

宋德芳，號披雲子；山東東萊人。幼爲黃冠事邱長春，爲十八師之一。至元間，重興太原龍山昊天觀，開鑿石窟八所，鐫刻道像。道教之有石窟，蓋自此始。

乾隆萊州府志卷十二仙釋　披雲眞人年十二從劉長生脫俗天性敏慧道行淑眞開馬鞍山一洞神仙七(八？)洞還終南山羽化而去有偈云喝散迷雲驅回宿霧萬法無私千峯獨步其徒以事聞贈披雲眞人

道光太原縣志卷十八物仙釋元　宋德芳號披雲子隱居太原昊天觀鑿石洞七(八？)龕爲修煉所至元七年贈元通披雲眞人賜號曰崇眞有石刻像自作贊今存

山西通志卷五十七古蹟考八寺觀　昊天觀在太原縣西龍山頂元貞元年披雲子宋德芳建（觀東石崖列石室八龕披雲子縣凡鐫石像二十七條有自撰碑）又卷九十六金石記八　昊天觀全眞菴碑元貞元年宋德芳撰今在太原縣龍山上

圖書集成博物彙編神異典二七九卷道觀部彙考引山西通志　昊天觀觀在太原縣西十里龍山絕頂元元貞元年建東崖有石室八龕一曰虛皇龕二曰三清龕三曰臥如龕四曰元真龕五曰三天大法師龕六曰七真龕七八俱名辨道龕道者姓宋號披雲子所鑿

## 那懷

**那懷，至元元貞間造三皇殿及三皇像。**

元代畫塑記（倉聖明智大學學術叢編卷十五）　元貞元年正月太史院奏奉先帝旨命那懷建三皇殿及塑三皇像並造製藥貯藥等屋今皆未完奉旨命那懷移文中書省需所用物速成之三皇三位每位帝山座十大名醫一十位神獒一虎一……

## 吳同簽

**吳同簽，延祐五年，塑青塔寺像。**

元代畫塑記（倉聖明智大學學術叢編卷十五）　延祐……五年正月三十日奉今歲青塔寺後殿內先令吳同簽於正面塑大師菩薩西壁塑千手鉢文殊菩薩東壁塑千手眼大慈悲菩薩山門內塑天王用物移文省部需之山門塑四天王四尊執幡換播以後殿塑大師菩薩三尊千手眼大慈悲菩薩一尊千手鉢文殊菩薩一尊……

## 張提舉

**張提舉，佚其名，從劉元學塑，延祐中造興和路寺諸像。**

元代畫塑記（倉聖明智大學學術叢編卷十五）　延祐……七年四月十六日諸色府總管朶兒只奏八思吉明里董阿

二人傳旨於興和路寺西南角樓內塑馬哈哥剌佛及伴繞神聖畫十護神全期至秋成塑工命劉學士之徒張提舉畫工命尙提舉二人率諸工以往所需及飯膳皆令即烈提舉應付秋間朕至時作慶讚毋誤也馬哈哥剌一左右佛母二伴繞神一十二聖畫三扇高一丈五尺闊一丈六尺

### 李同知

**李同知，佚名，天曆間，董鑄佛像。**

元代畫塑記（倉聖明智大學學術叢編卷十五）　天曆二年……十二月九日院使拜住傳皇后懿旨令諸色府李同知以白金鑄佛九尊皆具光焰……　二年四月十日平章明理董阿等進僧寶合畫像上命諸色府李同知等用鍮石用蠟鑄造一身以粧粧之省部給物鑄造普賢菩薩像一身

### 董　選　　匽宗明　　匽宗義

**董選，匽宗明，匽宗義，擅繪塑。至正中作藁城宣聖廟配像，及兩廡七十子十儒畫壁。**

常山貞石志卷二十三　至正壬辰藁城縣宣聖廟繪塑記云曾思尙缺兩廡七十子舊圖於壁歲久堙廢不完至正八年冬迺命善塑者補二配饗於殿衣冠如制善畫者繪七十子贊十儒於兩廡在城繪塑匠董選匽宗明匽宗義同立名

### 劉　高

**劉高，曾畫塑白塔寺，又改作金山下院殿屋壁佛菩薩天龍圖像。**

至順鎭江府志卷九寺觀　丹徒縣金山下院趙孟頫碑其略曰皇帝登極之歲五月甲申命前畫塑白塔寺工劉高往改作寺殿屋壁佛菩薩天龍圖像官具給日用物

## 張生

張生，工塑善為人物有生態，嘗造長庚新殿大士像。

元釋圓至牧潛集卷四（錢塘丁氏刊本）　贈塑者張生序云態見於容者塑之工也德見於態者塑之難也人鬼物以態菩薩以德故塑之智至菩薩病焉斲木為骨傅土為肉糜金膠采為冠裾容飾操塤以損益之豐而為人瘠而為鬼粲然布列而為衆物其形其事必當其類一堂之上坐立有度貴賤有容怒者喜者敬者倨者情隨狀異變動如誠人使觀者目憚魄悸不敢慢為土偶此塑之工也菩薩則不然慈眼視物無可畏之色以聳視瞻其姣非婉其嚴非悍其服御容止有常制巧無以顯拙無以隱其慈若喜其寂若蛻德睟於容溢於態動於神而手藝之巧智不能與故菩薩之祀通古今遍國邑其像萬億而名世之塑無聞焉豈非難哉塑者張生善人物有生態作大士像於長庚新殿之陰耑其藝於所難而不志乎利既成能偈若咸賦以美其勤而余為之序噫以張生之藝之智也而所就僅爾可以知塑之難矣

## 方善慶

方善慶，粧塑努兒干永寧寺像。

吉林通志卷百二十金石志　努兒干永寧寺碑在松花江下游特地方今入俄羅斯境碑文多泐今第二十五行有粧塑匠方善慶（按碑文內有永□九年春特遣內官亦失哈云云）

## 曹漢臣　胡君貴

曹漢臣，胡君貴，粧塑成道宮龍虎殿像。

葉弈苞金石錄補三十七　趙子函云成道宮龍虎殿為元搆左壁上有字兩行云粧塑功德主本宮提舉孫道和曹漢臣

塑胡君貴粧至順三年十二月三日

# 明

## 鄭約

鄭約，字肇峯，新安人。初擅減塑，嗣爲佛像，皆神活逼眞。會左鬠曇陽子羽化，求塑者相接，竟以悴死。

明張大復梅花草堂集　新安鄭肇峯名約以減塑有聲仿入佛像往往逼眞多於神處得想嘗觀南朝神像獨以金乙總管象爲最周太尉次之謂凡神像耳目口鼻其高下大小皆板對而二像不然則神活所以最也會左鬠曇陽子羽化數年新塑者相躡於門竟以悴死死之時眼根先絕

## 周時臣

周時臣，字丹泉，仿作銅漆窰器，皆能亂眞，尤精粧塑。

明徐樹丕識小錄卷四　周丹泉名時臣少無賴有所假冒于淮北官司捕之急逃之廢寺感寺僧之不拒與謀興造時方積雪盈尺乃縱巨爐於中夜遍踏遠近凡一二十里歸寺則以泥滓塗之金剛兩足遂鬨傳金剛出現施者雲集不旬日得千金寺僧厚贈之而歸其造作窰器及一切銅漆物件皆能逼眞粧塑尤精

## 楊文昭

楊文昭，字震寰，蒲州諸生，屢試不售，隱於藝。所爲佛像，宛如生人。

山西通志卷一百五十九藝術錄下　楊文昭字震寰蒲州諸生屢試不售隱於藝篙以旃檀作佛像宛如生人遊京師諸

貴人多招致之而昂藏自負恥於干謁其所交皆一時名彥最著者如韓少師爌呂尚書惟祺曹中丞于汴程布衣嘉燧而於程尤稱莫逆程集中贈濮州胡生稱落落奇男子者謂文昭也

### 江右工

江右工，失姓名。塑佘山宣廟寺佛像，極精。塑畢竟死。

雲間雜志卷上　佘山宣廟寺佛象極精相云昔有工來自江右塑諸象經歲方畢諸剎罕儷後病僧欲延醫治之工曰我想像意度已盡吾神此軀殼安得再生竟死

## 清

### 范道生

范道生，字石甫，泉州人。順治十八年（日本寬文元年）應隱元禪師召，東赴日本，造宇治黃檗山萬福寺像。明末佛像式樣，由是流播東邦，產生元祿期彫刻。後道生欲歸國，至長崎，卒於聖壽山。

中野彌吾黃檗山藝術案內　黃檗山在日本宇治萬福寺院純爲中國式開山隱元禪師爲福州人傳至二十一代（乾隆末）除十四十六十七三代以外皆係閩浙人隱元渡日不以日本原有佛像爲然特自故國招名印官范道人使之雕刻一山之佛像現黃檗山佛像相傳爲范道生所作者如左

大雄寶殿安置木造釋迦坐像一軀　又迦葉尊者像一軀　又阿難尊者像一軀　又十八羅漢像十八軀　法堂　紙堂觀音大士坐像一軀　木造善財龍女立像二軀　祖師堂　木造達磨大師坐像一軀　天王殿　木造彌勒菩薩坐像一軀　木造韋馱天尊立像一軀　伽藍堂　木造華光大士坐像一軀　齋堂　木造緊那羅王立像一軀

此外天王殿之四天王像法堂之毗廬那佛坐像及其他多數之佛像皆謂爲范道生系亦無不可所有佛像均爲極細密之彩色彫塑明末清初之式樣本山之建築非日本化故彫刻亦無日本化彼時之日本人亦如維新後之崇拜歐美直接輸入其文化一般其醉心中國之文化可以想見又因范道生之彫刻知當時日本之彫刻家受其感化影響不少彼清水隆慶等在元祿時代以彫刻表現其精巧今觀范道生所作乃知亦受范作之影響松雲禪師長於彫刻在江戸刻五百羅漢遂東西呼應實行發展其驟風彫刻今於本山彫刻逐一細視先後總門經山門到天王殿首先刮目者爲正面安設之布袋和尚木像本山稱之爲彌勒菩薩其佛像之肥大豐滿與他處不同在彫塑技巧上言之爲完全之大陸式其背面爲金銀裝彩色之韋馱天尊者立像藝術之精固不待論有如江戸中期之金碧襖繪之美可謂眉目秀麗大雄寶殿正面安置釋迦迦葉阿難三尊本尊釋迦尙爲常式然迦葉阿難之表現顯著二數之手印他處少見殊堪注目禪堂之十八羅漢像本安置於山門樓上因日日讀經供物之不便移安此處造像之樣式最足表范道生式之眞味日本羅漢向爲十六於輸入之佛壇始見有十八羅漢在彫刻上殆屬創見此於十六羅漢之外加入賓頭盧尊者與今一人中國殆爲十八如此式之黃檗佛像特開一例爲我佛像史上重要之點

## 工布查布

工布查布，烏珠穆秦部落人；幼爲清聖祖鞠育以爲賓儀。世祖雍正中，官西番學總理。乾隆初，兼掌內閣番蒙譯事，預修大藏。性聰敏，耽心梵典，嘗於廣智法王受塔及佛像尺寸；又遇洮州禪定寺靜覺師，授以造像量度經及圖式，乃遂譯漢文，并博采故實，箸經解一卷，續補一卷，補原書之缺漏，密宗像設程式傳於中土者，唯此一書而已。

佛像量度經序……窃有大樞生祿烏朱穆秦部落自幼承聖祖仁皇帝鞠育之恩以為僕質因其通西土之語世宗憲皇帝特留帝都以為西番學總理兼管翻譯之事焉其為人朴素鯁直聰敏恭謹出乎稠人之表予得會勅修大藏乾隆元年同館事三年來形骸相忘脫非世比亦深知薰習善種無忘本得雖處塵塵之中無他所好惟耽心梵冊酷嗜華言窮顯末綜微芒盡其平生力是欲測佛智於中揀閱佛說造像量度儀經一帙遠朝市棲幽壑窮究歲月一心不間考佛出作入息差無漏明差無背向法相短長毫髮必盡其妙其精如佛在世之無異焉……欲壽梓流通問序於予……乾隆七年歲在壬戌佛誕日楚黃嗣祖沙門明鼎拜書於京都萬壽符夢堂丈室

造像量度經引　夫造像之藝其來尚矣……我佛中年之時中天竺國瓶沙王為遺道友乞得世尊睟容為幢像之始森節舍利弗創受造象量度而優塡王鑄檀造世尊立像是為如來胎偶之初於是流佈五天竺之境矣其於土番則唐之貞觀中創興佛法前後累使東土及天竺徵聘諸賢而齎取衆經一切五明典籍繼續翻譯準令國內公私立剎各隨其願力學習之夫三倚之造法乃工巧明部所收最為殊勝者也彼所出藏經傳頗多而得其傳授者曼荳啾三氏惟精西來佛像什有八九靡非彼三家所出者……余先在恩師敕封弘教三藏廣智法王寶榻前親受密集曼那羅尺寸時並得佛像及塔之尺寸附安藏法要集偈番本雖未能熟習亦自知珍惜之蓋慎藏而弗失者有年矣今中土之佛像有所謂漢式者有所謂梵式者其所謂漢式者則漢武北伐匈奴得休屠金人置於甘泉宮孝明西迎沙門受幢像創建洛都寺宇其後漸盛偏覆自晉魏（北朝）六朝以至於宋代與西國通和公私往來時時不斷故多得西國佛像而唐之玄奘法師徧歷五竺境共十有七載瞻禮世尊過化之地綜通其聲教大般若等經千有餘卷金玉佛像百什餘軀俱以大象載歸其像之精妙皆阿育王等所造者焉蓋自漢以來凡欲造佛像者皆取西來像為模工行家祖述相傳此所謂漢式者也（或以謂唐式）其所謂梵式者元世祖混一海宇之初你波羅國匠人阿尼哥善為西域梵像從帝師巴思八來奉敕修明堂針灸銅像以工

巧稱而其門人劉正泰以塑藝馳名天下因特設梵像提舉司專董繪畫佛像及土木刻削之工故其藝絕於古今遂稱爲梵像此則所謂梵式者也然迄今歷代竟未譯出其經傳若有離宗失迷口授尺度久訛不歸者固無可訴正矣……適陝西洮州敕賜禪定寺崇梵靜覺國師喇嘛來朝晤於公署偶談及此訓余曰舍利弗問造像量度經者最先詳且該予盡譯而行之予聞之喜敬諾焉於是月餘而國師將經之模本並圖像五幅俱擇日而程其功其中復有當資旁搜者亦各編攬采取納於經間空處述之或別錄類附於後……因倣番王佛陀阿布提(二介)所作五明傳略引而書於經首時乾隆七年佛從忉利天下還日(依番九月廿二)番經總管漠北工布查布謹識

## 王春林　袁遇昌　項天成

**王春林，無錫人。袁遇昌，項天成，蘇州人。俱以揑塑泥孩馳名一時。**

梵天廬叢錄二十八　清高宗南巡至無錫惠泉山山下有王春林者一作泥孩之人也工作精美技巧萬端高宗聞之命作泥孩五盤飾以錦繡金葉迨進御稱旨賜金帛甚厚今惠泉山下泥孩鋪櫛比無王春林之佳美

乾隆蘇州府志卷六十六藝術　袁遇昌吳之木瀆人以塑嬰孩揚名四方每用泥搏埴一對約高六七寸者價值三數十緡其齒唇眉髮與衣褶襞積勢似活動至於腦顖按之脊脊遇昌死其子不傳此藝遂絕

道光蘇州府志卷一百四十九雜志五　項天成揑像並有名

貝青喬咄咄吟卷下　模出香泥美且鬆居然阿堵有神傳若教飛上麒麟閣壓倒貂蟬幾輩賢　蘇州虎邱有項姓者善以泥模揑塑小像賫綫得入營中侍衛容照薦諸將軍將軍及各隨員皆試其技果面目畢肖云

## 趙濟

**趙濟，工塑能脫沙爲人物，嘗塑蘇州城隍廟三官像。**

道光蘇州府志卷一百四十九雜志五　吳中人才之盛實甲天下至於百工技藝之巧亦他處所不及……有趙濟者能以羊皮爲燈及脫沙爲人物今城隍廟三官神像其手製也極其工巧信一時之絕藝也

## 張長林

**張長林，字明山，深縣人，僑寓天津。父業捏塑，至長林，技更精進，能狀民間風俗故事，曲盡其妙，時人稱爲泥人張。光緒三十二年卒，子兆榮，續能世其業。**

中國藝術家徵略卷三引羅僧小牘　泥人張天津人以善塑泥人得名予嘗見其鍾馗嫁妹一事人馬凡二十餘旌旗凱仗之屬稱是鍾之威猛妹之娟秀羣鬼之猙獰奇譎雖兩峰無以過洵奇技也亦善捏人小象

津門雜記藝術門　城西張姓名長林字明山以捏塑世其家向所捏作戲齣人物各班角色形像逼眞早已遠近馳名……而爲人作小照尤其長技只須與人對面坐談搏土於手不動聲色瞬息而成面孔逕寸不僅形神舉肖且栩栩如生鬚眉欲動觀者嘆絕其心靈手巧如是也聞嘗作巨幅山水任意落筆皆成妙構石走山飛烟雲無際氣度堂堂頗類大家

大公報社會鱗爪（民國二十一年八月二日）泥人張　天津有許多知名的人物常被人把他的事業擺在他的姓氏上像什麼振德黃孟德王等等同樣一個天才的藝術家是被稱爲泥人張不問可知他是一個捏塑泥人的名手了泥人張是有清末葉的人原名張長林字明山幼年做什麼事無從考察但知道他並沒有師傅他會泥捏塑人全憑他自己的天才而且他這種奇才妙技竟得中外人士的贊賞他所以能如此者實在因爲他的技術超絕確有驚人之處當時有人給名伶余三勝捏塑一像自謅面目和三勝一樣後來這件事給這張先生知道便同時捏了兩像一個是仿照這位先捏成的作品一個是三勝的廬山眞面捏得維肖維妙時人嘆爲絕技因此泥人張的大名傳遍遐邇中外皆知而好奇的外國

人也常來搜求他的作品陳列在博物館標明爲中國特產雖然他的作品是這樣的神妙然而在他工作時並不像現在西洋派的雕塑家非找一個一動也不許動的模特兒或是找到一個人前後左右的像片然後才下功夫去雕塑據說泥人張每逢有唱戲的名角到津他便袖着一團泥前往當時的衣服全是寬袍大袖他在袖中暗地模索工作起來並不感覺困難一齣戲沒完在人不知鬼不覺中他已將這名角的面目捏成了回去再敷粉塗朱加上劇中的衣飾便能栩栩如生絲毫不爽還在西洋的雕塑家看來能不咋舌嗎泥人張不僅善於捏塑也長於繪畫山水人物花鳥蟲魚無一不能而且自成一家別饒神韻因此他給人家捏像時也能應用繪畫上的題材假如你是一個詩人他便給你改裝易服捏一個饒有詩人氣息的樣子所以眞可謂多材多藝了據說光緒二十年天津怡和洋行的外國人爲巴結李鴻章起見出資請泥人張給李鴻章捏像因此泥人張與這位橫衝直撞的外交家也有一面之緣並且敘齒還小李公七歲一時傳爲佳話但這個傳說不一上述是他的兒子親口所講當然最可靠到光緒三十二年四月二十九日他的友人徐九爺舉殯張親自送殯不幸在中途感冒回家後一星期這位天才的捏塑家竟一瞑不視携着他的絕技與世界脫離了他的兩個兒子行五的名兆榮字玉亭和行六的名續榮字華棠仍能傳他的衣鉢然而已不及老人的神妙了……

天津庸報(二十一年八月十二日)泥人張訪問記 ……張長林號明山(即世稱泥人張)他們原籍河北深縣大約在道光年間他的祖父隨宦來到天津在此落戶捏泥人的技藝由他的祖父便會傳到他的父親越發精巧所捏的東西都是取材於西廂紅樓三國各種段片的傳奇故事在當時人家訂購這作爲餽贈陪嫁之用的很多至於捏像不過偶爾看戲帶一把泥團借台上的角色權當模特兒端詳像貌取到特徵先就臺下捏個大概的形像等回到家裏再追想音容細加修正大都恰肖其人所以在當時名優如譚鑫培田桂鳳十三旦楊猴子雙處一流的人物經他捏塑神情如生自是泥人張的聲名便傳徧津沽無人不曉據說他父親所以能捏塑人像都是私自揣摹獨出心裁……

# 識小錄

陳仲篪

## 營造法式所載之門制

### 二　烏頭門

營造法式曰「烏頭門其名有三一曰烏頭大門二曰表楬三曰閥閱今呼爲櫺星門」是櫺星門爲宋代烏頭門之通稱，自是以後迄於清末未嘗更易而烏頭表楬諸名久無聞矣。

烏頭門民宅鮮用之者：據唐六典：「六品以上者仍通用烏頭大門」知唐代爲特種階級專用之物，故自宋以來羣書所載及今日所存遺蹟，僅於宮闕壇廟陵寢中見之。淸季王公園寢，雖亦施用，但僅單間者裝扉，三間者額上安火焰稱爲「火焰牌樓」此無他亦階級所限度耳。

烏頭之名，不自唐始，據楊衒之洛陽伽藍記：「永寧寺北門一道，不施屋，似烏頭門」知六朝

圖版壹

甲 六朝石刻

乙 元王應鵬金明池圖

丙 梁蕭景墓表

圖版貳

甲 宋高宗北使圖柵欄

乙 宋高宗北使圖櫺星門

已有此式。自此上溯，則有漢書韋成傳所載之衡門。衡者，加橫木於兩柱之間，殆爲此制之權輿？惟烏頭之義，册府元龜謂「正門閥閱一丈二尺，二柱相去一丈，柱端安瓦筩，墨染，號烏頭染」似由瓦筩之色綵而產生？李氏營造法式因之，逕稱「柱上安烏頭」，以瓦筩烏頭爲一物焉。今沖天式牌樓柱上之雲罐毘盧帽，即其流裔也。

表楬之義，見於舊籍者，計有數種。(一)說文桓字下曰：「亭郵表也」。(二)漢書尹賞傳注：「如淳曰：舊亭傳於四角面百步，築土四方，有屋，屋上有柱，出高丈餘，有大板，貫柱四出，名曰桓表。縣所治夾兩邊各一桓。師古曰，即華表也」。(三)崔豹古今注曰：「堯設誹謗木，今之華表木也。以橫木交柱頭，狀若花也。形似桔槔，大路交衢悉施焉。或謂之表木，以表王者納諫也。亦以表識衢路也。秦乃除之，漢始復修焉。今西京謂之交午也」。據以上諸說，表之形體，於柱上貫橫木四出，與六朝石刻(圖版壹甲)及元王應鵬宋金明池圖(圖版壹乙)大體符應，足證如崔二氏之說，實可徵信。惟此就漢桓表而言，漢以前者，崔氏謂導源於誹謗之木，其事茫昧，殆出傳會，不能援以爲據。余案禮記郊特牲：「饗農及郵表畷，禽獸，仁之至義之盡也」，疑爲周代郵表之遺制而亭傳四角樹桓表之法，尤與周陵墓之碑極相類似，似二者之間，不無因襲相承之關係？請申其說。

禮記郵表之義，清阮元揅經室集釋之最詳(注一)。其言曰：「郵乃井田上道里可以傳書之舍也，表乃井田間分界之木也」。又曰：「郵表畷之古義，皆以立木綴毛裘之物垂之，分間界行列，遠近，使人可準視望，止行步，而命名者也。」 按井田之制，後人雖多疑之，然以木表爲分疆界田地之事，據阮氏所引揚州古銅盤銘「用六蔵散邑，迺卽散用田竟竟自濾洮以南至於大沽一表，以降二表；」及「表於單道，表於原道，表於周道，以東表於籽東疆，右還表於竟竟，導以南至於𨚵萊，導以西至于唯莫竟竟，井邑田」注一，其事似爲可信。 至於郵表之上可以綴毛裘，則表端必有橫木挑出，供繫裘之用，故疑漢之桓表爲大板貫柱四出，係自郵表演進而成者也。 其後官書告諭，或亦榜書其上。故樹於丘墓前者，柱上端施橫板題某某府君神道，或供其他題額之用，如梁蕭景墓表圖版壹丙及北齊標異鄉石柱注二，胥其明證。

注一　見阮元揅經室集釋郵表畷條。

注二　見本社彙刊第五卷第二期劉士能先生定興縣北齊石柱，

周代郵表之數，是否如漢亭傳之用四具，今尙不明。 然其時大夫之葬，繫棺於碑，碑四植以大木爲之，形如桓楹。 其事見禮記檀弓「公室視豐碑，三家視桓楹。」注曰「豐碑斲大木爲之，形如石碑，於槨前後四角樹之。 時僭諸侯，諸侯下天子也，斲之，形如大楹耳。 四植謂之桓。」疏云：「以言視桓楹，不云碑，知不似碑形，故云如大楹耳。 云四植者謂之碑者，案說文桓亭郵表也，謂亭郵之所而立表木謂之桓，卽今之橋旁石柱也。」 足窺周代諸侯之葬，於壙四隅樹大木，形如豐碑，供下棺之用。 而大夫之葬，其制稍殺，唯於四角各立一柱，角落相望，略如桓楹。 案桓楹即前述亭傳之桓表，然則四植之習慣當時極爲普遍，漢代桓表配列之法，決非無所藉而產生者也。 但此僅謂配列之法，若碑之上端，安鹿盧繫繂以外，是否尚有四出之版，如漢桓表之狀，則非今日所能妄加揣測矣。

表楬之用，除前述亭傳官寺之桓表與墓表外，崔氏古今注又謂施之大路交衢，以爲表識。 其形狀則謂與桔槔類似。 桔槔者井上之架木，據禮記曲禮「奉席如橋衡」注曰：「橋井上桔槔」孔穎達疏曰：「席頭令左昂右低，如橋之衡」則道衢之表木上端亦裝斜狀橫木，極似漢桓表上之橫板，略去一半者。 本社藏宋平江府石刻中之坊門插圖一，與高宗北使圖中城門馬道口之柵欄圖版貳甲其挾門柱上各施橫木，內昂外低，恰與孔氏所云一致。 足證宋代之里門坊門係連接二木表而成。 但事實上其成立或較宋代更早，殊未可知？ 至於營造法式烏頭門上之日月版及明清二代華表上之雲版，皆自此橫木踵事增華，又不難想像而得。

閥閱之義，據漢書注「古者以積功爲閥」注三「經歷爲閱」注四，殆爲紀功或其他紀念性之物，如後之頒賜扁額以示榮顯也。 降及後代，閥閱遂爲烏頭門之別名，而宋周必大思陵錄載「櫺星門柱頭上安閥閱」，又似與冊府元龜所云之瓦筩同爲一物？ 確否如是，尚待考證。

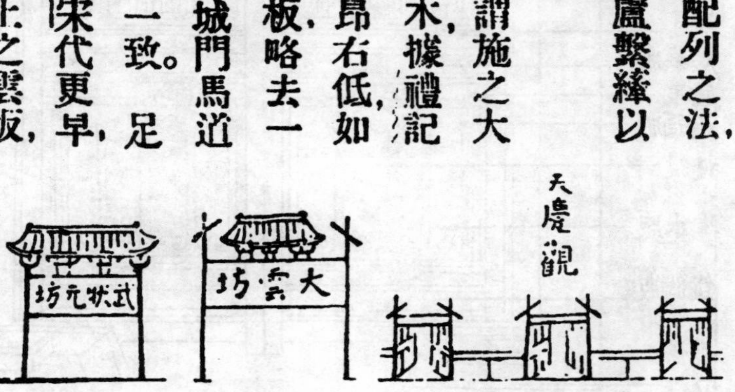

插圖一

注三　見漢書高帝紀注。

注四　見漢書車千秋朱博傳注。

櫺星門之命名，或謂起於漢祀靈星，或謂因扉上裝櫺木而云，其事與建築本身無涉，茲不具論。然櫺星門三字至宋代始爲普及，徵諸營造法式，極爲明顯。但法式未詳門之間數，據今日所知，有一間與三間二種。一間者見思陵錄：「櫺星門一座，柱上安闕

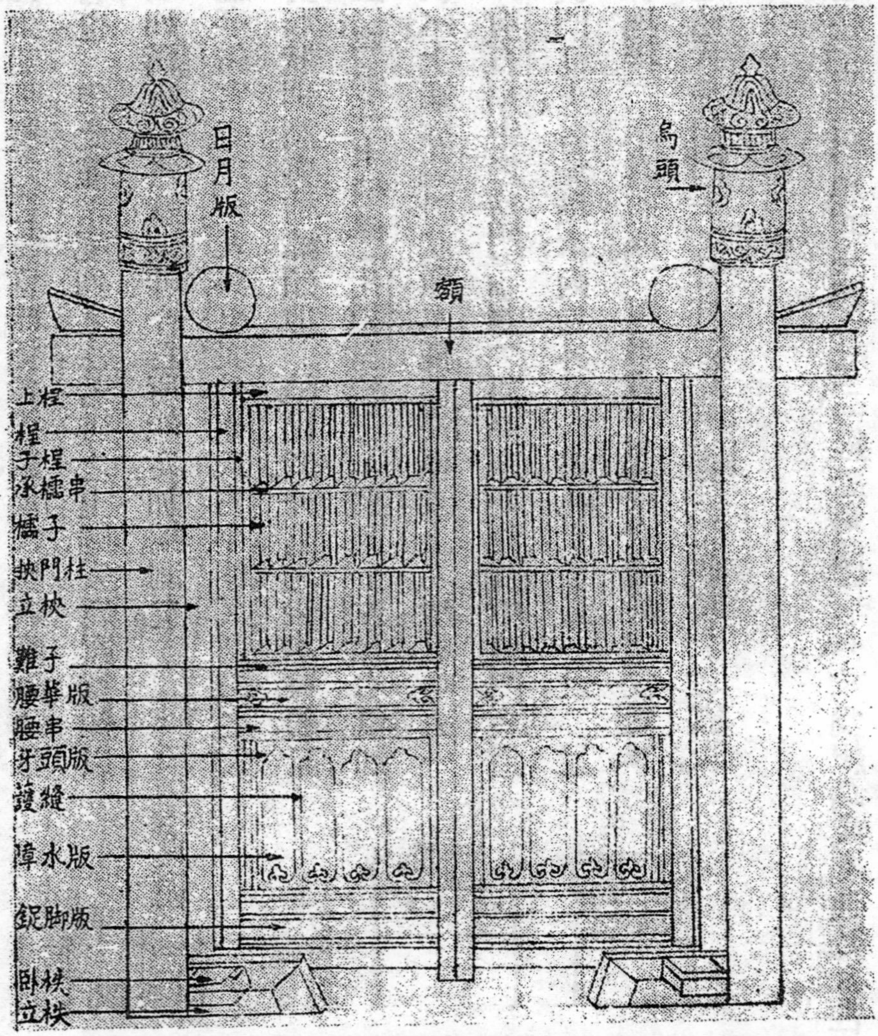


揷圖二　故宮本營造法式櫺星門（分件名稱係著者加注）

閱，并安卓門二扇」按卓門卽扉門用二扉其爲一間無疑。此外載三間者，有宋平江府圖之天慶觀插圖一，及宋院畫高宗北使圖圖版貳乙皆三門比列每門之間壘垣一段與明長陵圖版肆甲及清天壇欞星門符合圖版叁甲此殆因門之形制三間並同故法式舉一以槪其他也。

欞星門之式樣唐以前者無徵矣。近人樂家藻先生所著中國建築史稱「唐張萱所繪虢國夫人游春圖其中有烏頭門日月版居中聯以雲紋門楣兩重中嵌華版」然據是書第七十

插圖三

七圖所示插圖三，樂先生所謂日月版乃寶珠火燄之誤。按火焰施於門上始於何時今雖不明，然本文所引法式思陵錄，及高宗北使圖圖版貳乙，宋平江圖插圖一，與南京明孝陵圖版叁乙，社稷壇門圖版伍甲，胥無此制，惟明長陵以後諸例始用之此可疑者一。又挾門之柱法式所圖插圖二上爲烏頭次日月版與高宗北使圖一致，此則僅施牴牻於柱巔，無日月版及雲版。考牴牻用於柱巔據今日所知，亦以明長陵圖版肆甲爲最早此可疑者二。故竊以樂先生所引之圖絕非唐人作品，而唐代烏頭門式樣苟無有力之證物出現，恐非今日所能論定也。

宋之欞星門，具見營造法式，以較册府元龜及思陵錄所載者，合若符契，殆可認爲忠實紀錄也。此外高宗北使圖中欞星門之日月版，一塗赤，一敷粉，乃日月之象徵，與法式日月版名實相

符，最爲珍貴。次如柱端，烏頭，挾門柱，與額及立頰之配置，均無二致，於此可窺當時制度矣。

但欞星門之額，法式所載者僅爲一層，而南宋平江府圖天慶觀欞星門（插圖一），與高宗北使圖之柵欄（圖版貳甲）則爲二層。後者且於二額之間裝欞子，最爲特別。其法不諳起於何時，然可注意者，明清二代欞星門，多數用雙額，其間安搘柱及花版，以式樣判斷，決自宋式演進無疑矣。元蕭洵故宮遺錄載；「麗正門內千步廊可七百步，建欞星門」，爲歷代宮闕前建欞星門唯一之史料，惟其形狀無由揣測。此外則有趙孟頫西園雅集圖所繪之門（圖版肆乙），其挾門柱上端隱隱作雲文，不似瓦筩毘盧帽，其下亦無雲版抱鼓石承欞串，惟柱上施額二層，額與額之間裝欞子，仍與高宗北使圖柵欄一致。同時柱上端以雲爲裝飾，實以此圖爲最古。宋明間過渡時期之證物，無逾於此矣。

明代欞星門，據著者所知存於今日者有六：（一）南京孝陵（圖版叁乙），（二）南京社稷壇（圖版伍甲），（三）北平天壇（圖版伍乙），（四）江西龍虎山上淸宮（圖版肆丁），（五）昌平長陵（圖版貳丙），（六）曲阜孔廟（圖版伍乙）。此六者均石製，以式樣判之，前三處皆僅一間，除額用二層及易日月版爲雲版，烏頭爲寶珠外，大體與營造法式相若，至於柱之前後左右，均施抱鼓石，則因石造物不得不爾，未能以木造烏頭門律之也。江西龍虎山上淸宮欞星門（圖版肆丁），據乾隆龍虎山志卷三，係明洪武二十三年重建，就式樣言，其柱端無寶珠及牴[illegible]，而作雲紋，與元趙孟頫西園雅集圖極相類似，可謂尚存元代遺制，且額上之雲版，亦與宋式日月版相彷彿；雲版上並有斜貫之橫木，與前舉宋畫符合，誠可視為宋明間過渡時期最重要之例也。昌平長陵者，門數共三，其間綴以短垣，如平江府圖天慶觀之狀，但其詳部手法，則折衷南京二門而略予變更，如額上施火燄，柱上施牴牾，及抱鼓石下承以須彌座，皆其最著者。再次曲阜孔廟欞星門，三門銜接，式樣在天慶觀與近世碑坊之間，而柱身長大，尤與上清宮欞星門及清式冲天牌樓類似，極為特殊。

清代帝陵所用之欞星門，俗稱龍鳳門（圖版陸甲），純以明長陵為圭臬。單間者，多用於親王公主園寢（圖版陸乙），式樣亦同。故清之欞星門，可云明式之延長，無特別可述之點。

以上係就宋以來欞星門式樣之變遷而言，至於法式烏頭門制度，可注意之原則有三：

(一)門之高度，雖自八尺至二丈二尺不等，然高與寬務必使之成正方形，此為宋式最重要之特徵。但高在一丈五尺以上者，如減寬度，不得過五分之一，與版門之制同。

(二)門扉每扇各隨其長，以「上腰串」為中心，分為兩等分，上施欞子，下為腰華版障水版，鋜腳版等。

(三)分件之比例，亦以門每尺之高積而為法。

烏頭門名件，除已述於版門一章外，其不同者，臚列於次（但前文有遺漏者均照補述）。

肘。在版門制度稱為肘版，與欞星門之肘，名異而實為一物，蓋一與副肘版相輔，一與桯相合，桯非版，故此只云肘而不云肘版。　清式謂爲轉軸。

**桯・**　卽清式之大邊。　惟清式限於扉左右兩側之直材，法式則有「下安鋜脚，則於下桯上施串一條」之語，是清式之上下抹頭，宋曰上桯下桯。　然原書名件中未載其尺度，疑有遺漏。

**腰串・**　乃扉中心之横材。　在下部者，僅曰串，或曰腰枋，如清式抹頭。

**腰華版鋜脚版・**　扉中部二腰串間之版，曰腰華版。　其下串與桯間之版曰鋜脚版。　若清式之絛環板。

**子桯・**　卽清式之仔邊。

**承櫺串・**　卽横貫櫺子之材。

**櫺子・**　卽扉上半部之直木條。

**障水版・**　卽腰串與串間之版。　案門扉上部之櫺子，疑其始自上而下，僅以承櫺串貫之，如金明池圖之門，殆其遺制。　迨受槅扇之影響，始踵事增華，於櫺子之下施腰串及障水版。　版卽清式之裙版。

**難子・**　係小木條，裝於腰串與腰華版，或腰串與障水版，或串與鋜脚版相接觸處，如清式引條。

**牙頭版・**　在障水版上下，或腰華版與鋜脚版之兩端，彫海棠及如意頭與護縫版相聯接。

**護縫版・**　護縫者，裝於各障水版上，或腰華版鋜脚版，與腰串下桯相交之縫上，使無風雨侵入。

**羅文楅** 羅者網也，斜交於扉間，若羅網之文，故名。

**挾門柱** 挾猶持也，挾持於楅是門兩側之柱也。 清式僅稱柱。

**日月版** 柱上端烏頭下，橫貫柱身之版，彫日月形狀，故曰日月版。 清式火焰牌樓之雲版，分雲頭雲尾，殆其變體。

**搶柱** 法式及高宗北使圖並無此柱，清式木牌樓有之，曰戧柱。

法式所載名件之尺度，列表於次，以供參考（表中A等於門高一尺）

| 名件 | 尺度 | | | 附註 |
|---|---|---|---|---|
| 肘 | 長＝A | 廣＝$\frac{5}{100}$A | 厚＝$\frac{3.3}{100}$A | |
| 桯 | 長＝A | 方＝$\frac{3.3}{100}$A | | |
| 腰串 | 長隨扇廣 | 廣＝$\frac{4}{100}$A | 厚＝$\frac{3.3}{100}$A | |
| 腰華版 | 長隨兩桯之內 | 廣（高）＝$\frac{6}{100}$A | 厚＝$\frac{.6}{100}$A | |
| 鋜脚版 | 長隨兩桯之內 | 廣（高）＝$\frac{6}{100}$A | 厚＝$\frac{.6}{100}$A | |
| 子桯 | （注1） | 廣＝$\frac{2.2}{100}$A | 厚＝$\frac{3}{100}$A | |
| 承櫺串 | 長隨兩桯之內（注2） | 廣＝$\frac{2.2}{100}$A | 厚＝$\frac{3}{100}$A | |
| 櫺子 | （注1） | 門高一丈廣＝$\frac{18}{100}$A | 厚＝$\frac{6}{100}$A | 門每增高一尺廣加一分 |

| | | | | |
|---|---|---|---|---|
| 障水版 | （注1） | 廣隨兩桯之內 | 厚$=\frac{7}{100}A$ | |
| 難子 | 長隨桯內四週 | 方$=\frac{.7}{100}A$ | | |
| 牙頭版 | 長differ兩桯之內 | 廣$=\frac{6}{100}A$ | 厚$=\frac{.7}{100}A$ | |
| | | | 厚$=\frac{.6}{100}A$ | 腰華版或鋜脚版內用 |
| 護縫 | | 廣$=\frac{18}{100}A$ | 厚$=\frac{.7}{100}A$ | |
| 羅文楅 | 長對角 | 廣$=\frac{2.5}{100}A$ | 厚$=\frac{2}{100}A$ | |
| 額 | 長$=1\frac{60}{100}A$ | 廣$=\frac{8}{100}A$ | 厚$=\frac{3}{100}A$ | |
| 立頰 | 長$=A$ | 廣$=\frac{7}{100}A$ | 厚$=\frac{3}{100}A$ | 上下各別出卯 |
| 挾門柱 | 長$=1\frac{80}{100}A$ | 方$=\frac{8}{100}A$ | | 下入地，上施鳥頭 |
| 日月版 | 長$=\frac{4}{100}A$ | 廣$=\frac{12}{100}A$ | 厚$=\frac{1.5}{100}A$ | |
| 搶柱 | 長$=1\frac{20}{100}A$ | 方$=\frac{4}{100}A$ | | |

註 1　子桯，榥子，障水版，法式並無長度，殆因比例難劃一，故闕而不書。

註 2　法式無承楅串長度，依原文『承楅串承楅當中，於子桯內橫用一條或二條』。知其長度應隨兩桯內之闊度而定。

# 圖書介紹

## 六朝陵墓調查報告

著者　朱希祖　滕固　朱偰

發行者　中央古物保管委員會

定價　十元

在『調查報告』名稱之下，本書目錄包括下列諸篇：



全冊雖稱『調查報告』，但讀內容之後，始悉爲多篇關於六朝陵墓的文集。

首篇六朝陵墓調查報告，朱希祖先生將江寧句容丹陽三縣六朝陵墓之見於文獻或有遺物可查者按代臚列。『報告」之主體，多重營葬地點年月及附葬后妃之考證。在遺物上則略述其槪況。各處墓址，多經朱先生父子逐處親往調查。遺篇「報告」似乎專以地點調查爲主。

滕固先生在石蹟述略中將神道石柱，石獸碑飾三事，分別討論，並且在各彫刻形式上作歷史的探討。　其中關於有翼獸的來源，滕先生認爲來自西方，與朱先生我國固有之說，各有觀點。

朱偰先生的六朝陵墓總說，在正文中標題六朝陵墓調查報告，先爲總說將各陵墓地址表列，但是與朱希祖先生所列出的各陵墓名，恐怕有點重複？　次則將陵墓體制極簡略的敘述。

六朝建康冢墓碑誌考證一文以碑誌中的資料添補正史之不足，確是有趣的文字。　本文所考凡碑三誌五。

在天祿辟邪考一文中，朱先生爲天祿辟邪的名稱很詳盡的作考證。　其結論謂『一角爲天祿，二角爲辟邪，總名桃拔，其無角者名符拔，或作扶拔，與桃拔同類』

在神道碑碣考中，朱先生將神道，碑碣三者名稱考證確完。　『神道乃指墓道係虛位而無實物碑碣乃置於神道兩旁者』『……梁代碑石柱，若正其名，實當稱爲碑與碣』。

這部肥厚的刊物，以朱希祖先生之文爲主體，而朱先生之文，多注重地點之尋覓及名稱之考證。　攝影製版可惜不能較清晰一點。　實地測量圖概付闕如而各陵地位則用多張比例尺極大的南京附近詳細地圖，用紅叉子標出地點，紅線標出路線，但若用與後面一張丹陽縣全圖同樣詳細的南京圖，或者亦可足用了。

至於陵墓地下工程，由考古學立場上看比地面的碑碣石獸，至少也有同等重要。　我們希望將來朱先生們能更進一步，完成這部報告。(思成)

# 造像度量經 附續補

譯述者 工布查布

此書有乾隆刊本與同治十三年金陵刻經處刊本二種。本文所據爲同治本。書僅一册。首爲譯者所撰造像度量經引，述我國漢晉以來佛像派別，及譯書經過。次圖樣，次經文。最後殿以經解及續補二篇。

此書梵名 Śastra-nyagrodha-parimaṇḍala-buddha-pratimā-lakṣaṇa-nama 爲現存佛教工妙明 (Śilpa-karma-sthāna-vidyā) 三大典籍之一，治密宗造像者皆奉爲唯一法典，惟經文內容限於十搩度釋迦佛像，其餘胥未道及。譯者除撰經解一篇，詮譯原文外，又旁搜徧攬，爲續補一篇，述菩薩像九搩度，八搩度，護法像，威儀式及裝藏等項，補原書不備，厥功甚偉。

我國初期佛教造像，據紀載所示，大抵以西來經像爲模則，至晉齊間，戴逵父子，厥起江東，始於光色和畧點采刻鏤諸法，稍稍出以己意，然其時北魏雲岡諸窟，犍陀羅式猶與印度式雜然並陳，故就全體言，自南北朝至隋末唐初，始漸脫模倣時期。有唐一代，名家輩出，如安生，宋法智，吳智敏，韓伯通，楊惠之，王溫元，伽兒，劉九郎等，規武前賢，另闢新境，蔚爲我國彫刻之黃金時期。降及宋遼，益臻纖妙，而華化程度，亦更趨深刻，後世因之，有漢像之稱。迨元世祖以八合斯八爲國師，設梵像提舉司，命北印度尼波羅國工阿尼哥兼兩都搏塑鏤鑄之工，其徒劉元繼之，益爲恢擴，遂下啟明清二代密宗造象之漸，在我國佛像彫刻史中，實爲重大之轉變。此書所述梵像十搩度法，以百二十指爲釋迦本尊高度，其餘各部，亦咸以指量爲準，在藝術上，雖無足取，然自楊惠之塑訣以來，海內所存，唯此一書，不僅治元以來造象者視爲重要圖籍而已。

譯者工布查布事略，希參閱彙刊本期哲匠錄造像類。(敦楨)

## 印度に於ける禮拜像の形式研究

著者　逸見梅榮

發行所　東洋文庫

定價　日金五元

本書爲東洋文庫論叢之一。所述印度禮拜像，以佛教密宗及婆羅門教之Purā-ṇa及Śilpa-śāstra二類爲限。在時間上，包括笈多（Gupta）波羅（Pala）二王朝即公元三二〇年至一一九三年間之造像藝術。

書分緒言與本論二部。緒言中述研究範圍與印度美術流派遺物地點及佛教像與神像之關係，密教像與教理之關係，本尊觀念尊像形式造像經典及其他事項。本論則分四章：

（一）像量篇：首述印度度量制度。次介紹三十二相與佛像式樣之關係。再次列擧各種樣度不同之禮拜像，比例有十搩九搩八搩六搩四搩二搩數種與多面廣臂像作法等。

（二）像威儀篇：分立坐臥姿勢及座乘手印衣冠身色頭光背光莊嚴具及持物之法具兵器樂器等異常詳盡。

（三）造像料篇：分造像料畫像料及顏料三項。

（四）像供養篇：述舍利裝藏法與尊像供養法。

此書著者似以工布查布造像度量經爲出發點，再輔以梵漢經典所載及實物像片互相印證，成此巨帙，雖書中小節間有遺漏，而大端要不可易，不失爲覃思竭慮之作也。愚讀造像度量經後再讀此篇，不禁歎布氏之後二百年間繼起乏人，坐令異邦學子爲之發揚光大，良可慨已。（敦楨）

# 本社紀事

## (一)調查蘇州古建築

社員劉敦楨乘本年暑期休假之便，旅行蘇州，對北宋羅漢院雙塔，虎丘塔，南宋玄妙觀三清殿，及北寺瑞光二塔，作初步調查。嗣於九月初旬，偕社員梁思成盧樹森夏昌世至蘇，作詳細之考察。並調查明代所建虎丘二山門，府文廟大成殿，開元寺無梁殿，與留園，怡園，汪園，拙政園，獅子林，木瀆嚴家花園等處林園建築。

## (二)調查北平喇嘛塔

現存北平喇嘛塔屬於元代者，有妙應寺白塔，及護國寺二舍利塔；屬於明代者，有三河橋白塔庵白塔；屬於清代者，有北海永安寺白塔，與西黃寺班禪喇嘛清淨化城塔等；經社員劉敦楨率研究生陳明達調查，擬於古建築調查報告第一期內發表。

## (三)測繪故宮外朝東部

故宮外朝東部文華殿，文淵閣，為清代經筵及庋藏四庫正本之所，本歲九月社員梁思成率研究生麥儼曾等測繪攝影，並調查附近傳心殿及內閣大庫。

## （四）中國建築設計參考圖集出版

社員梁思成主編劉致平編纂之中國建築設計參考圖集第一二三集業已出版，四五六集均編竣付印。

## （五）曲阜孔廟建築及其修葺計畫

社員梁思成前應內政教育二部之聘，勘修曲阜孔廟建築，經詳細研究後，擬就修葺計畫，於彙刊六卷一期以專號刊行。

## （六）文淵閣藏書全景出版

社長朱桂辛前將文淵閣藏書全景在巴黎製爲彩色圖，近復以社員郭世五藏紀曉嵐昀手書四庫全書簡明目錄，陸耳山錫熊手寫文淵閣碑記，及社員劉敦楨梁思成所撰圖說合刊一冊，由本社發行。

## （七）修理景山五亭竣工

故宮博物院修葺景山萬春觀妙輯芳周賞富覽五亭工程，由本社設計，並推社員汪申伯劉南策二君擔任監修，業於本年十二月竣工。

# 本社自二十四年七月起至十二月底止受贈各界圖籍參考品臚列於左敬表謝悃

| | |
|---|---|
| 國立清華大學 | 清華學報第十卷第四期一册 |
| | 工程學會會刊第四卷第二三期二册 |
| | 社會科學第一卷第一期一册 |
| 燕京大學 | 燕京學報第十七期一册 |
| | 燕京大學圖書館報四册 |
| 中國學院 | 經濟學報第一卷第一期一册 |
| 國立交通大學 | 交大季刊第十六十七期二册 |
| 交大唐山工學院 | 交大唐院週刊一〇九至一一六期五册 |
| 金陵大學 | 金陵學報第四卷第二期一册 |
| 安徽大學 | 安徽大學月刊第二卷七八期二册 |
| 四川省立重慶大學 | 四川省立重慶大學一覽一册 |
| 廣東國民大學 | 廣東國民大學十週年紀念册一册 |
| | 民大校刊二十四年第一期一册 |
| 輔仁大學 | 輔仁學誌第四卷第二期一册 |
| 天津工商學院 | 工商學誌一册 |
| 震旦大學理工學院 | 理工雜誌第二卷第二期一册 |
| 之江文理學院 | 之江學報第四期一册 |
| | 之江期刊第三期一册 |
| 國立杭州藝術專科學校 | 亞波羅第十四期一册 |
| | 藝風第四期一册 |
| | 圖書館一覽一册 |
| 國立北平圖書館 | 國立北平圖書館館刊第八卷第一期一册 |
| 江蘇省立國學圖書館 | 國學圖書館第八年刊一册 |
| 安徽省立圖書館 | 學風第五卷七至十期四册 |
| 江西省立圖書館 | 江西省立圖書館圖書目錄一册 |
| | 江西省立圖書館館刊第二期一册 |
| 東方圖書館復興委員會 | 法國捐贈東方圖書館書籍展覽紀要一册 |
| 中國博物館協會 | 中國博物館協會會報第一卷第一二期二册 |
| 天津河北博物院 | 樊文卿先生畿輔碑目一册 |
| | 河北博物院畫刊九十二至一〇二期各二份 |
| 故宮博物院 | 文獻館二十三年度工作報告一册 |
| | 文獻特刊一册 |
| | 文獻叢編第二十五至二十八輯四册 |
| 中央古物保管委員會 | 六朝陵墓調查報告一册 |
| | 古物保管委員會工作報告一册 |
| 中山文化教育館 | 時事類編第十三卷十三至二十二期十册 |
| 國立編譯館 | 政府機關學術機關學術團體對於修改度量衡標準制單位名稱與定義之意見一册 |
| | 各機關團體對於修改度量衡標準制決定單位名稱之意見一册 |
| 山西省立民衆教育館 | 山西省立民衆教育館月刊第二卷二至六期五册 |
| 全國經濟委員會 | 水利論文索隱一册 |
| | 鄱陽湖星子至湖口間深水道工程計劃一册 |
| | 藥物化學研究室研究報告一册 |
| | 藥物化學研究室工作報告一册 |
| 行政效率研究會 | 行政效率第三卷第二期一册 |
| 蒙藏委員會駐平辦事處 | 雍和宮導觀所刊物第一二期二册 |
| 中美工程師協會 | 中美工程師協會月刊二册 |
| 中國工程師學會 | 工程第十卷四至六期三册 |
| 河北省工程師協會 | 河北省工程師協會月刊三册 |
| 上海市建築協會 | 建築月刊第三卷五至十期六册 |
| 國立中央博物院建築委員會 | 建築圖案審查報告一册 |
| 中國水利工程學會 | 水利第九卷一至六期六册 |
| 中國地理學會 | 地理學報第二卷第三期一册 |
| 中國鑛冶工程學會 | 鑛冶第七卷第二十三期一册 |
| 文化建設月刊社 | 文化建設第二卷一至三期三册 |

| | |
|---|---|
| 人文月刊社 | 人文第六卷六至十期五冊 |
| 道路月刊社 | 道路月刊五冊 |
| 中國科學社 | 科學第十九卷六至十一期六冊 |
| 中國牛頓社 | 工業第四卷六至十二期七冊 |
| 世界科學社 | 科學時報第二卷第七期一冊 |
| 中華職業教育社 | 教育與職業第一六七期至一七一期五冊 |
| 學校生活旬刊社 | 學校生活一冊 |
| 教育部 | 全國各學術機關團體一覽表一冊 |
| | 簡體字表第一批四冊 |
| 江蘇省建設廳 | 江蘇建設第二卷八至十二期五冊 |
| 浙江省建設廳 | 建設月刊第八卷第十二期一冊 |
| 建設委員會 | 建設第十七期一冊 |
| 華北水利委員會 | 華北水利月刊第八卷三至十期四冊 |
| 浙江省水利局 | 浙江省水利局總報告二冊 |
| 北平市工務局 | 西安門區額鍍金銅字三個 |
| | 天壇皇穹宇彩畫二片 |
| 北平市社會局 | 時代教育第二卷十一·十二期三卷一期三冊 |
| 山西省十年建設促進會 | 山西建設第三至第八期六冊 |
| 國際貿易局駐上海商品檢驗局 | 國際貿易導報第七卷九至十二期三冊 |
| 中國國際貿易協會 | 貿易第六二·六四·六五期三冊 |
| 中國華洋義賑總會 | 叢刊甲種第四二·四三期二冊 |
| 中華慈幼協會 | 全國慈幼領袖會議實錄一冊 |
| 山西留日同鄉會 | 文化第一·二號二冊 |
| 啓新洋灰公司 | 三十週年紀念冊一冊 |
| 王振鐸先生 | 漢代壙甎集錄一冊 |
| 任鳳苞先生 | 宮室考一冊 |
| 葉祥法先生 | 明岐陽王李文忠公墓照片五幀 |
| 傅孟眞先生 | 聊城縣明洪武餘木樓照片一幀 |
| 龔奚若先生 | 朝邑縣戲樓照片四幀 |
| 張昌華先生 | 陝西西安唐三藏墓塔照片一幀 |
| | 陝西邠州大佛寺照片三幀 |
| | 寶雞縣城隍廟禪樓照片一幀 |
| 朱桂辛先生 | 耆影（潘祖蔭先生手批本）全六冊 |
| | 匋友錄全十六冊 |
| | 文獻叢編第二十七·二十八輯二冊 |
| | 國立北平圖書館館刊第八卷三·五期二冊 |
| | 國立北平研究院工作報告第六年度一冊 |
| | 國立北平研究院院務彙報六卷二三期二冊 |
| | 湖社月刊第九十二期一冊 |
| 艾克先生 | 德國 OSTASIATISCHE ZEITSCHRIFT 一冊 |
| 喜龍仁先生 | 鉅鹿出土木棧照片一幀 |
| | 濟南神通寺四門塔照片九幀 |
| 莫斯哥國家聯合科學技術出版所 | 建築業二冊 |
| 東方文化學院東京研究所 | 東方學報第五冊續篇一冊 |
| 廣島文理學院史學研究會 | 昭和九年度東洋史研究文獻類目一冊 |
| | 史學研究第七卷一·二號二冊 |
| 建築學會 | 建築學會會員住所姓名錄一冊 |
| | 建築雜誌第四九輯六〇〇至六〇五號六冊 |
| 日本建築七會 | 日本建築士第十七卷一至五號五冊 |
| 國際築建協會 | 國際建築第十一卷七至十二號六冊 |
| 滿洲建築協會 | 滿洲建築雜誌第十五卷七至十二號六冊 |
| 滿洲技術協會 | 滿洲技術協會誌第十二卷七六至八一號六冊 |
| 美術研究所 | 美術研究第四年六至十二號七冊 |
| 東洋文庫 | 左傳の思想史的研究一冊 |
| 日本支那學社 | 印度に於ける禮拜像の形式研究一冊 |
| | 支那學第七卷三·四號八卷一號三冊 |
| 田邊泰先生 | 水戸東照宮の建築一冊 |
| | 江戸城內東照宮建築考一冊 |
| 小杉一雄先生 | 飛鳥時代に於ける遠山の源流に就ムア一冊 |
| 松崎鶴雄先生 | 玉蟲廚子に見之たる山嶽描法之源流一冊 |
| | 史料遺編六冊 |
| | 明季史料拾零一冊 |
| | 國朝史料拾零二冊 |

35960

# 中國營造學社彙刊第六卷第二期勘誤表

| 頁 | 行 | 誤 | 正 |
|---|---|---|---|
| 一 | 五 | 敍 | 序 |
| 六六 | 六 | 關石開 | 關石榍 |
| 六八 | 一二 | 三合眉七 | 三合眉七 |
| | | 同一孔王開 | 同一孔石開 |
| 七〇 | 一 | 各長出四寸五 | 各長出四五寸 |
| 九四 | 四 | 所以木集 | 所以本集 |
| 九五 | 一 | 在部分的分析上 | 在部分的分析上 |
| 一〇六 | 九 | 未傅粉色 | 未傅彩色 |
| 一〇九 | 二 | 庶熙 | 康熙 |
| 一一〇 | 一〇 | 本旋院 | 本旋苑 |
| 一一七 | 一二 | 風清道遠 | 風清槃遠 |
| 一一九 | 一 | 馳奇 | 馳奇報江 |
| | | 戰喜神應 | 戰喜於神應 |
| | 二 | 二戰 | 尋二戰 |
| | 八 | 成佑之力 | 成祐之力 |
| | 九 | 釋僧 | 釋僧祐 |
| 一二〇 | 一四 | 釋迦大像 | 釋迦文像 |
| 一二八 | 六 | 專肆塑作 | 專肄塑作 |
| 一七一 | 六 | 工妙明 | 工巧明 |
| 一七六 | 下欄 | 就ムア | 就ムて |
| | | 見之左 | 見えた |

# 本社社員 以入社先後爲序

朱啟鈐 陶湘 孟錫珏 周詒春 袁同禮 華南圭
葉恭綽 陳垣 徐世章 郭葆昌 任鳳苞 瞿宣穎
張文孚 淘洙 劉南策 馬衡 梁思成 何遂
吳延清 宋麟徵 關祖章 葉公超 劉嗣春 金開藩
唐在復 馬世杰 張萬祿 林行規 溫德 翟孟生
孫壯 裘善元 吳其昌 趙深 林徽因 陳植
李慶芳 江紹杰 艾克 柏爾斯曼 彭濟群 汪申
盧樹森 劉敦楨 瞿祖豫 梁啟雄 謝國楨 周作民
錢永銘 徐新六 葉揆初 翁初白 許寶騤 胡玉縉
張學良 莊俊 張學銘 胡筆江 黎重光 吳泰勳
錢馨如 任鴻雋 章元善 李四光 李濟 李書華
林志可 單士元 夏昌世 趙世暹 關頌聲 楊廷寶
鮑鼎 邵力工 劉儒林 劉致平 馬輝堂 徐敬直
宋華卿 趙雪訪 陸根泉 張毅

## 理事會

朱啟鈐 周詒春 葉恭綽 孟錫珏 袁同禮 周作民
錢永銘 徐新六 張文孚 李書華 關頌聲 李四光
李濟 任鴻雋 裘善元 章元善

## 職員

社長 朱啟鈐
法式主任 梁思成 助理 邵力工 劉致平
文獻主任 劉敦楨 編纂 瞿宣穎
研究生 莫宗江 陳仲篪 麥儼曾 陳明達 王璧文
會計 朱湘筠 庶務兼收掌 喬家鐸

---


# 中國營造學社彙刊 第六卷 第二期

定價壹圓 郵費 國內日本朝鮮八分 香港澳門歐美六角

中華民國二十四年十二月出版

編輯兼發行者 中國營造學社 北平中山公園內 電話南局二五三六號

印刷者 京城印書局 北平和平門內北新華街 電話南局三五七〇號

製版者 故宮印刷所 北平神武門東北上門 電話東局一六九八號

寄售處
北平琉璃廠來薰閣
北平琉璃廠商務印書館
天津大公報代辦部
天津日租界旭街利亞書局
南京中央大學對過鍾山書局
上海福州路二七一號作者書社

# BULLETIN OF THE SOCIETY FOR RESEARCH IN CHINESE ARCHITECTURE

**Volume VI, Number 2.**

**December, 1935.**



**Published by the Society at Chung-shan Kung-yuan, Peiping. China.**